战略性新兴领域"十四五"高等教育系列教材

智能制造系统感知分析与决策

第 2 版

主　编　胡耀光　刘　欣　杨晓楠
参　编　吴　娜　徐天昊　刘敏霞
　　　　项　溪　谢　剑　张永阳

机械工业出版社

本书是一本全面深入探讨智能制造理论与实践的教材。本书围绕制造系统的智能化转型，系统地介绍了智能制造的核心要素、关键技术及其在设备健康管理、资源调度、安全管理和质量管理中的应用。内容覆盖数据感知、智能分析、优化决策三大维度，包括传感器技术、机器视觉、大数据分析算法、启发式和强化学习等。书中特别强调人机环境融合，结合人因工程和增强现实技术，推动制造系统的多要素融合。每个章节末尾提供实践指导，包括代码和操作流程，以提升读者的实际操作能力。

本书适合作为普通高校智能制造、机械、自动化等专业的教材，也可作为相关领域的研究人员、工程师、技术管理人员的参考书。

本书配有以下教学资源：教学课件、教学视频、项目单元、源代码，欢迎选用本书作教材的教师登录 www.cmpedu.com 注册后下载，或发邮件至 jinacmp@163.com 索取。

图书在版编目（CIP）数据

智能制造系统感知分析与决策 / 胡耀光，刘欣，杨晓楠主编. -- 2版. -- 北京：机械工业出版社，2025. 6. -- (战略性新兴领域"十四五"高等教育系列教材).
ISBN 978-7-111-78743-3

Ⅰ. TH166

中国国家版本馆CIP数据核字第2025H9B829号

机械工业出版社（北京市百万庄大街22号　邮政编码100037）

策划编辑：吉　玲　　　　　　责任编辑：吉　玲　路乙达
责任校对：李小宝　陈　越　　封面设计：张　静
责任印制：张　博

北京新华印刷有限公司印刷

2025年7月第2版第1次印刷

184mm×260mm·16.5印张·404千字

标准书号：ISBN 978-7-111-78743-3

定价：67.00元

电话服务　　　　　　　　　网络服务

客服电话：010-88361066　　机 工 官 网：www.cmpbook.com
　　　　　010-88379833　　机 工 官 博：weibo.com/cmp1952
　　　　　010-68326294　　金 书 网：www.golden-book.com
封底无防伪标均为盗版　　机工教育服务网：www.cmpedu.com

在全球制造业的发展历程中，随着信息技术与人工智能技术的蓬勃发展，智能化已成为不可逆转的趋势，传统的制造系统正飞速向智能化转型升级，以应对日益复杂的生产需求和市场环境。本书面向制造系统的智能化转型升级需求，旨在基于这一背景提供理论支撑和技术指导。

本书深入剖析了智能制造过程所涉及的核心要素和关键技术。首先，本书在绪论部分为读者勾勒出智能制造的整体架构，阐释了其定义、关键概念、发展历程及其在现代工业中的重要性。随后，本书面向感知、分析、决策分别开展基础理论技术的介绍与说明。在感知技术章节中，本书详细介绍了各种传感器及机器视觉技术理论，说明了数据采集基本理论，为智能的分析决策提供信息基础。接着，本书全面介绍了大数据分析主要技术类型及算法，其中包括监督学习、非监督学习、关联分析、深度学习等人工智能核心算法。企业可以利用大数据分析算法，从制造过程产生的海量数据中提取有价值的信息以辅助开展决策。随后，在优化决策技术章节中，本书介绍了优化基础方法，包括启发式优化算法与强化学习算法，并结合案例介绍如何将数据分析结果转化为实际的决策支持。

同时，书中通过一系列制造系统实际应用问题，如设备健康管理、制造资源优化调度、系统安全管理、加工过程监测与质量管理等，具体展示了智能制造技术在实际生产中的运用。本书关注"人-机-环"三者紧密耦合的关联关系，最后介绍制造系统的适人性评估与验证方法，结合人因工程与增强现实等技术，促进制造系统多要素的有机融合。

为加强读者将理论与实际进行融合的能力，本书在每个章节结尾都提供了项目实践单元指导，通过提供分析决策代码、软件配置操作流程说明等，提升读者的应用能力。

本书贯穿了智能制造过程的理论与实践，为读者提供了一个全面、系统的学习和参考框架。

编　者

目 录

CONTENTS

V

VII

第1章 绪论

1

导读

本章从智能制造本质和定义出发，说明了智能制造的目的，并概括了智能制造的特征，之后对智能制造的背景与趋势进行了分析，介绍了智能制造的三个基本范式，对比了国际各国的智能制造发展与我国的智能制造的兴起。在面临许多困难和挑战的背景下，我国提出了许多战略与方针。随着智能制造不断演进，从系统构成的角度看，智能制造系统始终都是由人、信息系统和物理系统协同集成的人—信息—物理系统（Human-Cyber-Physical Systems，HCPS）。本章说明了 HCPS 进化过程，然后讲解了智能感知与决策方法，并依次介绍了图像处理、语音识别、传感器数据分析等技术在生产中的应用，以及机器学习和运筹优化技术在决策支持中的作用。

本章知识点

- 智能制造的定义
- 智能制造系统发展历程
- 人—信息—物理系统
- 智能制造过程感知、分析与决策框架

1.1 引言

智能制造作为现代工业发展的核心方向，正引领着制造业向数字化、网络化和智能化的方向迈进。其本质是通过新一代信息通信技术与先进制造技术的深度融合，实现设计、生产、管理和服务等制造活动的全面智能化。下面将详细探讨智能制造的本质、背景与趋势，了解这一变革性生产方式如何提升制造质量和效率，推动企业在全球竞争中占据优势地位。

1.1.1 智能制造的本质

制造业是国民经济的主体，是立国之本、兴国之器、强国之基。自十八世纪中叶开启工业文明以来，世界强国的兴衰史和中华民族的奋斗史一再证明，没有强大的制造业，就没有国家和民族的强盛。打造具有国际竞争力的制造业，是我国提升综合国力、保障国家安全、建设世界强国的必由之路。

国家工业和信息化部在《智能制造发展规划（2016—2020 年）》中定义智能制造是"基于新一代信息通信技术与先进制造技术深度融合，贯穿于设计、生产、管理、服务等制造活动的各个环节，具有自感知、自学习、自决策、自执行、自适应等功能的新型生产方式"。智能制造是制造业价值链各个环节的智能化，融合了信息与通信技术、工业自动化技术、现代企业管理、先进制造技术和人工智能技术五大领域的全新制造模式，可实现企业的生产模式、运营模式、决策模式和商业模式的创新。

当前，国际上与智能制造对应的术语是 Smart manufacturing 和 Intelligent manufacturing。"Smart"被理解为具有数据采集、处理和分析的能力，能够准确执行指令、实现闭环反馈，但尚未实现自主学习、自主决策和优化提升；"Intelligent"则被理解为可以实现自主学习、自主决策和优化提升，是更高层级的智慧制造。从目前的发展来看，国际上达成的普遍共识是，智能制造还处于"Smart"阶段，随着人工智能的发展与应用，未来将实现"Intelligent"。智能制造技术是计算机、工业自动化、工业软件、智能装备、工业机器人、传感器、互联网、物联网、通信、人工智能、虚拟现实/增强现实、增材制造、云计算，以及新材料、新工艺等相关技术蓬勃发展与交叉融合的产物。智能制造并不是一种单元技术，而是企业持续应用先进制造技术、现代企业管理，以及数字化、自动化和智能化技术，提升企业核心竞争力的综合集成技术，可以说，智能制造是一个"海纳百川"的集大成者。

2

随着制造数字化、智能化的不断发展，学者们纷纷对"智能制造"进行研究，并分别从技术基础、制造范式和系统集成等角度展开。从技术基础来看，在新一代信息技术作用下，智能制造实现了物理空间与虚拟空间的动态交互。智能制造是将新型信息通信技术、智能科学技术、大型制造技术（包括设计、生产、管理、测试、集成）、系统工程技术、相关产品技术与产品开发的整个系统和生命周期相结合的技术手段。从制造范式来看，智能制造重新定义制造体系，重构制造新范式，由单一使用智能制造设备向全产业生产流程智能化转变，培育经济增长新动能。

在智能制造时代，数据成为关键生产要素和使能因素并全面渗透至制造企业生产过程，从投入和产出两端改写生产函数，调动制造企业"人—机—料—法—环—测"六大关键生产因素，满足全产业链、全价值链的要求，助推制造产业体系逐步发生多维度、多层次的巨大变革。从系统集成来看，智能制造是以最佳方式集成人、物理系统和网络，实时响应制造领域复杂多样的情况，通过完全集成和相互协作实现设定目标的复合系统。作为智能制造基础技术，物联网将制造业的物理资产与网络空间进行整合，以形成网络物理系统。进一步地，制造过程系统与机器智能以不同程度结合，分别形成人工智能支持的制造系统、人工智能集成的制造系统和完全智能的制造系统，实现从人—物理二元系统（Human-Physical Systems，HPS）到新一代人—信息—物理三级系统（HCPS）的转变，从底层揭示了新一代智能制造的技术机理，有效指导了新一代智能制造的理论研究和工程实践。

智能制造的目的是对内提高制造质量和效率、降低运营成本、减低库存、缩短交付周期，对外提升服务水平、快速应对市场变化，总体以提高企业整体经济效益为核心目标。智能制造的手段不仅是在精益管理的基础上，运用先进制造技术与装备，应用先进数字化技术，支撑企业在制造前中后段整条价值链上的地位，还涉及众多体现智能化特点的数据分析与实时反馈、流程优化与决策等技术。智能制造最终是解决与生产相关的业务过程中复杂的运营、产品与工艺等方面的不确定性问题。

概括而言，智能制造具有以下显著特征：其一，智能制造以智能工厂为载体，以制造为本，智能是实现先进制造的手段。智能工厂作为智能制造的载体，是构建高效、节能、绿色、环保、舒适的人机协同系统的主要组织单元。其二，智能制造以生产制造关键环节和主要流程的智能化为核心。生产制造关键环节包含产品、装备、生产过程、管理、服务等内容，主要流程涉及从原材料采购到最终产品交付的全过程，各环节和各流程的智能化协同推进、相互融合，保障整体生产过程的高效和智能运作。其三，智能制造以工业互联网为关键支撑。工业互联网将传统制造业与先进的信息技术相结合，实现生产过程的数字化、智能化和高度协同化，是智能制造实现社会化协同的主要通路。经由工业互联网，设备和工厂成为广义智能制造系统中的不同层级数据节点。其四，智能制造以端到端数据流为基础。数据实时流通共享和集成转换是实现智能制造的重要条件，是制造过程智能化发展的具体体现。智能制造伴随着数据孪生过程，通过工业互联网和大数据分析系统，工业互联网平台可以进行深度的数据挖掘和加工，以更好地服务于智能制造系统中的各个生产单元。

1.1.2　智能制造背景与趋势分析

数字经济浪潮席卷全球，随着德国"工业 4.0"、美国先进制造、英国工业 2050、中国制造 2025 等全球国家级战略部署，驱动传统产业加快推动新一轮产业革命，智能制造作为高阶制造业态和新型生产方式，已然成为新一轮工业革命的核心驱动力，以智能制造为主攻方向，推动制造业数字化转型已成时代发展趋势。

《中华人民共和国国民经济和社会发展第十四个五年规划和 2035 年远景目标纲要》（以下简称《纲要》）提出深入实施制造强国战略，推动智能制造发展，促进制造业智能化升级，实现向"中国智造"的转变，到 2025 年，规模以上制造业企业大部分实现数字化网络化，重点行业骨干企业初步应用智能化；到 2035 年，规模以上制造业企业全面普及数字化网络化，重点行业骨干企业基本实现智能化。《纲要》为制造业指明了方向：要加快补齐基础零部件及元器件、基础软件等瓶颈短板，推进制造业补链强链，改造提升传统产业，加快重点行业企业改造升级，深入实施智能制造与绿色制造工程，建设智能制造示范工厂，完善智能制造标准体系，培育先进制造业集群，推动集成电路、航空航天、船舶与海洋工程装备、机器人、先进轨道交通装备、先进电力装备、工程机械、高端数控机床、医药及医疗设备等产业创新发展。

加强关键核心技术攻关，突破产品优化设计与全流程仿真、基于机理和数据驱动的混合建模、多目标协同优化等基础技术；增材制造、超精密加工、近净成形、分子级物性表征等先进工艺技术；工业现场多维智能感知、基于人机协作的生产过程优化、装备与生产过程数字孪生、质量在线精密检测、生产过程精益管控、装备故障诊断与预测性维护、复杂环境动态生产计划与调度、生产全流程智能决策、供应链协同优化等共性技术；5G、人工智能、大数据、边缘计算等新技术在典型行业质量检测、过程控制、工艺优化、计划调度、设备运维、管理决策等方面的适用性技术。

深化推广应用，开拓转型升级新路径，建设智能制造示范工厂。智能制造具有以智能工厂为载体、以生产制造关键环节和主要流程的智能化为核心、以工业互联网为关键支撑和以端到端数据流为基础的显著特征。加快新一代信息技术与制造全过程、全要素深度融合，推

3

进制造技术突破和工艺创新，推行精益管理和业务流程再造，实现泛在感知、数据贯通、集成互联、人机协作和分析优化，建设智能场景、智能车间和智能工厂。引导龙头企业建设协同平台，带动上下游企业同步实施智能制造，打造智慧供应链。鼓励各地方、行业开展多场景、多层级应用示范，培育推广智能化设计、网络协同制造、大规模定制、共享制造、智能运维服务等新模式。

目前，我国制造业正处于转型升级和提质增效关键期，传统产业亟须通过新旧动能转换焕发新的生机，新兴技术产业和未来产业需要通过富有竞争力的制造模式抢占全球制高点，智能制造高质量发展成为我国制造业嵌入全球价值链高端的关键支撑。但是同世界先进水平相比，我国制造业存在大而不强等问题，自主创新能力、资源利用效率、产业结构水平、信息化程度、质量效益等方面的差距尤其明显，缺乏支撑复杂制造过程的控制理论与关键技术体系，智能制造面临着很大的挑战，工业智能化转型升级和跨越发展的任务紧迫而艰巨。

1.2　我国智能制造发展历程

我国的智能制造研究始于1986年，杨叔子院士开展了人工智能与制造领域中的应用研究工作。杨叔子院士认为，智能制造系统是通过智能化和集成化的手段来增强制造系统的柔性和自组织能力，提高快速响应市场需求变化的能力。吴澄院士认为，从实用、广义角度理解智能制造，是以智能技术为代表的新一代信息技术，包括了大数据、互联网、云计算、移动技术等，以及在制造全生命周期的应用中所涉及的理论、方法、技术和应用。周济院士则认为，智能制造的发展由数字化制造、智能制造1.0和智能制造2.0三个基本范式的制造系统逐层递进组成。智能制造1.0系统的目标是实现制造业数字化、网络化，最重要的特征是在全面数字化的基础上实现网络互联和系统集成。智能制造2.0系统的目标是实现制造业数字化、网络化、智能化，实现真正意义上的智能制造。

20世纪80年代以来，我国企业逐步推广应用数字化制造，推进设计、制造、管理过程的数字化，推广数字化控制系统和制造装备，推动企业信息化，取得了巨大的技术进步，特别是近年来，各地大力推进"机器换人""数字化改造"，建立了一大批数字化生产线、数字化车间、数字化工厂，众多企业完成了数字化制造升级，我国数字化制造迈入了新的发展阶段。同时，必须清醒地认识到，我国大多数企业，特别是广大中小企业，还没有完成数字化制造转型。面对这样的现实，我国在推进智能制造过程中必须实事求是，踏踏实实地完成数字化"补课"，进一步夯实智能制造发展的基础。

20世纪90年代末以来，互联网技术逐步成熟，我国"互联网+"推动互联网和制造业深度融合，人、流程、数据和事物等过去相互孤立的节点被网络连接起来，通过企业内、企业间的协同，通过各种社会资源的集成与优化，"互联网+制造"重塑制造业的价值链，推动制造业从数字化制造发展到数字化网络化制造阶段。"互联网+制造"主要特征为：第一，在产品方面，在数字技术应用的基础上，网络技术得到普遍应用，成为网络连接的产品，设计、研发等环节实现协同与共享；第二，在制造方面，在实现厂内集成基础上，进一步实现制造的供应链、价值链集成和端到端集成，制造系统的数据流、信息流实现连通；第三，在服务方面，设计、制造、物流、销售与维护等产品全生命周期以及用户、企业等主体通过网络平台实现联接和交互，制造模式从以产品为中心走向以用户为中心。

制造业一直是整个产业体系、经济体系的核心，是国民经济的基础，是科学技术的基本载体。据工业和信息化部数据显示，2023 年我国工业互联网核心产业规模达 1.35 万亿元，已全面融入 49 个国民经济大类，智能工厂、数字化车间在提升要素生产率、发展新质生产力方面作用明显。2024 年，习近平总书记在中共中央政治局第十一次集体学习时强调：新质生产力是创新起主导作用，摆脱传统经济增长方式、生产力发展路径，具有高科技、高效能、高质量特征，符合新发展理念的先进生产力质态。它由技术革命性突破、生产要素创新性配置、产业深度转型升级而催生，以劳动者、劳动资料、劳动对象及其优化组合的跃升为基本内涵，以全要素生产率大幅提升为核心标志，特点是创新，关键在质优，本质是先进生产力。

新质生产力是指以科技创新为主导的高水平现代化生产力，即新类型、新结构、高技术水平、高质量、高效率、可持续的生产力。借助于数字技术的深层应用，新质生产力催生了一系列创新技术和新的生产方法，成为推动传统制造业升级的关键驱动力。培育新质生产力，将推动产业体系向高质量、高效率、可持续方向发展，为制造强国建设提供新引擎。以智能化为突出特征之新质生产力的形成是整个新型工业化的核心，是中国现代化产业体系的主旋律，是中国高质量发展的引擎，是以中国式现代化全面推进强国建设、民族复兴伟业的旗帜。

1.2.1　我国智能制造的未来发展趋势

近年来，在互联网、云计算、大数据和物联网等新一代信息技术快速发展形成群体性突破的推动下，以大数据智能、跨媒体智能、人机混合增强智能、群体智能等为代表的新一代人工智能技术加速发展，实现了战略性突破。新一代人工智能技术与先进制造技术深度融合，形成新一代智能制造——数字化网络化智能化制造。新一代人工智能的本质特征是具备了学习的能力，具备了生成知识和更好地运用知识的能力，实现了质的飞跃。

新一代智能制造系统主要由智能产品、智能生产及智能服务三大功能系统以及工业智联网和智能制造云两大支撑系统集成而成。智能产品和装备是新一代智能制造系统的主体。智能产品是智能制造和服务的价值载体，智能制造装备是智能制造的技术前提和物质基础。新一代智能制造将给产品与制造装备带来无限的创新空间，使产品与制造装备产生革命性变化。到 2035 年，中国各种产品与制造装备都将从"数字一代"整体跃升成"智能一代"，升级为智能产品和装备。一方面，将涌现出一大批先进的智能产品，如智能终端、智能家电、智能服务机器人、智能玩具等，为人民更美好的生活服务；另一方面，着重推进重点领域重大装备的智能升级，如信息制造装备、航天航空装备、船舶和海洋装备、汽车和轨道交通装备、农业装备、医疗装备、能源装备等，特别是要大力发展智能制造装备，如智能机器人、智能机床等，我们的"大国重器"也将装备"工业大脑"。近期的突破重点是研制十大重点智能产品：智能工业机器人、智能加工中心、无人机、智能舰船、智能汽车、智能列车、智能挖掘机、智能医疗器械、智能手机、智能家电。

流程工业在国民经济中占有基础性的战略地位，也是最有可能率先普及"新一代智能制造"的行业。如石化行业智能工厂建立数字化网络化、智能化的生产运营管理新模式，可以极大提高和优化生产，提升安全环保水平。新一代互联网、人工智能、数字孪生等技术

5

的不断发展为我国智能制造的发展持续注入了强劲的动力。国务院《新一代人工智能发展规划》中指出，将人工智能与智能制造深度融合，对于推动我国制造业转型升级具有重要的意义。

离散型智能工厂将应用新一代人工智能技术实现加工质量的升级、加工工艺的优化、加工装备的健康保障、生产的智能调度和管理，建成真正意义上的智能工厂。近期突破重点是建设十家智能工厂原型：钢铁、电解铝、石油化工、煤化工、酒醋酱油酿造、3C加工、薄膜晶体管（TFT）制造、汽车覆盖件冲压、基于3D打印的铸造、家电制造互联。

以智能服务为核心的产业模式和业态变革是新一代智能制造系统的主题。新一代人工智能技术的应用，将催生制造业实现从以产品为中心向以用户为中心的根本性转变，产业模式从大规模流水线生产转向规模定制化生产，产业形态从生产型制造向生产服务型制造转变，完成深刻的供给侧结构性改革。近期突破重点是在十个行业推行两种智能制造新模式：规模化定制在家电、家具、服装行业推广应用；远程运维服务在航空发动机、高铁装备、通用旋转机械、发电装备、工程机械、电梯、水/电/气表监控管理行业的推广应用。

智能制造云和工业智联网是新一代智能制造系统的重要支撑。"网"和"云"带动制造业从数字化向网络化、智能化发展，重点是"智联网""云平台"和"网络安全"三个方面。系统集成将智能制造各功能系统和支撑系统集成为新一代智能制造系统。系统集成是新一代智能制造最基本的特征和优势，新一代智能制造内部和外部均呈现系统"大集成"，具有集中与分布、统筹与精准、包容与共享的特性。

智能制造是企业为实现提质降本增效、提升竞争力、占领市场地位，通过工业化、信息化深入融合，运用网络化、数字化、智能化技术手段与提升精益水平等一系列举措而构建的深度自感知、智慧优化自决策、精准控制自执行的高柔性化及自适应的制造体系。目前在可预见的未来，人们将身处万物智联的时代，没有哪一家企业能够置身于数字化的浪潮之外。随着数字化能力成为企业的核心竞争力，把握数字化转型机遇，实现高质量发展将成为企业发展的重中之重。积极推进数字化转型与智能制造，推动产业技术变革和优化升级，提高质量、效率效益，减少资源能源消耗，畅通产业链供应链，助力碳达峰碳中和，将促进我国制造业迈向全球价值链中高端。

1.2.2 我国智能制造战略目标与方针

2023年，习近平总书记在黑龙江考察调研期间，提出"新质生产力"这一重大课题，指出"整合科技创新资源，引领发展战略性新兴产业和未来产业，加快形成新质生产力"。习近平总书记强调："高质量发展需要新的生产力理论来指导，而新质生产力已经在实践中形成并展示出对高质量发展的强劲推动力、支撑力，需要我们从理论上进行总结、概括，用以指导新的发展实践。"以智能化为突出特征之新质生产力的形成是整个新型工业化的核心，是中国式现代化产业体系的主旋律，是中国高质量发展的引擎，是以中国式现代化推进强国建设、民族复兴伟业的旗帜。

我国智能制造的战略目标是，到2035年，我国制造业整体达到世界制造强国阵营中等水平，创新能力大幅提升，重点领域发展取得重大突破，整体竞争力明显增强，优势行业形成全球创新引领能力，全面实现工业化。到新中国成立一百年时，制造业大国地位更加巩固，综合实力进入世界制造强国前列。制造业主要领域具有创新引领能力和明显竞争优势，建成全球领先的技术体系和产业体系。

　　未来，我国智能制造发展必须要坚持"需求牵引、创新驱动、因企制宜、产业升级"的战略方针，持续有力地推动我国制造业实现智能转型。

　　（1）需求牵引。需求是发展最为强大的牵引力，我国制造业高质量发展和供给侧结构性改革对制造业智能升级提出了强大需求，我国智能制造发展必须服务于制造强国建设的战略需求，服务于制造业转型升级的强烈需要。企业是经济发展的主体，也是智能制造的主体，发展智能制造必然要满足企业在数字化、网络化、智能化不同层面的产品、生产和服务需求，满足提质增效、可持续发展的需要。

　　（2）创新驱动。我国制造要实现智能转型，必须抓住新一代人工智能技术与制造业融合发展带来的新机遇，把发展智能制造作为我国制造业转型升级的主要路径，用创新不断实现新的超越，推动我国制造业从跟随、并行向引领迈进，实现"换道超车"、跨越发展。

　　（3）因企制宜。推动智能制造，必须坚持以企业为主体，以实现企业转型升级为中心任务。我国的企业规模不一，实现智能转型不能搞"一刀切"，不能"贪大求洋"，各个企业特别是广大中小微企业，要结合企业发展实情，实事求是地探索适合自己转型升级的技术路径。要充分激发企业的内生动力，帮助和支持企业特别是广大中小企业的智能升级。

　　（4）产业升级。推动智能制造的目的在于产业升级，要着眼于广大企业、各个行业和整个制造产业。各级政府、科技界、学界、金融界要共同营造良好的生态环境，推动我国制造业整体实现发展质量变革、效率变革、动力变革，实现我国制造业全方位的现代化转型升级。

　　2022 年底，随着 ChatGPT 横空出世，生成式大模型开始具备理解和学习的功能，具有强大的解决实际问题的能力。生成式大模型是人工智能发展史上一次革命性里程碑意义的重大突破，对智能制造产生重大的影响。人工智能进入大模型时代，其应用性能产生质的改变，它将使能百模千态，赋能千行万业，实现各行各业的智能化转型，人类社会正在加速迈向智能世界。

　　对新一代智能制造技术要抓紧攻关、试点和示范，通过四年的攻关试点示范行动，为2028—2035 年制造业智能化升级重大行动做好充分的准备，相信到那个时候在全国范围内将会形成一个新高潮，在全国制造业大规模推广智能化升级行动。我国制造业的奋斗目标是坚定不移地推进新型工业化，加快建设制造强国，全面实现新型工业化，成为全球领先的制造强国，以制造业的繁荣和强大，支撑国家的繁荣和强大，实现中国式现代化，托起中华民族伟大复兴的中国梦。

1.3　人—信息—物理系统

　　智能制造是一个大概念，其内涵伴随着信息技术与制造技术的发展和融合而不断前进。目前，随着互联网、大数据、人工智能等技术的迅猛发展，智能制造正在加速向新一代智能制造迈进。

　　尽管智能制造的内涵在不断演进，但其所追求的根本目标是不变的，即始终都是尽可能优化以提高质量、增加效率、降低成本，增强竞争力。并且，从系统构成的角度看，智能制造系统也始终都是由人、信息系统和物理系统协同集成的人—信息—物理系统，或者说，智能制造的本质就是设计、构建和应用各种不同用途、不同层面的 HCPS。当然，HCPS 的内涵和技术体系也是在不断演进的。

1.3.1　面向智能制造的 HCPS 的进化过程

1. 制造系统发展的第一阶段：基于人—物理系统（HPS）的传统制造

距今 200 多万年前，人类就会制造和使用工具。从石器时代到青铜器时代再到铁器时代，这种主要依靠人力和畜力为主要动力并使用简易工具的生产系统一直持续了百万多年。随着第一次工业革命和第二次工业革命的兴起，人类在不断发明、创造与改进各种动力机器并使用它们来制造各种工业品，这种由人和机器所组成的制造系统大量替代了人的体力劳动，大大提高了制造的质量和效率，社会生产力得以极大提高。

例如，传统手动机床在加工零件时，需要操作者根据加工要求，通过手眼的感知来操作手柄，使刀具能够按照希望的轨迹运动并完成工件加工任务。这些制造系统主要由人和物理系统（如机器）两大部分组成，因此称为人—物理系统（HPS）。其中物理系统（Physical Systems，PS）是主体，工作任务是通过物理系统完成的；而人（Human，H）则是主宰和主导，是物理系统的创造者，同时也是物理系统的使用者，工作所需要的感知、学习认知、分析决策与控制操作等部分均需要由人来完成。

2. 制造系统发展的第二阶段：基于 HCPS1.0 的数字化制造

20 世纪中叶以后，随着制造业对于技术进步的强烈需求，以及计算机、通信和数字控制等信息化技术的发明和广泛应用，制造系统进入了数字化制造（Digital Manufacturing）时代，以数字化为标志的信息革命引领和推动了第三次工业革命。以数控机床为例，作为第三次工业革命最典型的产品，与手动机床相比，数控机床的本质变化体现在人和机床实体之间增加的数控机床。操作者只需要根据加工要求，把加工过程中需要的刀具与工件的相对运动轨迹、主轴速度、进给速度等按照规定的格式编辑成加工程序，计算机数控系统就可以根据程序控制机床自动完成加工过程。

与传统制造相比，数字化制造最本质的变化是在人和物理系统之间增加了一个信息系统（Cyber System，CS），从原来的"人—物理"二元系统发展成为"人—信息—物理"三元系统，HPS 进化成了 HCPS。人的部分的感知、分析、决策和控制功能迁移给信息系统，信息系统可以替代人类完成部分脑力劳动。信息系统是由软件和硬件组成的系统，它的主要作用是对输入的信息进行各种计算分析，并代替操作者去控制物理系统完成工作任务。

数字化制造可以定义为第一代智能制造，因此面向数字化制造的 HCPS 可以定义为 HCPS1.0。与 HPS 相比，HCPS1.0 通过集成人、信息系统和物理系统的各自优势，尤其是计算分析、精确控制以及感知能力等得以极大提高，其结果是：一方面，制造系统的自动化程度、工作效率、质量与稳定性以及解决复杂问题的能力等各方面均得以显著提升；另一方面，不仅操作人员的体力劳动强度进一步降低，更重要的是，人类的部分脑力劳动也可由信息系统完成，知识的传播利用以及传承效率都得到了有效提高。

3. 制造系统发展的第三阶段：基于 HCPS1.5 的数字化网络化制造

20 世纪末，互联网技术快速发展并得到广泛普及和应用，推动制造业从数字化制造向数字化网络化制造（Smart Manufacturing）转变。数字化网络化制造本质上是"互联网+数字化制造"，可定义为"互联网+"制造，也可以定义为第二代智能制造。同样以互联网+数控机床（Smart Machine Tool）举例，与数控机床相比，互联网+数控机床增加了传感器，增强了对加工状态的感知能力；更重要的是，它实现了设备间的互联互通，实现了机床状态数据的采集和汇聚。

这里提到的数字化网络化制造系统仍然是基于人、信息系统、物理系统三部分组成的HCPS，但这三部分相对于之前提到的面向数字化制造的HCPS1.0都发生了根本性的变化，因此面向数字化网络化制造的HCPS可以定义为HCPS1.5。HCPS1.5最大的变化在于信息系统：互联网和云平台成了信息系统的重要组成部分，既连接了信息系统各部分，又连接了物理系统的各部分，还连接了人，是系统集成的工具。于是，信息互通与协同集成优化便成了该阶段信息系统的重要内容。

由此可见，数字化网络化制造的本质是在数字化制造的基础上通过网络将相关的人、流程、数据和事物等连接起来，通过企业内、企业间的协同和各种资源的共享与集成优化，重塑制造业的价值链。互联网的使用不仅极大地降低了协作的成本，同时，制造过程中全流程的管理和执行也使组织要素的边际生产力得到了提升。

当今世界，各国制造企业普遍面临着提高制造、增加效率、降低成本、快速响应的强烈需求，制造业亟须一场革命性的产业升级。从技术上讲，基于HCPS1.5的数字化网络化制造还难以克服制造业发展所面临的巨大瓶颈和困难：第一，人的知识、经验和能力积累是有限的，同时也不善于对不确定状态下的复杂系统进行认知和分析决策，难以使制造系统达到最优甚至较优的效果；第二，人的知识、经验和能力不仅积累效率低，而且只能服务于有限的对象，并且会伴随着人的离去而消失。随着网络化带来的制造系统复杂程度的不断增加，这些问题也将更加严重。因此为了解决这些问题，迎接新的挑战，制造业也对技术创新和智能升级提出了紧迫的要求。

4. 制造系统发展的第四阶段：基于 HCPS2.0 的新一代智能制造

进入21世纪以来，互联网、云计算、大数据等信息技术日新月异、飞速发展，并极其迅速的普及应用，形成了群体性跨越。这些历史性的技术进步，集中汇聚在新一代人工智能（AI2.0）的战略性突破，新一代人工智能已经成为新一代科技革命的核心技术。新一代人工智能呈现出深度学习、跨界融合、群体智能、人机协同等新特征，解决复杂问题的方法也从"强调因果关系"的传统模式向"强调关联关系"的创新模式转变，进而向"关联关系"和"因果关系"深度融合的先进模式发展，解决复杂问题的能力突飞猛进。

如果说数字化网络化制造是第四次工业革命的开始，那么新一代智能制造的突破和广泛应用将推动形成第四次工业革命的高潮，重塑制造业的技术体系、生产模式、产业形态，以人工智能为标志的信息革命引领和推动着第四次工业革命。可以说，面向新一代智能制造的HCPS，其相对于面向数字化网络化制造的HCPS1.5又发生了本质性的变化。因此，面向新一代智能制造的HCPS可以定义为HCPS2.0。

在HCPS1.5中最重要的变化发生在起主导作用的信息系统，由于将部分认知和学习的脑力劳动转移给了信息系统，HCPS2.0中的信息系统则增加了基于新一代人工智能技术的学习认知部分，不仅具有了更强大的感知、决策与控制能力，更是具备了学习认知、产生知

9

识的能力，也就是拥有了真正意义上的"人工智能"。这种面向新一代智能制造的 HCPS2.0 不仅可以极大提高处理制造系统复杂性、不确定性的问题，而且可以使制造知识的产生、利用、传承和积累效率都发生革命性的变化。因此，人和信息系统的关系便发生了根本性的变化，也就是从"授之以鱼"变成"授之以渔"。

同样以机床为例，在 HCPS2.0 中体现的是新一代智能机床（Intelligent Machine Tool）。新一代智能机床是在工业互联网、大数据、云计算的基础上，应用新一代人工智能技术和先进制造技术深度融合的机床，能够实现自主感知、自主学习、自主优化和决策、自主控制与执行，极大提高机床加工质量、使用效率，并降低成本，是第四次工业革命的典型产品。

总结来说，新一代智能制造进一步突出了人的中心地位，在 HCPS2.0 中，人是主宰。一方面，智能制造将更好地为人类服务；另一方面，人作为制造系统创造者和操作者的能力和水平将极大提高，人类智慧的潜能将得到极大释放，社会生产力也将得到极大解放。知识性工作自动化将使人类从大量体力和脑力劳动中解放出来，人类可以从事更有价值的创造性工作。人类的思维也进一步向"互联网思维""大数据思维"和"人工智能思维"转变，人类社会开始进入"智能时代"。

1.3.2　面向新一代智能制造的 HCPS2.0 的内涵

10

新一代智能制造既是一种新的制造系统，也是一种新的技术体系，是有效解决智能制造各种问题的一种新的普适性方案，其内涵可以从系统、技术和远景等多个视角进行描述。

从系统构成看，新一代智能制造是为了实现一个或多个制造价值创造目标，由相关的人、拥有"人工智能"的信息系统以及物理系统有机组成的综合智能系统。其中，物理系统是主体，是制造活动能量流与物质流的执行者，是制造活动的完成者；拥有人工智能的信息系统是主导，是制造活动信息流的核心，帮助人对物理系统进行必要的感知、认知、分析、决策与控制，使物理系统以尽可能最优的方式运行；人是主宰，一方面，人是物理系统和信息系统的创造者，即使信息系统拥有强大的"智能"，这种"智能"也是人赋予的，所解决的问题、目标和方法等都是由人掌控的；另一方面，人是物理系统和信息系统的使用者和管理者，系统的最高决策和操控都必须由人牢牢把握。从根本上说，无论是物理系统还是信息系统都是为人类服务的。简而言之，对于新一代智能制造："制造是主体，智能是主导，人是主宰"。

新一代智能制造是数字化、网络化、智能化技术与制造技术的深度融合，可以说其核心是新一代人工智能技术与制造技术的深度融合。从技术本质来看，新一代智能制造主要是通过新一代人工智能技术赋予信息系统强大的"智能"，从而带来三个重大技术进步：一是从根本上提高制造系统建模的能力，极大提高处理制造系统复杂性、不确定性问题的能力，有效实现制造系统的优化；二是使信息系统拥有了学习认知能力，使制造知识的产生、利用、传承和积累效率发生革命性变化，显著提升知识作为核心要素的边际生产力；三是形成人机混合增强智能，使人的智慧与机器智慧的各自优势得以充分发挥并相互启发地增长，极大释放人类智慧的创新潜能，极大提升制造业的创新能力。总体来说，HCPS2.0 目前还处于"弱"人工智能技术应用阶段，新一代人工智能还在极速发展的过程中，将继续从"弱"人工智能迈向"强"人工智能，新一代智能制造技术也在极速发展之中。

HCPS2.0 是实现新一代智能制造的共性使能技术，可广泛应用于离散型制造和流程型制造的产品创新、生产创新、服务创新等制造价值链全过程创新。这种共性使能技术包含以下两个要点：

1) 应用新一代人工智能技术对制造系统"赋能"。制造工程创新发展有很多途径，主要有两种方法：一是制造技术原始性创新，这种创新是根本性的，极为重要；二是"赋能"创新，即应用共性使能技术对制造技术"赋能"，二者深度融合形成创新的制造技术，这种创新是具有普适性、通用性的创新，能够应用于各行各业、各种各类的制造系统并使其升级换代，是一种革命性的、集成式的创新。

2) 新一代人工智能技术需要与制造领域知识与技术进行深度融合，成为新一代智能制造技术。因为制造是主体，"赋能技术"（共性使能技术）是为制造升级服务的，只有与领域技术深度融合，才能真正解决问题，才能真正发挥作用。因此，制造技术是领域技术，为主体；智能技术是赋能技术，为主导；二者需要辩证统一融合发展。

因而，制造业的技术改造、智能升级工程，对于智能技术而言，是先进技术的推广应用工程；对于各行各业制造系统而言，是应用共性使能技术对制造系统进行革命性集成式创新的工程。

1.3.3 面向智能制造 HCPS2.0 的人机协同

1. 智能制造中的人机协同问题

《纲要》提出深入实施制造强国战略，推动智能制造发展，促进制造业智能化升级，实现向"中国智造"的转变。目前，我国制造业持续快速发展，形成了门类齐全、独立完整的产业体系，有力推动了我国的工业化和现代化进程。同世界先进水平相比，我国制造业存在大而不强等问题，自主创新能力、资源利用效率、产业结构水平、信息化程度、质量效益等方面的差距尤其明显，工业智能化转型升级和跨越发展的任务紧迫而艰巨。新一代互联网、人工智能、数字孪生等技术的不断发展为我国智能制造的发展持续注入了强劲的动力。过分追求信息化、数字化的生产模式已不能满足生产车间柔性化、用户个性定制化等复杂作业的需求，智能制造中的难点开始凸显，因此生产趋势急需改变，人作为关键因素不能再被忽视。以人为中心的智能制造要考虑工人的安全感和幸福感，打消工人对工业革命浪潮带来的"机器换人"的担忧和顾虑，让劳动力重回工厂。

例如，在汽车行业，由于车型频繁变更，企业需要制造系统具备更加柔性化的部署，以满足智能制造面临的小批量、多品种的生产需求。又如，在 3C 行业，电子产品的更新换代周期通常在 1~2 年，这导致生产线经常需要改造，部署调整成本高。因此无论是考虑生产周期还是实施成本，仅依靠工业机器人很难满足这些行业的生产需求。作为一种模块化的小型智能化工厂实践，整个智能生产单元由自动化模块、信息化模块和智能化模块组成，包含设备、机器人、自动导引车（AGV）、网络、信息数据等。智能生产单元将人作为关键因素，由人负责对柔性、触觉、灵活性要求比较高的工序，机器人则利用其快速、准确的特点来负责重复性的工作，以"最小的智能化工厂"实现多品种、小批量的生产智能化。如何落实人机交互生产模式，将操作人员、机器人和辅助设备等进行模块化、集成化、一体化的聚合，通过人与机器人的协调合作，充分发挥机器人的效率及人类的智能，使制造系统具备

11

多品种、小批量产品的柔性生产输出能力，已成为解决当前智能制造发展瓶颈的关键。因此，开展人机交互的生产模式，使人和机器和谐共处，满足消费者对产品个性定制化的需求，打消工人对失业的担忧，使人回归制造业。

在新一代智能制造的蓝图中，人机协同成为主流的生产和服务方式。由于人与"机"的深度协作，人在智能制造系统中的作业任务和要求都发生了巨大的变化。尽管人不再承担重复性的工作，但仍是决策回路系统的中心环节，始终处于主导地位。人机协同的深层内涵是"人机智能融合"，它代表人与"机"需要共同完成指定任务。在完成动态作业任务的过程中，制造系统需要与工作人员保持步调一致，面对动态作业需求，进行资源适配与自主协同，实现协调生产。根据智能制造人—信息—物理系统发展理论，智能制造人机协同中的"机"具有两层含义：一是信息系统，即人与计算机等智能体、智能系统的交互（Human-Computer Interaction）；二是物理系统，即人与机器人、设备等物理实体的交互（Human-Robot Interaction）。

2. 人与信息系统、物理系统交互的技术体系

智能制造系统是建立在新一代信息技术之上、面向人机协同与生产过程自治的新一代 HCPS2.0。HCPS2.0 中的关键问题在于如何实现人与"机"的智能融合。在复杂且动态变化的生产任务下，信息系统该如何通过数据与模型对物理系统进行实时的感知、认知、分析、决策与控制，并与人一起不断优化分配资源，进行合理的任务决策与调度，实现资源的在线适配，从而实现对作业需求的快速响应与协同生产。数字孪生技术作为信息—物理空间交互融合的有效手段，能更好地反映实际生产状态，操作人员便能更好地了解系统的整体运行情况。数字孪生技术通过物理模型、传感器更新、运行历史等数据，建立物理世界与虚拟世界的双向动态连接，为解决信息和物理系统的融合提供了有效途径。因此可以说，在智能制造的柔性生产趋势下，实现人机协作的核心问题就是如何实现人与制造系统的有效协同，尤其是针对信息系统的状态感知。智能化的生产系统必然产生复杂的信息系统，随着数字孪生、深度学习、知识工程等在不同领域的发展与应用，如何实现人与制造系统数字孪生体的无缝衔接，使人通过信息系统快速准确地掌握整个系统的运行状态，已成为实现人与"机"智能融合的又一关键问题。

其次，物理系统为新一代智能制造 HCPS2.0 的主体，主要指智能制造系统中的智能设备及机器人，如图 1-1 所示。随着机器人与自动化控制技术的发展，工业机器人凭借控制精度高、反应速度快、工作能力强等优势，已经成为发展智能制造不可忽视的重要组成部分。现在，绝大部分的产业化工业机器人一直没有脱离预编辑或者遥操作（Teleoperation）的控制方式，虽然很多工厂都通过部署机器人实现了自动化，但智能化程度不高。如果为了保证人机交互的安全，将人与工业机器人的工作区域隔离开，就不能实现真正意义上的人机协作。人与灵活、安全的物理系统共同协作已经成为发展以人为中心的智能制造系统的关键。人与机器人共同完成动态作业任务，充分发挥人与机器的长处便成了未来智能制造的重要研发方向。与汽车行业相比，航空航天、造船和建筑等领域的制造任务和过程过于复杂，装配精度要求较高，目前仍依赖手工操作。因此有必要开展人机协作的研究，由协作机器人辅助人来完成复杂作业，使人的脑力、体力维持在最佳水平，并使大脑认知资源的需求与大脑认知资源对任务的供给处于平衡，避免负荷过载和欠载对操作人员的负面影响，减轻人的负担，提高任务执行效率和生产安全性。

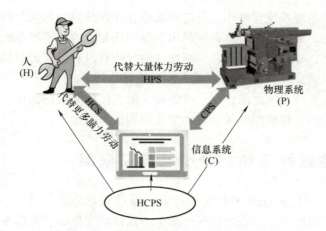

图 1-1　新一代智能制造 HCPS2.0 的原理简图

总体来说，自动化和智能化的发展并不会完全替代人，如何保障人与物理系统的交互顺畅，使机器快速准确地捕获操作人员的作业意图是实现人机协同作业的关键。

3. 新一代智能制造系统中人机交互鸿沟

实现人机交互的首要任务是建立一个能实现人与"机"信息传输的渠道，这个过程主要包括三个阶段：①操作人员感知信息物理系统，并用自然便捷的行为方式来表达作业意图；②信息物理系统准确理解操作人员的作业意图，并完成智能分析、决策与控制，对不同的任务做出反应；③对前两点人机信息传输过程进行认知能力评估，通过调节优化双方的作业方式，最大限度地降低操作人员的认知负荷和疲劳度。

因此，要想准确有效构建人与信息及物理系统的友好协作关系，还需要解决现存的人机交互鸿沟问题。人机交互鸿沟包括评估鸿沟（Gulf of Evaluation）和执行鸿沟（Gulf of Execution），即人与"机"每次交互时都会面临认知系统状态、对系统做出反应并执行操作的两大挑战，如图 1-2 所示，这将贯穿于人"机"信息传输的三个阶段。评估鸿沟指的是人在与系统交互的过程中，对系统状态的理解与系统实际运行情况的差异。执行鸿沟指的是在交互过程中，人需要采取行动实现特定目标时，操作者的心理认知与系统的实际运行方式之间的差距。人机交互中，评估和执行阶段相互依存，描述了操作人员成功与任何系统完成交互所必须经历的循环，成功的评估需要感知系统呈现信息的状态指标并理解其含义，成功的执行需要弄清楚要做什么来完成目标。

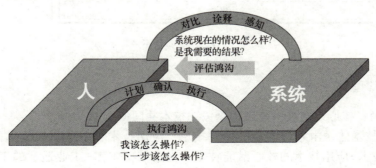

图 1-2　人机交互的评估鸿沟和执行鸿沟

智能制造的信息物理系统与操作人员之间必然存在评估鸿沟与执行鸿沟。如果说系统不能清楚表示当前状态，那操作人员就必须付出大量的认知资源来了解系统的当前状况、下一步操作后会发生什么，并且不断推测、判断之前的操作有没有更接近目标。随着系统复杂性的提高，人需要克服的交互鸿沟也越来越大。系统是由设计人员（专家）创造的，因此鸿沟主要出现在操作人员与专家之间，设计者需要了解人使用系统的操作习惯与认知能力，研究人的潜在学习理论与心智模型是帮助减小交互鸿沟的有效途径。

1.4　智能制造过程感知、分析与决策框架

工业人工智能（AI）正在迅速改变制造业，通过整合先进的算法、硬件和软件技术，实现了更高效、更智能的生产与管理。这一变革不仅依赖于核心赋能技术与工程化关键技术的共同使能，还包括了产业与应用层面的深度融合，如图1-3所示。本节将从技术、产业和应用三个视角深入探讨工业AI的技术体系、融合产品与服务，以及其在工业全环节中的核心应用模式与场景。

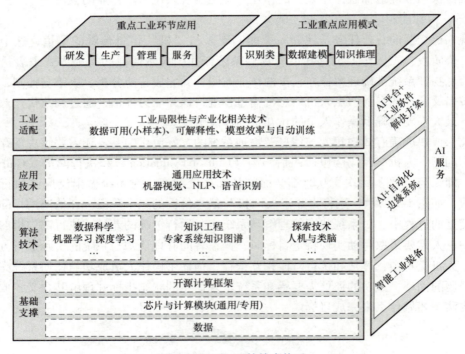

图 1-3　工业 AI 的技术体系

1.4.1　智能制造体系框架

1. 技术视角：核心赋能技术与工程化关键技术共同使能

工业AI的技术体系由基础支撑、算法技术、应用技术和工业适配技术四个层级组成，可划分为算法技术+应用技术的核心赋能技术，以及基础支撑+工业适配的工程化技术两大类别。核心赋能技术主要包括以机器学习、深度学习和其他学习方式为主的数据科学；以专

家系统、知识图谱为代表的知识工程；以人机、类脑为代表的探索技术；以机器视觉、自然语言处理（Natural Language Processing，NLP）和语音识别为代表的应用技术。核心赋能技术通过两类方式赋能工业，一是基于算法技术针对工业具体环节和问题进行赋能，通过数据建模分析或知识图谱构建等方式，解决工业领域的个性化场景问题，如生产制造过程参数优化、设备预测性维护、工业供应链优化等；二是通用应用技术的工业迁移，将视觉、语音等相对成熟应用技术直接迁移到工业领域，解决相似的工业问题，如表单识别、产品表面检测、安全巡检等。工程化技术主要解决核心赋能技术落地推广的关键问题：一是基础支撑层，主要包括数据、芯片与计算模块、开源计算框架等，涵盖人工智能算法、算力、数据三大要素的后两个，为工业算法模型提供软硬件支持；二是工业适配技术，具体指为了适应工业领域特殊需求、解决前文所述融合技术问题、实现产业化相关的技术，如数据可用性、可解释性、实时性与自动训练等，工业适配层面的技术是驱动 AI 实际落地工业的关键。

2. 产业视角：关键融合产品、方案与服务

AI 与工业供给产业融合形成的核心产品、方案与服务，是 AI 赋能工业的主要载体。主要包括四个方面，按层级关系可分为基础软硬件、智能工业装备、自动化与边缘系统、平台/工业软件与方案。其中，基础软硬件是指各类芯片/计算模块、AI 框架、工业相机等相对通用的软硬产品；智能工业装备是融合智能算法能力的机器人、AGV、机床等通用/专用的工业生产制造装备；自动化与边缘系统主要指融合了智能算法的工业控制系统；平台/工业软件与方案既包括传统单机软件与 AI 融合升级，也包含各类具有 AI 能力的工业互联网平台及其衍生的解决方案、智能应用服务。

3. 应用视角：面向工业全环节的核心应用模式与场景

工业智能形成三类核心应用模式。工业智能已经在研发、生产、管理与服务等全环节形成各类智能化场景。一是识别类应用，与工业智能的应用技术相对应，包括工业视觉检测、表单识别和工业语音信号识别等；二是数据建模优化类应用，与通用算法技术中的数据科学相对应，如基于机器学习、深度学习技术的智能排产、设备运维、工艺参数优化等；三是知识推理决策类应用，与通用算法技术中的知识工程相对应，如冶炼专家系统、设备故障诊断专家系统、供应链知识图谱等。

1.4.2 智能感知与决策方法

智能制造是指通过引入先进的信息与通信技术，将生产过程各环节进行高度集成与优化，以实现生产过程智能化、柔性化、高效化的一种制造模式。在智能制造中，人工智能技术扮演着重要的角色，尤其是在智能感知与决策支持方面的应用，如图 1-4 所示。下面将介绍人工智能在智能制造中的智能感知与决策支持方法。

1. 智能感知方法

在智能制造中，智能感知是指通过感知技术，获取制造过程中的信息并对其进行处理和分析，以实现对生产环境、设备状态、产品质量等方面的感知与监控。人工智能在智能感知中的应用主要包括图像处理、语音识别和传感器数据分析等方面。

（1）图像处理

图像处理是智能制造中常用的一种感知方法。通过使用计算机视觉和图像处理技术，可

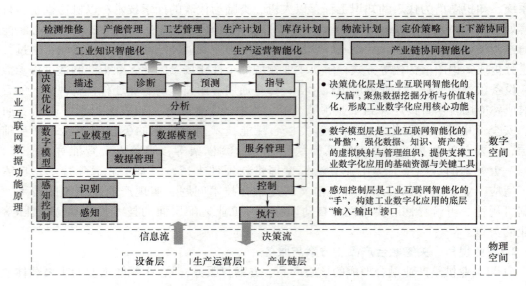

图1-4　工业互联网体系结构

以对生产现场中的图像进行识别、分析和处理。以下是具体的应用场景实例。

1）生产过程监控：通过摄像头采集生产现场图像，利用图像处理技术进行实时监控。可检测设备运行状态异常、工艺参数偏差，及时发现并处理问题。

2）产品质量检测：利用计算机视觉对产品表面进行缺陷检测，如瑕疵、划痕、变形等。可实现全自动监测，提高检测效率和准确性，降低人工成本。

3）机器人视觉导航：利用图像识别技术，实现机器人对生产环境的感知和导航。可用于自动搬运、自动装配等复杂作业，提高生产自动化水平。

（2）语音识别

语音识别技术（Automatic Speech Recognition，ASR）是指通过计算机系统将人类语音信号转换为文字或控制命令的过程。它是人工智能和信号处理领域的一项重要技术。在智能制造中，语音识别可以应用于生产现场的工作指令传达和设备状态监测等方面。通过将语音指令转化为机器可读的指令，可以实现对生产过程的智能化控制和管理。语音识别技术在实际应用中还需要处理语音的噪声干扰、口音变化、语速变化等问题，以提高识别准确率和鲁棒性。以下是具体的应用场景实例。

1）生产现场的语音指令控制：工人可以通过语音指令控制生产设备的起停、参数调整等操作，避免了烦琐的按键操作，提高了工人的工作效率和便捷性，可应用于对危险环境下的远程设备控制，提高生产安全性。

2）生产任务的语音下达：管理人员可以通过语音下达生产任务、工艺指令等。指令被直接转化为机器可读的数据，减少了手工录入的错误。提高了生产任务分配的及时性和准确性，增强了生产调度的灵活性。

3）维修保养的语音记录：维修人员可以通过语音记录设备维修和保养的信息。系统自动转化为电子台账，方便后续查阅和分析。提高了维修记录的完整性和准确性，为设备管理提供依据。

（3）传感器数据分析

传感器数据分析是智能制造中的另一个重要的感知方法。通过利用传感器感知设备和环境的状态信息，可以实时监测生产过程中的温度、压力、湿度等参数，并进行数据分析和预测。通过分析传感器数据，可以及时发现异常情况，并采取相应的措施，以提高生产效率和产品质量。以下是具体的应用场景实例。

1）设备状态监测与故障诊断：在生产设备上安装振动、温度、电流等传感器，实时监测设备运行状况。通过分析传感器数据，识别设备异常状态，预测可能的故障。利用数据挖掘和机器学习技术，建立设备健康状态模型，进行故障诊断和预测性维护。

2）工艺参数优化：在生产线关键工序安装压力、流量、转速等传感器。分析这些工艺参数的实时数据，找出影响产品质量的关键因素。利用优化算法调整工艺参数，实现产品质量的持续改善。

3）能源管理：在生产车间安装电力、水、气等能源消耗传感器。分析能源使用数据，发现能源消耗异常点和优化空间。基于分析结果，调整生产计划和设备运行模式，提高能源利用效率。

2. 决策支持方法

智能决策是工业互联网智能化的"大脑"，是组织或个人综合利用多种智能技术和工具，基于既定目标，对相关数据进行建模、分析并得到决策的过程。该过程综合约束条件、策略、偏好、不确定性等因素，可自动实现最优决策，以用于解决新增长时代日益复杂的生产、生活问题。

智能决策的关键技术主要包含机器学习技术、运筹优化技术等多种智能技术。机器学习技术通过强化学习、深度学习等算法实现预测，通常需要大量数据来驱动模型以实现较好的效果，适用于描述预测类场景，如销量预测。运筹优化技术基于对现实问题进行准确描述来建模，通过运筹优化算法在一定约束条件下求目标函数最优解，对数据量的依赖性弱，结果的可解释性强，适用于规划、调度、协同类问题，如人员排班、补配货。在逻辑侧对问题进行理解及分析进而建模（运筹优化），在数据侧对起因及结果进行记录乃至预测（机器学习），两者构成了现实工业生产中解决问题的要件，但各自均存在不同程度的局限性，因此需要取长补短，共同服务于决策质量和速度的提升。

（1）数据分析

数据分析是智能制造中常用的一种决策支持方法。通过对感知到的数据进行统计分析和挖掘，可以获取生产过程中的关键指标和变化趋势，以支持管理人员进行决策制定。例如，通过对设备运行数据的分析，可以提前预测设备故障，并制定相应的维修计划，以避免生产中断和损失。常用的数据分析方法如下。

1）时间序列分析：用于分析和预测生产过程中各种指标随时间的变化趋势，如产品产量、设备运行状态等。常用的方法包括移动平均法、指数平滑法、ARIMA 模型等。可以预测未来的变化趋势，辅助生产计划制定。

2）回归分析：建立生产过程中各因素之间的定量关系模型，如产品质量与工艺参数的回归关系。可以分析关键因素对目标指标的影响程度，为优化生产参数提供依据。

3）聚类分析：将生产过程中的样本数据划分到不同的簇中，挖掘数据中的自然分组。可以识别设备状态异常点、产品质量问题等，为故障诊断和质量管控提供依据。

4）机器学习：利用神经网络、决策树等机器学习算法，对生产数据进行建模和预测。可以准确预测设备故障、产品质量问题，支持制定预防性维护和质量改进措施。

5）异常检测：通过建立生产过程的正常运行模型，识别数据中的异常值和异常模式。可以及时发现设备故障苗头、工艺偏差等，为预防性维护和质量改进提供支持。

（2）模型建立

模型建立是一种将现实生产过程抽象为数学模型的方法。通过建立适当的模型，可以对生产过程中的关键参数进行仿真和优化，找到最佳方案。在智能制造中常见的建模实例有以下几种。

1）库存管理模型：通过建立库存管理数学模型，可以模拟库存水平、订货周期、订货量等参数的变化。优化这些参数，可以最大化利润，同时满足客户需求，避免缺货和积压。

2）供应链优化模型：建立包括采购、生产、运输等环节的供应链数学模型。通过优化模型，协调各环节的资源配置，降低总成本，提高供应链效率。

3）设备维护优化模型：建立设备故障率、维修成本等参数的数学模型。根据模型预测优化维护周期，降低设备故障率，减少维修成本。

（3）优化算法

优化算法是智能制造中常用的一种决策支持方法。通过使用数学优化算法，可以对生产过程中的生产调度、路径规划等问题进行求解和优化。在生产调度中，可以利用优化算法对资源分配和任务安排进行优化，以实现生产任务的高效完成。以下是在智能制造中常用的优化算法。

1）遗传算法（Genetic Algorithm，GA）：模拟自然选择和遗传的过程，通过选择、交叉、变异等操作不断优化解。适用于复杂组合优化问题，如生产排程、物流路径规划等。可以得到较优的可行解。

2）模拟退火算法（Simulated Annealing，SA）：模拟金属退火过程，通过以概率接受劣解的方式挑出局部最优。适用于非线性、非凸优化问题，如工厂布局、设备维护等。可以得到全局最优解。

3）蚁群算法（Ant Colony Optimization，ACO）：模拟蚂蚁寻找最短路径的过程，通过信息素传递实现群体协作优化。适用于组合优化问题，如车间生产调度、物流配送路径规划等。能够快速找到近似最优解。

4）粒子群优化算法（Particle Swarm Optimization，PSO）：模拟鸟群、鱼群等群体生物的觅食行为，通过个体和群体信息的交互实现优化。适用于连续优化问题，如工艺参数优化、能源管理等。该算法收敛速度快，易实现。

5）混合整数规划（Mixed Integer Programming，MIP）：结合整数变量和连续变量的数学规划方法，可求解复杂的离散优化问题。适用于生产线平衡、供应链优化等问题，可得到全局最优解。求解过程复杂。

1.5 本章小结

本章首先对智能制造的本质和发展背景进行了深入探讨。智能制造是将先进的信息技术与现代制造业深度融合的新模式，旨在实现对生产全过程的智能感知、分析和优化决策。并分析了在当前数字经济的浪潮下，智能制造的发展背景和趋势。随后，分析了当代智能制造作为新一轮工业革命的核心，经历了从概念提出到理论发展，再到实践推广的整个历程。分别讲述了国际上，如德国、美国等工业强国纷纷推出的本国智能制造战略，并着重介绍了我国在智能制造领域研究的兴起和发展。然而，在推进智能制造的过程中，我国也面临着一些困难和挑战，例如，关键核心技术"卡脖子"难题，单点技术自主可控能力不足，工业互联网虽然发展迅猛但根基不太稳固等。通过展望未来，我国将进一步加大智能制造的战略部署，完善基础设施建设，健全标准体系，培养高素质的智能制造人才，提升我国制造业的国际竞争力。

本章引入人—信息—物理系统（HCPS）的概念，讲解了 HCPS 进化过程，以及 HCPS2.0 的内涵和人机协同的问题，随后剖析了工业智能制造体系框架，分别从技术、产业、应用视角进行了举例说明。技术视角从核心赋能技术和工程化关键技术两部分，介绍了机器学习、深度学习、工业适配技术（可解释性、实时性等）；产业视角呈现了 AI 与工业融合的核心产品、方案与服务；应用视角总结了三类核心应用模式：识别类（视觉、语音识别等）、数据建模优化类（排产、运维等）和知识推理决策类（专家系统、知识图谱等），覆盖工业全环节的智能化场景。

除此之外，本章详细讲解了智能感知与决策方法，智能制造是通过引入先进的信息与通信技术，来实现生产过程的智能化、柔性化和高效化。并依次介绍了图像处理、语音识别、传感器数据分析等技术在生产中的应用，以及机器学习和运筹优化技术在决策支持中的作用。

本章全面阐述了智能制造的内涵、发展历程以及未来趋势，为后续章节的深入探讨奠定了基础。

1.6　项目单元

建立一个智能制造系统感知分析与决策系统，可以保障制造系统的高效率及高质量运行。本书将提供一个感知分析与决策系统原型的构建与开发指导，以支持读者完成项目开发实训。本项目单元将提供功能模块整体框架架构说明，具体模块开发将在后续章节中结合知识点进行说明。

第 1 章项目单元

本章习题

1-1　智能制造的定义是什么？
1-2　智能制造与传统制造的主要区别是什么？
1-3　智能制造有哪些特征？
1-4　简述智能制造的发展阶段。
1-5　我国智能制造未来发展趋势是什么？
1-6　工业 4.0 的核心理念是什么？
1-7　在智能制造系统中，物联网（IoT）的角色是什么？

1-8　简述智能制造系统中的 HCPS2.0 的主要特点和其相对于 HCPS1.5 的进化。

1-9　在智能制造中，如何利用人工智能和机器学习技术优化生产过程？

1-10　工业智能的三类核心应用模式是什么？请简要描述。

1-11　优化算法在智能制造中的应用有哪些？请举例说明。

1-12　常用的数据分析方法有哪些？

第 2 章　制造系统感知技术

导读

　　制造系统感知技术是实现制造系统智能化的基础与前提条件。感知技术面向制造系统中的各类信息源，如图像、文本、物理量等，进行数据的采集与处理。本章将介绍并深入探讨制造系统的数据感知基础技术，包括传感器与机器视觉的感知方法，并分别面向物料、设备、环境介绍数据采集理论知识，最后面向制造系统中的人员行为感知进行深入介绍，实现人员的行为感知与数据集构建。通过对这些技术的系统学习，读者将能够在智能制造过程中开展数据采集，进一步为后续的分析决策提供基础。

本章知识点

- 制造过程中的数据采集感知对象
- 传感器常见类型及用途
- 常用图像预处理理论与算法
- 设备、物料、环境感知方法
- 人员行为感知方法

2.1　制造系统机器感知概述

2.1.1　制造模式与感知概述

　　20 世纪 80 年代，智能制造的概念被提出，其含义为通过人工智能技术使制造设备在无人干预情况下实现小批量生产。针对智能制造，国内外学者提出了很多制造模式，对其进行梳理，有柔性制造、网络协同制造、产品全生命周期可追溯、大规模个性化定制等。这些制造模式从不同的角度、不同的方面解决了不同的问题，各有侧重。但从制造系统运行逻辑来看，这些制造模式都是通过物联网等感知技术，实现制造生命周期全数据和分布式制造资源的互通交融；在此基础上利用信息物理系统，把物理世界和信息世界连接起来；之后通过大数据分析等技术对制造过程中的多源异构数据进行分析、管理和共享；最后利用人工智能等技术对数据进一步挖掘，增强系统的科学决策能力，形成数据采集—信息融合—数据分析—科学决策的闭环过程。这些制造模式均涉及智能感知与互联技术。

随着物联网技术的引进，生产制造过程中的多源信息可以进行实时感知与传输，因此，对制造信息感知技术理论进行研究成为车间物联网发展的关键点。制造过程中的信息感知识别主要是通过为制造车间的机器、物料、在制品、人员等生产资源配置相应的感知设备进行信息采集、传输和处理的。其中机器感知是制造过程中信息感知中不可或缺的一部分。

机器感知系统通过各种传感器和控制装置，获取生产过程中涉及的物理量、化学量等信息，并将其传输到监测系统中进行实时分析和处理。这种机器感知系统可以分为生产和管理者提供精准的数据支持，帮助其实时了解生产情况，及时发现和解决问题，提高生产效率和品质。

在机器感知的相关研究中，传感器和其他各种控制和监测技术是重要的研究内容。其中传感器实现了采集物理化学信息，并将其转换成电信号进行传输的功能；控制技术则是一种可以实时调整生产参数以达到优化生产效率和品质的技术。在机器感知系统中，智能控制技术可以根据传感器采集的数据，自动调整机器的工作状态和输入参数，以达到更好的生产效果。

总而言之，机器感知系统是智能制造的重要组成部分。通过其能够实现计量、自动化、远程控制、智能化等多种目的，具有广泛的应用前景和发展空间。未来，机器感知技术将继续推动智能制造的不断发展，为人们创造更加智能和高效的生产方式。

2.1.2　制造过程机器感知对象

在制造系统中，涉及的制造要素众多，其中需主动采集数据信息的机器感知对象主要包括以下几类。

（1）在制品：车间制造现场存在大量在制品，在制品按照预先定义的工艺路线在车间各制造工位流转，且在制品的状态随着各道工序的开始和结束而不断改变。在制造过程中，主动获取在制品的生产数据信息可帮助车间管理层了解某生产任务当前的生产进度，同时为后续在制品生产过程追溯提供数据源，因此对制造车间在制品的机器感知是十分必要的。

（2）物料：制造车间不同型号产品的物料具有一定相似性，为避免出现物料混乱等情况，需对车间物料进行标识。当附着标签的物料进入读写器感知范围时，自动感知该物料的相关属性信息，判断制造工位上物料的齐套性。物料的感知记录可帮助车间用户有效追溯该物料参与的生产过程。

（3）工具、工装：在制造过程中，为辅助在制品、物料等的加工，需使用各类工具和工装。工具和工装通常在不同工位间流动，且被多个工位同时需求。当车间工人需使用某个工具或工装时，往往花费大量时间寻找该工具或工装，降低了车间生产效率。因此需要标识制造现场的工具和工装，通过读写器感知标签信息实现工具和工装的区域定位，便于车间工人快速定位所需的生产要素。

（4）人员：制造现场采用佩戴标签的方式标识人员身份。当车间工人完成某项制造工序或检查工序后，传统制造车间常采用在纸质文档上签字确认的方式记录该工序的负责人。为实现车间无纸化和自动化管理，可通过相关设备读取工人佩戴的标签所含信息，实现工人对完工工序的"签字"。同时，在工装借用、工装归还等应用流程中，工人可刷标签记录借用人、归还人、借用或归还时间等信息，且可通过标签为车间工人分配不同权限。制造工位上的读写器获取当前工位上工人的信息，便于车间管理层直观了解各工位上工人的分布情况。

2.1.3　制造过程机器感知需求

制造车间环境复杂，车间管理难度较大，传统的车间管理方式实时性较差，生产数据获取能力较弱，且存在较强的人员主观性，易出现数据遗漏或错误等问题，降低了制造车间的生产能力，影响了制造业的经济效益，难以满足管理层对车间制造过程高效化和透明化的需求。制造过程机器感知可主动获取大量生产过程数据信息，帮助管理层实时掌握车间生产状况，提升车间决策的及时性和准确性。制造过程机器感知需求主要包括以下几个方面。

（1）生产要素信息采集：采用相关技术实现生产要素信息采集。制造车间生产要素可采用附着或悬挂标签的方式进行标识，标签与生产要素为一一映射关系。采集的信息包括生产要素基本数据的静态信息，制造过程中生产要素的实时状态等动态信息，根据相关数据可实时更新在制品加工情况、物料使用情况、工装工具位置情况等。生产要素信息采集能够确保数据采集的实时性和准确性，完善制造过程中生产数据的管理。

（2）生产要素区域定位：采用相关技术对制造现场的生产要素进行区域定位，当携带标签的生产要素被读写器感知后，将生成相应感知记录。该条记录包含标签编码、读写器编码及读取时间等信息，通过感知记录内读写器编码确定该生产要素的位置区域，帮助工作人员实时定位车间生产要素，避免了在车间大范围搜索某生产要素，减少了时间成本，提高了车间制造效率。

（3）制造过程实时监控：在制造车间的生产工位和关键位置部署相关设备，采集生产过程相关数据信息，为车间管理人员提供车间实时生产情况，以便及时调整生产计划，合理安排制造资源。

（4）制造过程追溯：传统离散制造过程追溯性较差，而通过产品的感知记录能快速查询到产品的加工工位，各工位加工开始时间和结束时间及操作人员信息，从而确定导致产品问题的原因，并针对该原因，如设备故障、工人操作不规范等，提出合理的改进策略，提升制造车间产品的良品率。可发现车间的生产瓶颈所在，为评估车间设备部署的合理性和优化车间生产提供数据支撑。

（5）数据处理与信息推送：离散制造过程采集到的数据量庞大，且包含许多没有价值的信息，因此需对数据预处理，消除冗余数据和错误数据，提高数据的信息粒度和应用价值。原始的标签读取事件难以被车间工作人员理解，采用复杂事件处理技术可从大量的标签读取事件中推理出语义层级更高的复杂事件，并将复杂事件信息按照订阅规则推送给车间管理人员，使得管理层能够实时获取所需信息，对车间生产状况进行科学判断和合理决策。

在智能制造系统中，越来越多地强调物理系统与虚拟系统之间的数据交互、感知等。为了进一步提升制造系统的智能化程度，需要对生产过程中涉及的多种数据进行感知，并对数据进行分析，进一步提升生产效率，提高产品质量。具体而言，一般涉及机器视觉相关技术、设备感知、物料感知、环境感知和人员感知等诸多方面的内容。

2.2　传感器与机器视觉

现代信息技术发展到今天，传感器的重要性越来越高，物联网、人工智能、数字孪生、智能制造以及元宇宙等，都离不开传感器。从智能手机到智能语音设备，从能源平台到工业设备，传感器自然而然地"化身"为人类连接机器、人类自身以及自然环境的外延"器官"，它帮助人类将曾经不可知、难判断的信息变成易获取、更精准的数据。

在传感器的下游往往需要机器视觉的相关技术进行支撑，目的在于提供信息以支持生产制造过程，虽然场景较为固定简单，但要求较高的精度与准确率。简而言之，机器视觉就是用机器代替人眼完成测量和判断任务。通过机器视觉产品将摄取目标转换成图像信号，传送给专用的图像处理系统，根据像素分布和亮度、颜色等信息，转变成数字化信号；图像系统对这些信号进行各种运算来抽取目标的特征，进而根据判别的结果来控制现场的设备动作。

下面首先对传感器进行简要介绍，并列举出一些制造系统中常见的传感器。

2.2.1　传感器

传感器就是能感受规定的被测量并能按一定规律将这些信息转换成可用信号的器件或装置，一般由敏感元件和转换元件组成。感知的对象包括温度、湿度、电流、转速、转矩等诸多物理量。物联网底层不单单只有传感器，还有相应的执行器与控制单元。其中，IEEE 1415 为智能传感器的接口做了进一步的规范，在很大程度上避免了当前工业总线不一致的问题，同时也增加了传感器的易用性，降低了集成开发的难度。

1. 传感器的分类

按被测量分类，传感器包括位移传感器、温度传感器、速度传感器、湿度传感器等，如图 2-1 所示。

图 2-1　常见的传感器

位移传感器又称为线性传感器，是一种属于金属感应的线性器件，在生产过程中，位移的测量一般分为测量实物尺寸和机械位移两种。按被测变量变换的形式不同，位移传感器可分为模拟式和数字式两种。模拟式又可分为物性型和结构型两种。常用位移传感器以模拟式结构型居多，包括电位器式位移传感器、电感式位移传感器、自整角机、电容式位移传感器、电涡流式位移传感器、霍尔式位移传感器等。数字式位移传感器的一个重要优点是便于将信号直接送入计算机系统，这种传感器发展迅速，应用日益广泛。电位器式位移传感器通过电位器元件将机械位移转换成与之成线性或任意函数关系的电阻或电压输出，物体的位移引起电位器移动端的电阻变化。阻值的变化量反映了位移的量值，阻值的增加还是减小则表明了位移的方向。通常在电位器上通以电源电压，把电阻变化转换为电压输出。

温度传感器是指能感受温度并转换成可用输出信号的传感器，按测量方式可分为接触式和非接触式两大类，按照传感器材料及电子元件特性分为热电阻和热电偶两类。在工业制造系统中，非接触式温度传感器较为常见，顾名思义，它的敏感元件与被测对象互不接触。最常用的非接触式测温仪表基于黑体辐射的基本定律，称为辐射测温仪表。辐射测温法包括亮度法（见光学高温计）、辐射法（见辐射高温计）和比色法（见比色温度计）。

2. 智能传感器

随着智能技术与高性能微处理器在传感器中的应用，智能传感器应运而生。智能传感器是现阶段快速发展的一项高新技术，目前没有准确的定义。实现智能传感的方法有以下三种：①将非集成化传统传感器、信号处理电路和微处理器技术相结合，形成智能传感器技术；②通过集成化的集成电路设计和微机械加工等技术，将信号处理集成电路、敏感元件和微处理单元等整合在一起，从而实现智能感知，也称为集成智能传感器；③通过采用信息融合的方法实现智能感知，分别整合传感过程的各个环节，例如，将信号处理电路、微处理器和敏感单元分别集成在几个芯片上，在连接时使用总线接口的方式，进而达到智能传感的目的。

目前，传感器主要在微型化、智能化、高性能化三个方向进行变革。其中，微型化体现在将传感器、微处理器、执行器合为一体，如微型机电控制技术；智能化体现在传感器不单是简单敏感测量单元，还具备数据处理、自诊断、自补偿、双向通信等功能，提高了精度、稳定性与可靠性；高性能化则体现在传感器可能会由于外部环境的电磁干扰影响其正常工作，但智能传感器能够根据系统误差的变化实现自我分析、调整，并自动完成异常情况下的处理。另外，由于智能传感器具备数据存储、信息处理等功能，所以可以通过相关数字滤波、人工神经网络技术来消除多参数下的交叉灵敏度的影响，使得智能传感器具有高信噪比与高分辨力的特点。

到目前为止，最成功的智能传感器是为规模化生产的汽车工业开发的智能传感器，在汽车安全行驶系统、车身系统、智能交通系统等领域的应用已经比较广泛。例如，轮胎压力监测系统（TPMS）是用来监测汽车轮胎压力和温度的一种监测系统，TPMS 的组成如图 2-2 所示。一个 TPMS 有 4～5 个远程轮胎压力监测（Remote Tire Pressure Monitoring，RTPM）模块；中央监视器接收到 RTPM 模块发射的信号，并将各个轮胎的温度和压力数据显示在屏幕上，以供驾驶者参考。

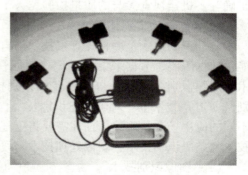

图 2-2　TPMS 的组成

如果轮胎的温度或压力出现异常，中央监视器可根据异常情况，发出不同的报警信号，提醒驾驶者采取一定的措施。TPMS对防止重大交通事故具有积极作用，随着军队对汽车主动安全性要求的提高，该系统将在民用及军用领域拥有广阔的发展空间。

　　智能传感器可以做到自动化校零、标定和校正，可以有效采集、存储和记忆相关的数据信息，对所有采集到的数据进行预处理。不仅如此，智能传感器还可以自动化检测运行流程，自动定位所发生的任何故障。之所以能够高效完成这类工作任务，是因为智能传感器具有良好的决策处理功能与逻辑判断功能。另外，智能传感器还具备标准化数字输出和双向通信的功能。机械设备的稳定运行是工业生产的基础，但目前工业生产中，机械设备一般是不间断运行，长此以往将会导致出现多种故障问题或埋下安全隐患，进而威胁工业生产的稳定运行。为防止这类问题的发生，应在工业生产中合理融入智能传感器，实时监测机械设备的运行状态。智能传感器的实际运行方式是借助网络在线监测与实时监控机械设备，记录机械设备的操作使用，通过远程监控来对设备故障加以诊断，同时为故障诊断和设备维护制订切实可行的解决措施，以进一步保证机械设备的安全运行，推动我国工业领域长久发展。

2.2.2　机器视觉

　　机器视觉使用光学非接触式感应设备自动接收并解释真实场景的图像以获得信息控制机器或流程。机器视觉可分为"视"和"觉"两部分。"视"是将外界信息通过成像来显示成数字信号反馈给计算机，需要依靠一整套的硬件解决方案，包括光源、相机、图像采集卡、视觉传感器等。"觉"则是计算机对数字信号进行处理和分析，主要是软件算法。

　　机器视觉系统主要由照明光源、镜头、相机、图像采集卡/处理卡、图像处理系统、其他外部设备等组成，其结构如图2-3所示。

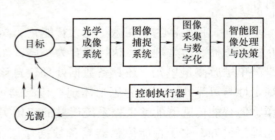

图2-3　机器视觉系统的结构

　　机器视觉技术在工业中的应用包括检验、计量、测量、定位、瑕疵检测和分拣，例如，汽车焊装生产线，检查四个车门和前后盖的内板边框所涂的反震和折边的胶条是否连续，是否满足技术要求的高度；啤酒罐装生产线，检查啤酒瓶盖是否正确密封，装灌啤酒液位是否正确等。机器视觉参与的质量检验比人工检验要快而准。

1. 智能自动识别技术

　　自动识别技术是一种计算机技术与自动化技术相互融合的产物，主要能实现以下几大功能：数据编码、数据采集与标识、数据管理与传输等，包含图像识别技术、二维码识别技术、射频识别（RFID）技术、条码识别技术、语音识别技术、磁识别技术以及光学字符识别（OCR）技术等。对于上述识别技术，每种技术既有优势的同时也存在局限，因此针对不同的应用场合及用途，往往需要将上述几种技术联合起来使用来满足应用需求，如RFID技术与条码识别技术、图像处理技术与语音识别技术。下面介绍常见的智能自动识别技术。

　　（1）图像识别技术

　　图像识别技术是利用计算机对摄像机采集到的图像进行分析、处理并理解识别不同模式的目标与对象技术。整个图像识别过程包含图像预处理、特征点提取以及判断匹配等步骤。

图像识别技术不仅仅是通过图片来搜索诸多的对象信息，同时也是一种全新的与外界进行交互的工具。其中图像预处理主要是将原始图像加工成便于编程实现的数字图像，主要包括图像采集、图像增强、图像复原、图像编解码以及图像分割等步骤；特征点提取主要利用阈值分割等算法来实现；判断匹配可利用模板匹配模型来完成。目前，图像识别技术作为一种智能的自动识别技术，被广泛应用于多个领域，如货物检测、视觉导引、卫星遥感、交通管理、安防监控、电子商务以及多媒体网络通信等。常见的图像识别技术有人脸识别技术、指纹识别技术、文字识别技术等，这些技术当前也在不断地实现突破与发展。

（2）二维码识别技术

二维码识别技术属于当前应用较为重要而广泛的技术。它是利用图像识别技术对二维码实现灰度化、二值化、校正并最终解码的技术，具有低成本、高密度存储、超高速读取、较强纠错能力等特点，识别完成后，通过接口电路向计算机发出中断信号并进入中断服务程序，最终将二维码数据信息显示在计算机屏幕上，从而完成二维码的识别过程。

（3）射频识别技术

随着自动识别技术的不断发展，当前，智能的物料输送系统在对于生产数据采集方面主要集中在无线射频识别（RFID）技术以及条形码技术，其中，RFID 技术作为近些年才兴起的技术，主要是利用读卡器与电子标签的电磁耦合来完成信息采集。美国作为最大的 RFID 技术应用国之一，无论是在民生消费领域还是自动化生产领域，都在大力推进 RFID 技术的使用，在 RFID 各方面的标准制定以及相关技术的研发方面都走在世界前列。欧洲的许多厂商如 Philips、STMicroelectronics 都在大力推广 RFID 的使用，在交通管理、仓储管理、银行金融机构等领域得到了广泛的应用。2004 年 7 月，日本经济产业省（METI）全面推行 RFID 技术，并将其应用于音乐、书籍、消费电子、服装、制药、物流以及建筑机械等领域。在国内，RFID 技术目前处于初步应用阶段，在中低频技术方面有一定的技术优势，但是对于高频技术还有待突破。我国 RFID 技术的应用主要集中在物流管理、公共交通管理、身份识别等领域，技术发展不平衡的问题较为突出。未来，RFID 技术在诸多社会生产场合将有着更为广阔的市场前景，但关键技术仍然需要进一步实现突破以达到国际先进水平。

2. 计算机视觉相关算法

计算机视觉任务一般涉及以下几个方面的内容：①图像分类，根据各自在图像信息中所反映的不同特征，把不同类别的目标区分开来的图像处理方法；②物体检测，能够检测图像中的物体和它们的空间位置，一般采用矩形边界框划定其内的物体；③语义分割，需要在语义上理解图像中每个像素的角色（如汽车、自行车等），是目标检测更进阶的任务，需要进一步判断图像中哪些像素属于哪个目标；④目标跟踪，利用一个视频或图像序列的上下文信息，对目标的外观和运动信息进行建模，从而对目标运动状态进行预测并标定目标位置的一种技术。

首先是图像预处理，在处于最低抽象层次的图像上操作，这时处理的输入和输出都是亮度图像，通常是用亮度值矩阵来表示。预处理的目的在于改善图像数据，抑制不需要的变形，或是增强某些对后续处理重要的图像特征。与预处理相关的算法一般包含像素亮度变换、几何变换、图像平滑、边缘检测等算法。

（1）像素亮度变换

像素亮度变换可以修改像素的亮度。其方法主要可以分为两类：①亮度矫正，修改像素的亮度时，需要考虑该像素原来的亮度及其在图中的位置；②灰度级变换，无须考虑像素在图中的位置。亮度变换示例如图 2-4 所示。

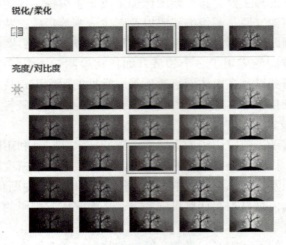

图 2-4　亮度变换示例

1）亮度矫正：理想假设下，图像获取和数字化设备的灵敏度不应该与图像位置有关，但在很多实际情况下是不成立的。例如，传感器光敏元件在不同区域的灵敏度不一致、物体照明不均匀等情况，都可能令图像像素亮度值取决于其位置。退化的图像可以表示为 $f(i,j)=e(i,j)g(i,j)$，其中 $e(i,j)$ 代表错误系数，$g(i,j)$ 代表没有退化的图像。则矫正方法为

$$g(i,j)=\frac{f(i,j)}{e(i,j)} \tag{2-1}$$

2）灰度级变换：灰度级变换不依赖于像素在图像中的位置。一个变换 $s=f(r)$ 可以将原来在范围 $[r_0,r_k]$ 内的亮度 r 转换为范围 $[s_0,s_k]$ 的亮度 s。可以分为线性变换、对数变换、幂律变换、直方图均衡化四种方法。

线性变换假设 r 是变换前的灰度，s 是变换后的灰度，则线性变换函数为 $s=ar+b$，当 a 与 b 取值不同时，其效果如下：$a>1$，增加图像对比度；$0<a<1$，减小图像对比度；$a=1$ 且 $b\neq0$，图像整体变亮或变暗；$a<0$ 且 $b=0$，图像亮区域变暗，暗区域变亮；$a=-1$ 且 $b=255$，图像反转，获得负片。负片可以较好地增强图像暗区域的白色或灰色细节。负片示例如图 2-5 所示。

图 2-5　负片示例

对数变换的通用公式为 $s = c\ln(1+r)$，其中 c 是一个常数，假设 $r \geq 0$，原图像中范围较窄的低灰度值映射到范围较宽的灰度区间；灰度较宽的高灰度值区间映射为较窄的灰度区间。对数变换扩展了暗像素值并压缩了高灰度值，能增强图像中的低灰度细节。对数变换示例如图 2-6 所示。

（2）几何变换

几何变换是一个矢量函数 **T**，将一个图像 $f(x_0, y_0)$ 经过几何变换产生目标图像 $g(x_1, y_1)$，则该空间变换（映射）关系为

$$x_1 = s(x_0, y_0) \qquad (2-2)$$
$$y_1 = t(x_0, y_0) \qquad (2-3)$$

几何变换可以消除图像获取时出现的几何变形，它不改变像素值大小，只是在图像平面上进行像素的重新安排。一个几何变换需要两部分运算：空间变换（如平移、旋转、镜像）和亮度插值算法。

图 2-6　对数变换示例

最近邻插值是最简单且最快的插值方法，即赋予点 (x, y) 以在离散光栅中离它最近的点 g 的亮度数值。双三次插值是二维空间中最常用的插值方法，插值点 (x, y) 的像素灰度值通过矩形网格中最近的 16 个采样点的加权平均得到，各采样点的权重由该点到待求插值点的距离确定。最近邻插值的优点在于计算量很小，算法简单，运算速度较快；而缺点则是灰度值有明显的不连续性，图像质量损失较大，会产生明显的马赛克和锯齿现象。双三次插值的优点在于能产生比双线性插值更为平滑的边缘，计算精度很高，处理后的图像像质损失最少，效果最佳；缺点则是计算量最大，算法最复杂。

（3）图像平滑

图像平滑的目的是抑制图像中的噪声或其他小的波动，等同于傅里叶变换中抑制高频部分，属于图像预处理中十分重要的步骤之一。

1）均值滤波器。在图像上，对待处理的像素给定一个模板，该模板包括了其周围的邻近像素。用模板中的全体像素的均值来替代原来的像素值。滤波器所选取的窗口宽度越宽，图片越模糊。均值滤波器示例如图 2-7 所示。

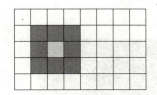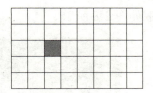

图 2-7　均值滤波器示例

均值滤波器的缺点是会使图像变模糊，原因是它对所有的点都是同等对待，在分摊噪声时，将边界点也分摊了。为了改善效果，可采用加权平均的方式来构造滤波器。

2）中值滤波器。某些噪声（如椒盐噪声）的像素点比周围的像素亮（暗）许多。如果在某个模板中，对像素进行由小到大的排列，最亮或者最暗的点（噪声）会被排在两侧。取模

板中排在中间位置上的像素的灰度值替代待处理像素的值，就可以达到滤除噪声的目的。

3）K 近邻平滑滤波器。在图像上的景物之所以能辨认清楚是因为目标物之间存在边界，边界点与噪声点一个共同的特点是都具有灰度的跃变特性。经过平滑滤波处理之后，图像就会变得模糊。因此在进行平滑处理时，首先应判别当前像素是否为边界上的点，如果是，则不进行平滑处理；如果不是，则进行平滑处理。

（4）边缘检测

边缘是指图像中灰度发生急剧变化的区域。图像灰度的变化可以用图像的梯度反映。边缘检测则是求连续图像 $f(x,y)$ 梯度的局部最大值和方向。最简单的梯度计算方法可近似为

$$f_x = f(i,j) - f(i+1,j) \tag{2-4}$$

$$f_y = f(i,j) - f(i,j+1) \tag{2-5}$$

$$f'_y(x,y) = T * f(x,y) = \sum_{i=0}^{m-1} \sum_{j=0}^{m-1} T(i,j) f(x-i, y-i) \tag{2-6}$$

另一种方法则是用梯度算子来检测边缘，给定图像 $f(m,n)$ 在两个正交方向 $\boldsymbol{H}_1$ 和 $\boldsymbol{H}_2$ 上的梯度 $\varphi_1(m,n)$ 和 $\varphi_2(m,n)$ 如下：

$$\varphi_1(m,n) = f(m,n) * \boldsymbol{H}_1(m,n) \tag{2-7}$$

$$\varphi_2(m,n) = f(m,n) * \boldsymbol{H}_2(m,n) \tag{2-8}$$

那么边缘强度和方向则是

$$\varphi(m,n) = \sqrt{\varphi_1^2(m,n) + \varphi_2^2(m,n)} \tag{2-9}$$

$$\theta_\varphi(m,n) = \arctan \frac{\varphi_2(m,n)}{\varphi_1(m,n)} \tag{2-10}$$

1）Roberts 算子。Roberts 算子是最老的算子之一，只使用 2×2 的邻域，计算简单。并且边缘定位准，对噪声敏感，适合于斜方向交叉 45°边缘。

$$g(x,y) = \sqrt{[f(x,y) - f(x+1, y+1)]^2 + [f(x+1,y) - f(x, y+1)]^2} \tag{2-11}$$

卷积模板分别为 $\boldsymbol{H}_1 = \begin{bmatrix} 0 & 1 \\ -1 & 0 \end{bmatrix}$ 和 $\boldsymbol{H}_2 = \begin{bmatrix} 1 & 0 \\ 0 & -1 \end{bmatrix}$

2）Sobel 算子。卷积模板变为 $\boldsymbol{H}_1 = \begin{bmatrix} -1 & 0 & 1 \\ -2 & 0 & 2 \\ -1 & 0 & 1 \end{bmatrix}$ 和 $\boldsymbol{H}_2 = \begin{bmatrix} -1 & -2 & -1 \\ 0 & 0 & 0 \\ 1 & 2 & 1 \end{bmatrix}$。基于 Sobel 算子的边缘提取如图 2-8 所示。

图 2-8　基于 Sobel 算子的边缘提取

（5）卷积神经网络

目前，卷积神经网络（CNN）已成为当前语音分析和图像识别领域的研究热点，它是第一个真正意义上的成功训练多层神经网络的学习算法模型，对于网络的输入是多维信号时具有更明显的优势。随着深度学习掀起的新的机器学习热潮，卷积神经网络已经应用于语音识别、图像识别和自然语言处理等不同的大规模机器学习问题中。

CNN 是一种为了处理二维输入数据而特殊设计的多层人工神经网络，网络中的每层都由多个二维平面组成，而每个平面由多个独立的神经元组成，相邻两层的神经元之间互相连接，而处于同一层的神经元之间没有连接。CNN 采用了权值共享网络结构使之更类似于生物神经网络，同时模型的容量可以通过改变网络的深度和广度来调整，对自然图像也具有很强的假设（统计的平稳性和像素的局部相关性）。因此，与每层具有相当大小的全连接网络相比，CNN 能够有效降低网络模型的学习复杂度，具有更少的网络连接数和权值参数，从而更容易训练。

一个简单的基于卷积神经网络的图像识别模型如图 2-9 所示，该网络模型由两个卷积层（C_1，C_2）和两个子采样层（S_1，S_2）交替组成。首先，原始输入图像通过与三个可训练的滤波器（或称作卷积核）和可加偏置向量进行卷积运算，在 C_1 层产生三个特征映射图，然后对每个特征映射图的局部区域进行加权平均求和，增加偏置后通过一个非线性激活函数在 S_1 层得到三个新的特征映射图。随后这些特征映射图与 C_2 层的三个可训练的滤波器进行卷积，并进一步通过 S_2 层后输出三个特征映射图。最终 S_2 层的三个输出分别被向量化，然后输入到传统的神经网络中进行训练。

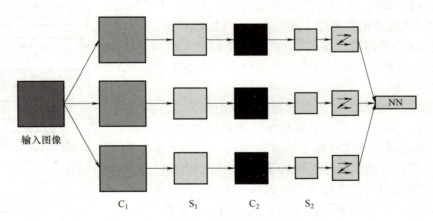

图 2-9　基于卷积神经网络的图像识别模型

卷积神经网络的基本结构大致包括：卷积层、激活函数、池化层、全连接层、降采样层、输出层等，如图 2-10 所示展示了一个典型的卷积神经网络模型结构示例。

图像分类问题是通过对图像的分析，将图像划归为若干个类别中的某一种，主要强调对图像整体的语义进行判定。AlexNet 首次将深度学习应用于大规模图像分类，它是一个八层的卷积神经网络，前五层是卷积层，后三层为全连接层，其中最后一层采用 softmax 进行分类，如图 2-11 所示。该模型采用 Rectified Linear Units（ReLU）来取代传统的 Sigmoid 和 tanh 函数作为神经元的非线性激活函数，并提出了 Dropout 方法来减轻过拟合问题。

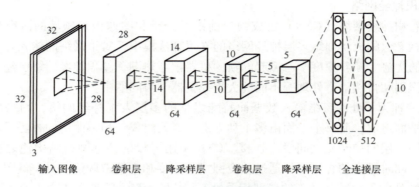

图 2-10　卷积神经网络模型结构示例

1）输入层：AlexNet 首先使用大小为 224×224×3 的图像作为输入（后改为 227×227×3）。

2）第一层（卷积层）：包含 96 个大小为 11×11 的卷积核，卷积步长为 4，因此第一层输出大小为 55×55×96；然后构建一个核大小为 3×3、步长为 2 的最大池化层进行数据降采样，输出大小为 27×27×96。

3）第二层（卷积层）：包含 256 个大小为 5×5 卷积核，卷积步长为 1，同时利用 padding 保证输出尺寸不变，因此该层输出大小为 27×27×256；然后再次通过核大小为 3×3、步长为 2 的最大池化层进行数据降采样，输出大小为 13×13×256。

4）第三层与第四层（卷积层）：均为卷积核大小为 3×3、步长为 1 的 same 卷积，共包含 384 个卷积核，因此两层的输出大小为 13×13×384。

5）第五层（卷积层）：同样为卷积核大小为 3×3、步长为 1 的 same 卷积，但包含 256 个卷积核，进而输出大小为 13×13×256；在数据进入全连接层之前再次通过一个核大小为 3×3、步长为 2 的最大池化层进行数据降采样，数据大小降为 6×6×256，并将数据扁平化处理展开为 9216 个单元。

6）第六层、第七层和第八层（全连接层）：全连接加上 softmax 分类器输出 1000 类的分类结果，有将近 $6×10^7$ 个参数。

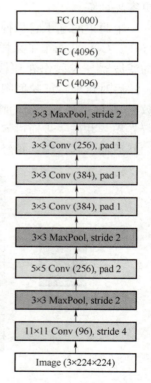

图 2-11　AlexNet 网络结构

随着卷积神经网络层数的加深，网络的训练过程更加困难，从而导致准确率开始达到饱和甚至下降。某团队认为，当一个网络达到最优训练效果时，可能要求某些层的输出与输入完全一致；这时让网络层学习值为 0 的残差函数比学习恒等函数更加容易。因此，深层残差网络将残差表示运用于网络中，提出了残差学习的思想，即 ResNet。为了实现残差学习，将 Shortcut connection 的方法适当地运用于网络中部分层之间的连接，从而保证随着网络层数的增加，准确率能够不断提高，而不会下降。

与图像分类比起来，物体检测是计算机视觉领域中一个更加复杂的问题，因为一张图像中可能含有属于不同类别的多个物体，需要对它们均进行定位并识别其种类。因此，在物体检测中要取得好的效果也比物体分类更具有挑战性，运用于物体检测的深度学习模型也会更加复杂。Ross Girshick 等将卷积神经网络运用于物体检测中，提出了 R-CNN 模型。该模型首先使用 Selective search 这一非深度学习算法来提出待分类的候选区域，然后将每个候选区域输入到卷积神经网络中提取特征，接着将这些特征输入到线性支持向量机中进行分类。为了使得定位更加准确，R-CNN 中还训练了一个线性回归模型来对候选区域坐标进行修正。与 R-CNN 中的卷积神经网络相比，Fast R-CNN 对最后一个池化层进行了改进，提出了 Region of Interest （RoI） pooling 层。这个层的作用与 SPP-Net 用于物体检测网络中的空间金字塔池化层相似，作用都是对于任意大小的输入，输出固定维数的特征向量，只是 RoI pooling 层中只进行了单层次的空间块划分。可以将整张输入图像以及由 Selective search 算法产生的候选区域坐标信息一起输入卷积神经网络中，在最后一层卷积层输出的特征映射上对每个候选区域所对应的输出特征进行 RoI pooling，从而不再需要对每个候选区域都单独进行一次卷积计算操作。除此之外，Fast R-CNN 将卷积神经网络的最后一个 softmax 分类层改为两个并列的全连接层，其中一层仍为 softmax 分类层，另一层为 Bounding box regressor，用于修正候选区域的坐标信息。在训练过程中，Fast R-CNN 设计了一个多任务损失函数，来同时训练用于分类和修正候选区域坐标信息的两个全连接层。

2.3　设备及物料感知

33

2.3.1　制造资源感知

制造资源主要指工装夹具、加工设备等。对这些制造资源实时进行信息采集、数据传输、数据分析等，可以使管理人员实时掌握制造资源状态，当有异常情况发生时，可以对生产及时调整。也可以通过对生产设备数据的分析，达到最优化配置。

具体而言，在整个制造过程中涉及的制造资源按其作用及主被动关系分为以下四种。

（1）工件（或物料）：主要包括原材料、零部件、半成品和成品等，它是制造过程中的被加工对象。

（2）加工设备：主要包括各种机床、加工中心等。

（3）搬运设备：主要包括各种托盘搬运车、叉车及自动引导车、机械手臂等，用于对物料、产品、零件等的运输。

（4）存储设备：通常用于原材料及产品的存放，也可表示为制造过程中的暂存区或缓冲区等。

四类制造资源在一定加工工艺和制造环境的作用下进行加工、搬运以及存储等活动。

加工设备是制造系统最重要的组成部分，完成系统预定的加工任务，主要包括各种机床、加工中心等设备。加工设备在对工件进行加工时需要其他辅助性装置来辅助，例如，加工设备在对工件进行加载及卸载时，需要上下料机器人辅助；对于处在加工状态的加工设备来说，当由搬运设备搬运工件到达加工设备时，为了不使搬运设备一直处于等待加工设备加工结束的状态，需对每一个加工设备配置具有一定存储容量的输入缓冲区，以满足机床来料的暂时存放；同理，也配置有输出缓冲区。加工设备正常工作时，其在加工中和空闲两种状态之间交替变换，加工设备在某些时候会发生故障，此时会进行停机维修。

搬运设备在制造系统中执行工件、零件、产品的搬运任务，其将被加工资源从一个存放地移动到另外一个存放地，主要包括各种托盘搬运车、叉车及自动引导车、机械手臂等。搬运设备在制造过程中的活动主要有：把工件从暂存区搬运到加工设备的输入缓冲区，把上一工位加工合格的工件从加工设备的输出缓冲区搬运到下一工位的输入缓冲区，把上一工位加工不合格的工件从加工设备的输出缓冲区搬运到报废区，把加工完成的工件从加工设备的输出缓冲区搬运到成品暂存区以及各搬运活动结束后的复位活动等。

存储设备是制造系统中暂时性存放工件或成品的容器或空间的总称。存储设备通常作为一个被动资源，它只需在适当的时间为主动资源提供必要的存储空间。存储设备只有两种状态：存储设备可用空间状态和存储设备已用空间状态，而活动主要包括：搬运或加工设备把工件放入存储设备，搬运或加工设备把工件从存储设备中取走。

制造资源感知和过程控制系统位于企业计划管理层和车间控制层之间，目标是实现企业管理层和车间控制层信息的双向交互。其接收企业管理层下发的生产计划（包括物料信息、生产数量、生产时间、标准 BOM 等信息），并对其进行进一步的细化分解，并向车间控制层下达生产指令。在生产过程中通过物联网强大的信息感知能力对系统中的各类资源信息进行全面的感知，并通过 RFID 等信息传感技术，把感知到的信息实时地传送至设备终端控制机中的制造资源感知和过程控制系统并解析，实现制造资源的自动感知和监测，并利用感知到的信息指导设备对工件进行对应的操作，在操作结束后将相关信息，如工件实时状态、质量检测结果信息、开始和结束操作时间等，实时更新到工件标签及终端系统的过程数据库中，制造资源感知和过程控制系统对其进行处理并将相关信息反馈到计划管理层。

在制造资源感知和过程控制系统中，感知和控制的内容主要包括生产计划执行状态、可视化的资源感知和制造过程控制等。

（1）生产计划执行状态：实时感知并更新作业计划的执行状态，包括批次信息、计划生产数量、已完成数量等，当市场环境发生变化时，可对正在执行的作业计划进行实时变更，以实现对作业计划状态的控制。

（2）可视化的资源感知和制造过程控制：实时感知获取设备运行状态和工件批次、编号、质量信息等，并解析出工件的模型，实时显示工件的状态，同时通过解析出的工件 ID、工艺编号、质量等相关信息指导设备对工件进行对应的操作。

2.3.2　制造资源感知接入实例

制造资源感知接入的基本架构如图 2-12 所示。

制造资源感知接入对象是广泛分布在工业现场的大量异构物理设备，包括机械加工装备、电气互联装备、表面工程装备、工业机器人、控制系统、计量器具、各类传感器等。制造资源感知接入的全过程为获取工业现场各类设备上产生的海量数据并在现场就近完成初步处理分析，同时与云平台服务协同实现价值挖掘等高层次分析后将结果反馈作用到现场，实现现场监控运维、故障诊断预测、工艺优化改进等应用目标，达到提高效率、降低损耗、提升质量等应用效果。

制造资源感知接入特点与难点主要体现在互联互通、互操作、高可靠安全等方面。感知接入的数据来源主要有设备自身数据和通过外置传感器采集数据两大类。面对工业现场协议多、设备种类多、时效要求各异等实际现状，感知接入首先要解决互联互通问题，既满足不

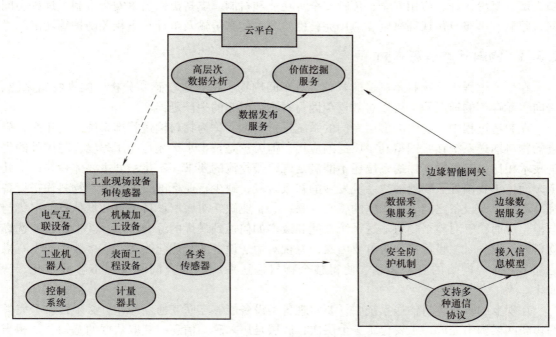

图 2-12　制造资源感知接入的基本框架

同类型现场设备便捷接入又可以快速上云。通过设计边缘智能网关支持各种常用硬件通信接口、支持 IEC 61158 现场总线标准定义的主流工业以太网和现场总线协议、支持无线通信协议并开放接口适配其他协议，支持 HTTPS、MQTT 等网络通信协议与云平台及第三方服务交互。基于 OPC 统一架构分类构建资源接入信息模型，获取接入对象的基本信息属性、关键数据和附属条件等数据，形成互操作信息基础。从硬件与软件两个层面全面考虑感知接入的可靠性与安全性问题，硬件方面采用工业级安全网关接入设备、现场部署工控安全设备等措施，软件方面采用加密传输、身份认证、租户隔离、防火墙、审计日志等措施提高安全性能。

结合应用场景与需求分析设计设备资源接入模型，在数据采集阶段同时提供更全面的设备数据和有效的数据语义，为接入后数据分析与应用提供支撑。首先对设备制造资源进行分类，进而结合 OPC 信息模型思想对每个类型建立一种接入类模型并输出描述文件。对可操作控制类设备与传感器等感知类设备分别建模，进一步根据设备的功能特性等进行具体的类型建模。接入模型通常包括对象、变量、方法和视图，其包含的信息复杂度由设备复杂程度决定。通过接入建模过程全面地将设备资源信息化，为平台各类应用提供语义明确的统一数据模型，并以此为基础构建边缘数据服务。

在建立了制造资源感知接入模型的基础上，还需要多种类型通信协议支持以及安全防护的相关技术来构建安全开放的环境，支持各类典型工业智能应用。多种类型通信协议支持包括工业现场总线协议、硬件端口协议、无线通信协议与网络通信协议等。在数据采集服务中，其主要功能是支持各种工业现场协议，采集现场异构设备数据；在数据发布服务中，将采集数据与介入模型，提供数据服务给边缘节点应用与云平台应用。在安全防护方面，建立防火墙、身份认证、应用安全、传输安全等功能和机制。支持黑白名单安全机制、远程访问网口限制、多级身份认证机制、应用完整性检测、加密传输及审计日志相关防护等功能。

2.3.3　物料状态信息感知

在生产过程中，物料是制造的基础。对车间内物料信息进行感知分析，实现物料来源、去向、库存等的透明化，可以有效避免因材料不足引起的生产延误。

在制造过程中，物料大多由专门的系统进行管理，称为物料输送管理系统。近年来，先进的物料输送系统在我国得到了广泛的应用。但无论是技术水平还是应用程度，与国外的先进技术相比，我国物料输送系统还不能满足现阶段物流的要求。不足之处主要体现在以下几个方面：①我国处于物料输送系统发展的初级阶段，缺少行业标准，导致各种物料输送设备标准不统一，设备之间无法顺畅的感知互联；②企业缺乏对底层设备关键数据信息的采集与监控，进而缺乏对整个物料输送系统性能和效率如何达到最优的综合考虑；③多数企业选择物料输送设备时，将价格作为首要因素，忽视对输送设备的智能化改造；④多数企业没有搭建起多种异构网络的互联体系，使得整个物料输送系统的综合调度管理不够数字化、智能化。

在现今的智能物料输送系统中，要实现各类设备能够互联互通互操作，必须在一个完整的物联网架构中完成，主要包含三个层次：底层是用来感知信息、获取数据的感知层，相当于人的五官；第二层是进行数据传输的网络层，通过无线局域网、3G 技术、4G 技术乃至5G 技术等移动通信网将获取得到的信息传递给应用层，同时将应用层的指令信息传达给感知层，相当于人的神经系统；最上层则是完成控制决策、数据可视化的应用层，通过与企业的具体应用场合的深度融合，结合企业资源管理系统以及制造执行系统、云计算等技术，来完成设备间的智能感知互联。

物料输送系统作为自动化生产线必不可少的一个环节，主要包含输送线、自动化生产设备、移载机构、物流小车（AGV）、机器人、作业人员等部分。整个生产任务的完成都必须建立在高效、稳定且可靠的物料输送系统的基础上。由于传统物料输送系统无法满足当今工厂多产量、多品种的产品生产需要，因此，研制一套智能物料输送系统迫在眉睫，其智能性主要体现在：

（1）智能终端的大量使用，使得工作人员以及相关设备状态能够及时获取，这也是企业实现 MES 以及 ERP 系统重要的一环。

（2）底层设备智能化，不仅仅包含自动化的生产，同时包含设备运行状态相关数据的采集与处理，具备丰富的感知，并且能够实现初步的自适应生产与诊断能力。

（3）具备大量的智能感知单元，如智能电机运行参数（如温度、转矩、转速、电流等重要参数）的获取。

（4）拥有广泛的无线传感网络（WSN），传感网络中的各传感节点具备自组网功能，能够将各个生产环节的大量相关数据进行大数据分析与处理，从而达到对整个智能物料输送系统的实时数据监控与可视化，大大提高传统物料输送系统的工作效率以及生产管理水平。

面向智能物料输送系统的诸多信息中，基于物联网的现场实时数据采集是实现智能化生产的重要组成部分，不仅仅利用底层的传感器感知单元来采集生产现场数据，同时通过 CAD、CAM、CAPP 等生产制造信息系统来获取一线的生产制造数据，并将两者数据通过一系列的互联技术实现上层对底层设备、人员、物料等相关信息的监控。目前，针对国内外的总体数据采集技术而言，在采集系统实时工况信息以及设备运行信息的方式上主要可分为三种类别：传感器检测与采集技术、自动识别技术以及自动化设备标准化接口采集技术。

1. 传感器检测与采集技术

在实际的物料输送系统中，传感器的应用无处不在。无论是对于工位点工件有无的检测，还是距离工件远近的检测等，传感器都发挥着重要作用。一般而言，作为评价传感器性能好坏的指标主要包含两方面：采样精度与采样速度，其中表示采样精度的有传感器的线性度、灵敏度、分辨力三个层面，线性度表征了传感器实际测量效果与理论效果的误差表现；灵敏度是指输出量与输入量的量纲之比；分辨力是指感受到外部测量量最小变化的能力。一般而言，由于物料输送系统线路较长、设备布局较为分散，因此采用集散型多传感器数据采集系统，不仅结构简单、成本低，而且对环境要求不高，易组成系统。传感器数据采集系统结构如图 2-13 所示。

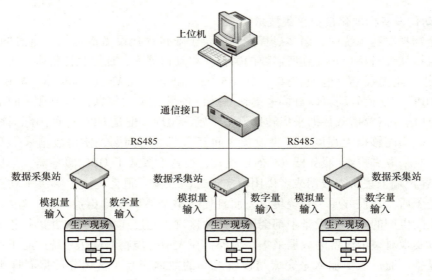

图 2-13　传感器数据采集系统结构

2. 自动识别技术

自动识别技术是利用一定的识别装置，通过识别装置与物品之间的接近活动，进而自动获取相关信息，并将这些信息提供给后台计算机处理的一项技术。一般而言，自动识别技术主要包括光识别技术、条形码识别技术、卡片识别技术、RFID 技术、生物识别技术等，如图 2-14 所示。这些技术都是通过嵌入式智能终端通过各种光电感应、磁感应以及人工智能技术来完成相应的自动识别功能。

面对智能物料输送系统，利用自动识别技术确实能够较好地将员工信息、物料信息、加工信息、装配信息等采集起来，获取当前生产状态下的实时数据，进一步提高整个系统的感知能力。

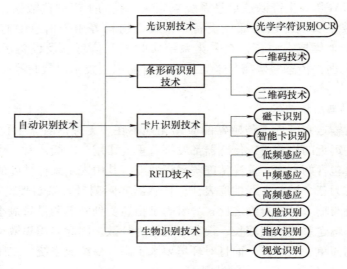

图 2-14 自动识别技术分类

3. 自动化设备标准化接口采集技术

在整个物料输送系统中，诸多过程控制以及工业自动化设备都提供了自身的标准接口，用户可以直接从设备接口采集到所需要的数据。移动机器人、加工数控机床、工控机、装配设备等都属于此类设备。这些接口，如 RS232、RS485、CAN（Controller Area Network）、Ethernet、OPC、IO 信号均可以直接采集到底层设备最直接的信息，其中常见的工业化通信协议以及 IO 信号需要搭载数据采集转换设备，较为烦琐，但是 OPC 这种国际通用标准化的通信规范，确实能够很大程度上解决设备之间互联互通的问题，使得数据采集变得更加方便、快捷。它采取客户端/服务器（C/S）模式，设备上搭载了 OPC 服务器，采集设备只需作为 OPC 客户端采集所需数据或者供用户实现二次开发，很大程度上解决了软件与硬件供应商存在的矛盾，不仅方便了系统集成，而且使得整个系统变得更加开放，互操作性更强。因此，在实际生产的大多数设备中都会留有这种接口，通过连接该接口并进行相关的软件配置，便可以实现对整个设备的数据采集。另外，在大型智能物料输送系统中必不可少的触摸屏等显示设备，通过人工输入来完成与设备之间的数据交互，这部分数据同样也能够得以采集。

2.3.4 智能物料输送感知系统的实例设计

以实验室现有的设施作为基础开发平台，将多 AGV 输送系统、智能摩擦输送线、EMS 输送线、视觉移载平台、工件检测或者装配设备、网络视频监控系统等整合实现一条智能化物料输送感知系统。

其中，多 AGV 输送系统不仅包含工位点 RFID 信息感知，同时也必须通过多源信息来实现对多 AGV 的综合调度，并通过 ZigBee 自组织网络实现单台 AGV 速度、任务状态等信息的感知，进而为其他输送系统的调度提供有效的信息，多 AGV 系统中，不仅可以通过视觉导引巡航，也可以实现磁导引巡航，多种导引并举是为了有效提高输送系统的运作效率以及多方面的技术需求。智能摩擦输送线有 16 个独立的智能电机摩擦驱动单元，每个智能电机通过无线组网便可以将当前状态：速度、温度、转速、转矩等信息上传至控制中心，同时通过 OPC 以及 CAN 总线来实现对多条悬挂线的调度控制，完成整个智能摩擦输送线的多条悬挂线同时作业的目标。另外，在每个摩擦输送线的工位点存在阅读器，来读取每条线的加工装配电子标签信息，并上传至控制中心，保证物料加工装配过程的有序性，除了对电机运行数据的监控，在控制中心也会针对电机数据进行分析来实现故障预判或者故障原因诊断，综合上述措施，便可以实现对整个摩擦输送线装备基于物联的智能化管控。EMS 输送线能够自主充电，移动方式灵活，对于空间位置快速转移非常有益。视觉移载平台是为实现 AGV 上的物料与空中汽车智能摩擦输送线的中间传递平台，采用视觉定位技术来实现托盘的上下料作业，通过传感器感知托盘位置，二维码识别物料信息，来实现对上下料的相关信息感知。工件检测或者装配设备主要是对装配或者加工后产品的质量检测，通过智能传感器探头来检测产品的合格程度，RFID 来实现装配或者加工信息提取，以选择合适的质量检测标准完成相应的质量检定。网络视频监控系统区别于上述数据采集的方式，以更加直观可见的形式来对整个物料输送过程完成实时整体化监控，不仅解决了管理人员监管缺位的弊端，而且通过与现场实时数据的采集相结合，从根本上提高了智能物料输送系统的感知管控能力。

2.4　环境感知

人类社会的生产生活离不开对周围环境参数信息的获取和利用。环境中存在着大量人类感兴趣的信息，如温度、湿度、气体组分浓度、加速度、振动、磁场、光照强度等典型参数，而对这些环境量的感知是信息获取和利用的重要方式与前提。在制造系统中同样如此。因此，环境感知系统应运而生，它利用各类感知传感器将环境中的目标参数转化为仪器设备可以识别测量的电信号，从而对环境信息进行有效利用。

2.4.1　环境感知智能微系统

环境感知系统往往会在空间、能源、成本、维护等各类资源受限的环境中使用，这些场景会对环境感知系统的体积、功耗、成本和自主性有着严格的限制，并且要求系统能够快速、准确地感知环境。近年来，随着物联网、先进半导体与集成电路制造工艺、人工智能等技术的涌现与迅速发展，传统的如探头模组、板卡系统、仪表设备等形态的环境感知系统，逐步往微型化、低功耗、低成本、易维护、智能化、集成化的趋势发展。因此，微机电系统（MEMS）传感器和智能微系统技术在环境感知应用领域逐渐得到重视。

作为环境感知智能微系统的数据传感单元，MEMS 传感器阵列的测量准确性和工作稳定性非常重要。环境感知智能微系统的正常运行严重依赖于所使用的各类 MEMS 传感器输出信号的正确性。但是，传感器中的敏感材料容易受到环境因素的影响，例如，常用的金属氧化物半导体（MOS）气体传感器，材料不可逆的化学反应（如老化、氧化）和外部干扰（如温湿度、电路干扰、粉尘）等都可能破坏所用金属氧化物材料的敏感特性，这会引起传感器的基线漂移或故障，影响传感器阵列的测量质量，使后级算法性能下降，从而导致环境感知智能微系统运行异常。由于 MEMS 传感器阵列具有小型化、集成化的特点，以及环境感知智能微系统往往会在恶劣的环境中使用，导致 MEMS 传感器阵列发生故障的概率大于单传感器或传统的传感器阵列。因此，使用合适的包含了故障检测、故障隔离与恢复、漂移补偿等功能的自检测自校正技术，对环境感知智能微系统中 MEMS 传感器阵列的工作状况进行实时地在线监测，并及时对存在故障或漂移的异常传感器响应进行有效校正是必要的。

2.4.2 环境感知系统自检测

环境感知智能微系统使用 MEMS 气体传感器阵列对气体组分、浓度等环境量进行感知来实现气体信息的获取，从而为气体识别、浓度预测等应用算法的训练或决策提供大量的特征数据。由于 MEMS 气体传感器阵列的自身特性和所用气敏材料的限制，环境感知微系统在不同的环境下进行数据采集与分析时，MEMS 气体传感器阵列容易受到外界环境干扰或人为影响出现故障，导致传感器响应不能正确反映当前环境感知量的变化，使环境感知微系统的检测结果出现错误。通常可以采取建立故障检测模型来对 MEMS 传感器阵列的异常工作状况进行快速检测，以便后续对检测出的传感器故障响应值进行处理。

建立故障检测模型时，需要采集正常工作下的实际传感器数据作为训练数据集。而在真实世界进行数据采集时，采集过程中出现的电压波动、人为干扰等可能使数据集中出现异常点和随机噪声，因此需要一定的数据预处理方法，提高数据集的质量，保证建立模型使用的数据更接近真实应用时的数据分布，有助于提高模型的检测性能。

由于传感器响应数据集都是在真实环境中进行采集，在采集过程中可能会出现气体组成或温湿度等环境量的突然变化、系统电压变化或人为干扰等未知情况，这会导致原始的正常信号中出现异常点或随机噪声。而如果对这些包含异常点和随机噪声的异常数据不进行处理，在后期训练并建立故障检测模型时，会出现故障的漏检或误报等问题。

在环境感知中，常使用 Savitzky-Golay（S-G）滤波算法。该算法是一种在时域内基于多项式卷积计算，利用最小二乘法拟合的数字滤波方法。该算法在滤除噪声信号分量的同时，还可以保留原始数据的形状和宽度特征。

假定一个长度为 $2m+1$ 的窗口，Savitzky-Golay 对窗口内的所有测量点进行基于 $k-1$ 次多项式的拟合：

$$y = a_0 + a_1 x + a_2 x^2 + \cdots + a_{k-1} x^{k-1} \tag{2-12}$$

式中，x^i 为测量点；a_i 为多项式拟合系数。

将拟合方程表示为矩阵形式：

$$\boldsymbol{Y} = \boldsymbol{AX} + \boldsymbol{\varepsilon} \tag{2-13}$$

式中，$\boldsymbol{Y}$ 为数据向量；$\boldsymbol{A}$ 为系数矩阵；$\boldsymbol{X}$ 为自变量矩阵；$\boldsymbol{\varepsilon}$ 为残差。

经过最小二乘法解得稀疏矩阵 $\hat{\boldsymbol{A}}$，可以获得拟合后的数据预测值 $\hat{\boldsymbol{Y}}$。通过使窗口自左向右滑动，拟合完所有数据点，可以实现对数据的平滑处理：

$$\hat{\boldsymbol{Y}} = \boldsymbol{X}\hat{\boldsymbol{A}} = \boldsymbol{X}(\boldsymbol{X}^{\mathrm{T}}\boldsymbol{X})^{-1}\boldsymbol{X}^{\mathrm{T}}\boldsymbol{Y} \tag{2-14}$$

传感器故障检测中常用的机器学习方法有 SVM、KNN、ANN、PCA 等。其中 SVM 方法虽然可以有效检测出异常，但其检测结果难以有效利用，不能形成完整的自检测自校正方法；KNN 方法涉及的邻居节点搜索需要占用大量的存储资源，并且在资源有限的微系统上难以进行实时检测；ANN 方法通常需要建立多个预测模型，计算复杂度甚至高于 KNN；PCA 方法通过分析投影过程统计量来完成故障检测，其计算简单，检测速度快，并且统计量信息可以被自校正方法有效利用。

主成分分析（PCA）是一种可以将一组多维相关变量转化为一组新的低维不相关变量，并能保留原始数据大部分信息的多变量数据分析方法。PCA 的具体计算过程如下：

首先，假设存在一组数据样本 $X \in \mathcal{R}^{n \times m}$，即 X 包含 n 个观测样本，每个样本都是 m 维的变量。对该样本进行归一化，避免不同维度变量量纲不一致带来的影响；然后，对归一化后的样本 $X_{m \times n}$ 进行主成分分析。求取 $X_{m \times n}$ 的相关系数矩阵 R，再对 R 进行奇异值分解，得到特征值矩阵 $\Lambda = \mathrm{diag}(\lambda_i, i = 1, 2, \cdots, m)$ 和特征向量矩阵 $P = [p_1, p_2, \cdots, p_m]$，特征向量对应的特征值就代表了每个维度或成分所包含的信息量。

然后根据下面的公式，依据累计方差贡献率（CPV）原则，选取前 k 个主成分进行降维：

$$CPV = \frac{\sum\limits_{i=1}^{k} \lambda_i}{\sum\limits_{i=1}^{m} \lambda_i} \times 100\% \qquad (2\text{-}15)$$

最后，按照主成分将数据矩阵 $X_{m \times n}$ 投影到主成分子空间（PCS）和残差子空间（RS）。前 k 个线性无关的特征向量构成的空间为 PCS，后 $m-k$ 个线性无关的特征向量构成的空间为 RS。

经过主成分分析之后，样本就被分解为 PCS 和 RS 空间内的投影。通常来讲，PCS 内的投影代表了数据大部分的原始信息，可以用作数据经过 PCA 降维后的结果。而 RS 内的投影则被认为是样本测量过程中存在的噪声或误差。而对于故障样本来说，PCS 或 RS 内的投影值会异于正常样本的分布，因此经过 PCA 投影后的信息可以被用来进行故障的判断。

2.5　人员行为感知

2.5.1　人员行为感知概述

人类行为通常被定义为人类内隐或外显的身体、心理和社会活动能力。这些活动涵盖了从出生到老年的整个生命阶段，并涉及认知、情感和行为能力的发展。在人机交互领域，人员行为识别通常是指通过技术手段（如传感器、摄像头等）识别和理解人类在与机器或计算机系统交互时的行为和意图。这与广义的人类行为识别相似，区别在于人类行为识别涵盖更广泛的情境和行为类型。例如，人员行为识别在人机交互领域可能专注于分析用户如何与机器人或交互式界面进行物理或语音互动，以改善系统的响应性和适应性，通过对这些互动行为的识别和理解，可以提高用户友好性和人机交互效率。

目前在人机交互领域，为了有效地识别和理解人员行为，研究人员使用了各种传感器和数据分析技术，包括使用机器视觉、3D 传感器、边缘计算和多模态数据融合等技术手段来处理和解释从人类活动中收集的数据。

（1）机器视觉

机器视觉技术利用摄像头和图像处理算法来捕捉和分析人类行为。通过计算机视觉技术，系统可以识别人类的姿态、手势、面部表情等。通过使用在图像和视频数据的处理上表

41

现出色的深度学习算法，达成实时准确的人员行为识别。典型的应用场景包括监控系统中的异常行为检测、自动驾驶中的行人和车辆识别等。

（2）3D 传感器

3D 传感器，如 Kinect 和 LiDAR，可以捕捉三维空间中的人类行为。这些传感器通过发射和接收光信号，构建出环境和人物的三维模型。这在需要精确动作捕捉的领域，如虚拟现实（VR）和增强现实（AR）中具有重要应用。例如，在 VR 游戏中，3D 传感器可以捕捉玩家的全身动作，使虚拟人物的动作与玩家的实际动作同步。

（3）边缘计算

边缘计算指的是在靠近数据源的地方进行数据处理，而不是将数据传送到中央服务器进行处理。这种技术能够大大减少数据传输的延迟，提高实时处理的效率。在行为感知领域，边缘计算可以用于快速分析从传感器收集的数据，并实时做出响应。例如，智能家居系统中的边缘设备可以实时监测家庭成员的行为，并自动调整家电的运行状态以提高舒适度和节能效果。

（4）多模态数据融合

多模态数据融合是指将来自不同类型传感器的数据进行整合，以提高行为识别的准确性和鲁棒性。人类行为复杂多变，单一传感器可能无法捕捉到所有相关信息。例如，视觉传感器可以捕捉到人体的姿态，但难以准确判断情绪状态，而音频传感器可以通过分析声音特征来推断情绪状态。通过将视觉、音频、压力传感器等数据融合，系统可以更全面地理解和识别人的行为和意图。

2.5.2　人员行为感知在制造系统中的作用

（1）协作机器人与人机协作装配

近年来，在制造业中，协作机器人（Cobots）的出货量显著增长。2020 年，全球范围内仅有超过 2000 台协作机器人被运往仓库，而到 2026 年预计将超过 47000 台。这种增长主要由于协作机器人在执行多种任务时显示出的高度精确性及其通过机器学习技术不断提升性能的能力。协作机器人可以支持工人执行体力、认知和危险操作，例如，在处理重物时减轻工人的工作量，利用 AR 设备可视化的方式操作机械臂以减轻操作员的精神压力，代替人类处理危险化学材料等。近年来，协作机器人的功能和设计越来越依赖于对人类行为的精确感知，这种发展是其销量快速增长的关键因素之一。具备人员行为感知能力的协作机器人能够在无须传统安全栅栏的环境中与工人进行直接合作，这一突破性创新彻底改变了工业机器人的操作模式。通过集成先进的视觉系统和传感器，协作机器人能够实时监测和解析工人的动作和位置，从而在保持操作灵活性和生产效率的同时，极大提高了工作环境的安全性，使得机器人能够在复杂的制造任务中更有效地支持人类。

（2）人机工程学的发展

人机工程学是一门重要的工程技术学科，是研究人和机器、环境的相互作用及其合理结合，使设计的机器和环境系统适合人的生理及心理等特点，达到在生产中提高效率、安全、健康和舒适目的的一门科学。人机工程学的应用不仅使工作环境更安全，也更符合人体工程学原则。

除此之外，通过人员行为感知技术感知人员状态后调整协作机器人的协作方式也是人员行为感知技术在人机工程学中的一个使用方向。研究人员使用 Kinect 摄像头捕捉工人的关节角度，并计算出快速全身评估分数（Rapid Entire Body Assessment，REBA）。REBA 可以定量、快速、简要地解释姿势的整体人体工程学状态。如果检测到不正确的姿势，根据用户的人体工程学计算机器人末端执行器的新位置，之后通过粒子群（PSO）算法，机器人能够实时调整位置，为人类提供符合人体工程学的最佳姿势，如图 2-15 所示。结果表明，这种方法可以使工人的姿态优化程度提升 66%，大大减少了由于不良姿势导致的肌肉骨骼疾病（Musculoskeletal Disorders，MSDs）的风险。

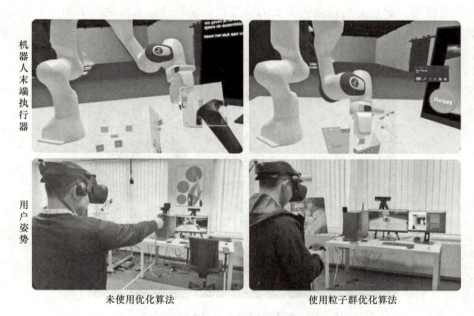

图 2-15　基于人员行为感知和人体工程学的协作机器人末端位置优化

（3）人员行为感知与安全监控

在高风险制造环境中，采用先进的图像识别和传感技术对工人的行为和位置进行持续监控至关重要。这样的监控能够实时识别并预防潜在的安全隐患，从而提高工作场所的整体安全性。这些技术结合了深度学习方法，如 Mask R-CNN（用于对象检测和分割）和 MediaPipe Holistic（用于姿态估计和手势识别），使系统能够精确识别人机交互中的异常行为。

2.5.3　基于视觉的行为感知方法

基于视觉的行为感知方法，是指利用计算机视觉技术，通过分析图像或视频数据，识别人类的行为和动作。这种方法利用摄像头等视觉传感器捕捉到的图像信息，结合图像处理和机器学习算法，来解读人类的行为模式。视觉感知能够提供丰富的空间和时间信息，使得系统可以对人类的动作和情境进行详细的分析，所以在行为识别领域中具有重要作用。基于视觉的行为感知主要分为基于骨架的方法和基于 RGB 图像的方法。

（1）基于骨架的方法

基于骨架的方法通过检测和追踪人体的关节点来分析行为，是行为识别领域的一种重要技术手段。这种方法通常利用先进的图像处理技术和深度学习算法，从视频中提取人体的骨架结构。骨架结构包括人体的主要关节点，如肩、肘、膝等，以及这些关节点之间的连接。

基于骨架的方法一般使用深度学习技术。例如，卷积神经网络（CNN）和长短期记忆网络（LSTM）可以用于处理和分析这些骨架数据。CNN 能够有效地从图像中提取特征，而 LSTM 则擅长处理时间序列数据，可以捕捉关节点位置随时间变化的模式。通过结合这些算法，系统可以分析关节点的空间位置和运动轨迹，从而识别出不同的行为和动作。使用时，首先，系统通过图像处理技术对视频帧进行分析，识别出人体的各个关节点。这些关节点包括头部、肩膀、肘部、手腕、臀部、膝盖和脚踝等。接下来，将这些关节点连接起来，构建出人体的骨架模型。通过分析这些关节点的位置和运动轨迹，系统可以识别出不同的行为和动作，如图 2-16 所示。

图 2-16　基于骨架的人员行为识别方法

（2）基于 RGB 图像的方法

基于 RGB 图像的方法直接使用图像或视频帧中的像素值进行行为分析，通常使用卷积神经网络（CNN）等深度学习模型，能够从原始图像数据中自动提取有价值的特征，并对这些特征进行分类。RGB 图像包含了丰富的颜色、纹理和光照信息，这使得它在识别复杂行为和细微动作变化方面具有独特的优势。

然而，基于 RGB 图像的行为分析方法也存在一些显著的挑战和局限性。首先，这种方法的计算复杂度较高，处理高分辨率的 RGB 图像或视频帧需要大量的计算资源，这是这种方法在实时应用中最严重的瓶颈。其次，RGB 图像对环境变化较为敏感，例如，光照条件的变化、出现阴影以及物体遮挡等都可能影响行为识别的准确性和鲁棒性。

（3）基于骨架的方法使用 Kinect 相机进行人员行为识别

基于骨架方法中，最常使用的硬件设备是 Kinect 相机。Kinect 是一种广泛应用于行为识别的传感器设备，它集成了 RGB 摄像头、深度传感器和多个麦克风阵列，能够实时捕捉人体的三维骨架数据。一般来说使用 Kinect 进行人员行为识别的流程如下。

1）数据采集与增强。在数据采集阶段，Kinect 传感器实时捕捉人体的三维骨架数据。在预处理过程中会对这些数据进行去噪、归一化和增强，以提高数据质量和多样性，为后续的模型训练提供丰富的样本。

2) 深度学习模型构建。深度学习模型构建主要包括特征提取、模型选择以及模型训练。特征提取是指从骨架数据中提取有用的信息，模型选择是指选择合适的深度学习架构，而模型训练则是通过优化算法调整模型参数，使其能够准确地识别和分类不同的行为。

3) 模型评估与应用。评估阶段使用测试集对模型进行性能验证，通过精度指标来衡量模型的表现。之后，模型被部署到实际应用环境中进行实际使用。

2.6　本章小结

在现代制造系统中，机器感知是实现智能制造的基础。它通过各种传感器和视觉系统，实时采集生产现场的数据，为制造过程的自动化控制和优化提供支持。随着工业互联网和物联网技术的发展，制造系统的感知能力得到了极大提升，实现了更高效的资源利用、更灵活的生产调度和更高质量的产品输出。

本章首先介绍了制造模式与感知的定义，以及其在智能制造中的关键作用。制造模式的演变展示了从传统制造向智能制造的转变过程，而感知技术则作为智能制造的重要支撑，提供了对生产过程的全面监控和优化能力。

在介绍制造过程机器感知对象的组成部分时，主要涵盖了机械设备、工件、工具、物料和环境五个方面，并详细分析了每个部分的感知需求。这些需求包括实时监控设备状态、工件的加工精度、工具的磨损情况、物料的供应和消耗，以及生产环境的温湿度、噪声和振动等。

接着，本章深入探讨了传感器的定义、分类、原理、应用场景以及发展趋势。传感器作为制造系统的"感官"，其精度和可靠性直接影响到制造过程的自动化水平和产品质量。从简单的温度传感器到复杂的多功能传感器，各类传感器在不同的应用场景中发挥着重要作用。未来，传感器将朝着高灵敏度、微型化和智能化的方向发展。

随后，本章还说明了什么是机器视觉，并详细介绍了机器视觉的基本技术和相关算法。机器视觉利用摄像机和计算机视觉技术，对制造过程中的物体进行识别、检测和定位，从而实现自动化的质量控制和缺陷检测。关键技术包括图像处理、模式识别和深度学习算法等，这些技术的进步极大地提升了机器视觉系统的性能和应用范围。

在具体的感知对象方面，本章分别对设备及物料感知和环境感知进行了定义，并列举了常见的组成部分和实例。设备及物料感知包括对机床、机器人、输送系统及物料的状态监控和数据采集，而环境感知则涵盖了生产环境中的温度、湿度、噪声和光照等因素。

人员感知方面，本章介绍了人员行为感知技术的基本定义，并通过对人体行为识别数据集和人员行为识别模型的构建进一步细化，最终介绍了一个人员感知的相关实验，并列举实验结果。

展望未来，随着人工智能和大数据技术的进一步融合，制造系统的机器感知能力将迎来新的突破。高精度传感器和先进的机器视觉技术将更加普及，数据的实时处理和智能决策能力将显著增强。智能制造将进一步向无人化和自适应化方向发展，制造系统将能够自主感知、分析和优化生产过程，实现真正意义上的智能制造。

45

2.7 项目单元

　　本章的项目单元实践主题为"图像数据预处理"。制造系统中的图像数据采集是数采中十分基础且必要的环节，其对于安全管理、加工过程监测、质量检测、人员行为识别等都有重要意义。对于图像在像素级的操作预处理被称为"图像预处理"，其输入和输出都是亮度图像。预处理的目的是抑制不想要的变形或者增强某些对于后续处理重要的图像特征。本实践展示了一些常见的图像卷积与平滑方法。具体实践指导请扫描二维码查看。

第 2 章项目单元

本章习题

2-1　需主动采集数据信息的机器感知对象主要包括哪几类？

2-2　制造过程机器感知需求主要包括哪些方面？

2-3　传统离散制造车间信息获取存在什么问题？

2-4　什么是传感器？

2-5　常见的传感器有哪些？简要介绍一下其功能。

2-6　温度传感器的原理是什么？

2-7　列举智能传感器的几个应用领域。

2-8　机器视觉系统主要包括哪些部分？

2-9　图像识别的原理是什么？

2-10　计算机视觉任务一般包含什么？

2-11　AlexNet 的优点在于什么？

2-12　给出制造资源的定义。

2-13　搬运设备的作用是什么？

2-14　列举物料输送系统的不足之处。

2-15　给出环境感知的定义。

第3章　制造系统大数据分析技术基础

导读

在智能制造的浪潮中，大数据已成为推动制造业向智能化、高效化、精准化转型的关键驱动力。本章将深入探讨制造系统大数据分析技术的基础，从工业大数据的概述入手，分析其与智能制造的紧密联系，进而详细阐述数据驱动建模、数据预处理、回归分析、关联分析、分类建模、时间序列建模以及深度学习等多个方面的技术与应用。通过对这些技术的系统学习，读者能够掌握在智能制造过程中如何利用大数据进行感知分析，进而做出科学决策。

本章知识点

- 工业大数据的概念、特点以及与智能制造的紧密联系
- 从数据中提取信息，建立有效模型的基本流程和方法
- 对数据进行预处理的流程与方法
- 回归分析与关联分析技术的基本原理和应用场景
- 基本分类算法与模型集成方法
- 时间序列数据的基本特性与建模方法，经典与先进的预测模型
- 深度学习在大数据分析中的应用，不同深度学习模型的结构和工作原理

3.1　工业大数据

3.1.1　工业大数据概述

工业大数据是围绕典型智能制造模式，从客户需求到销售、订单、计划、研发、设计、工艺、制造、采购、供应、库存、发货和交付、售后服务等各个环节所产生的各类数据及相关技术和应用的总称。它涵盖了结构化、半结构化和非结构化数据，涉及生产过程控制、产品质量监测、设备维护、供应链管理等多个方面。

工业大数据在优化生产过程、设备维护和故障预测、提高产品质量、优化供应链和实现节能减排方面发挥着重要作用。通过对生产数据的深入分析，可以识别和解决生产中的瓶颈

和低效环节，提高整体生产效率和产品质量。同时，利用设备运行数据进行预测性维护，可以减少故障率和停机时间，从而提高设备的可靠性和使用寿命，提高生产效益。此外，通过对供应链数据的分析，可以优化库存管理和物流调度，提高供应链的响应速度和可靠性，降低成本并提高客户满意度。节能减排方面，通过对能耗和环境数据的分析，可以发现高耗能环节并进行改进，实现绿色制造。

随着信息技术的飞速发展和工业互联网的普及，工业领域正在经历一场由数据驱动的深刻变革。在这场变革中，工业大数据作为核心驱动力，正逐步成为制造业转型升级、提质增效的关键要素。通过充分利用工业大数据，企业可以实现生产过程的智能化、自动化和精细化管理，提升制造系统的柔性和响应能力，提高生产效率和产品质量，降低生产成本和运营风险。同时，工业大数据也为企业的创新发展提供了强有力的支持。因此，掌握工业大数据技术及其应用方法对于制造业企业具有重要意义。

3.1.2　工业大数据与智能制造的关系

1. 制造业发展催生工业大数据

我国工业和信息化部《关于工业大数据发展的指导意见》中将工业大数据定义为："工业领域产品和服务全生命周期数据的总称，包括工业企业在研发设计、生产制造、经营管理、运维服务等环节中生成和使用的数据，以及工业互联网平台中的数据等。"因此，制造作为产品全生命周期中的一个环节，制造业大数据是工业大数据的重要来源与组成部分。随着信息技术的发展，制造业逐步走向数字化与智能化，同时产生了规模巨大的大数据，包括生产过程中的传感器数据、设备运行数据、产品质量数据等。随着信息化技术的普及和成本的下降，制造企业开始采集、存储和管理这些数据，形成了工业大数据的基础。工业大数据的产生和积累推动了制造业企业对数据的重视和利用，进一步促进了智能制造技术的发展和应用。

2. 工业大数据促进制造模式转型升级

工业大数据为智能制造提供了数据基础和支撑。利用大数据技术将企业各部门数据整合至云端，能够创建产品生命周期管理平台，优化生产流程，提升组织效率。通过采集和分析大数据，智能制造系统可以实现对生产过程的实时监控、预测性维护、生产优化等功能。利用传感器和供应商数据实时收集运作与销售数据，优化供应链管理，可以提高制造业的生产效率、产品质量和资源利用率，进而促进了制造业的转型升级。制造企业通过利用工业大数据和智能制造技术，可以实现生产方式的转变。通过客户细分和定制化生产，满足个性化需求，促进产品转型升级，从传统的以大规模生产为主导向柔性、定制化生产转变，适应市场需求的多样化和个性化。

综上所述，工业大数据和智能制造是相辅相成的，工业大数据为智能制造提供了数据基础和决策支持，而智能制造的发展也推动了工业大数据的应用和发展。随着技术的进步和应用场景的不断拓展，它们之间的关系将会更加紧密，共同推动工业领域的发展和变革。

3.1.3　智能制造系统中的大数据特征

智能制造系统中的大数据不仅具有大数据通常所具有的 4V 特性，还具有制造领域数据所具有的特征。

1. 大数据 4V 特性

（1）数据体量大（Volume）

数据体量大指大数据的规模极大。智能制造系统产生的数据量通常非常庞大，包括生产过程中的传感器数据、设备运行数据、产品质量数据等。这些数据可能以 TB（Terabyte）或 PB（Petabyte）为单位进行存储和处理。

（2）数据多样性（Variety）

数据多样性指数据的种类和多样性。智能制造系统中的数据可能来自不同的来源，包括结构化数据、半结构化数据和非结构化数据。

（3）流转速度快（Velocity）

流转速度快指数据产生、传输和处理的速度快。在智能制造系统中，数据的产生和更新通常是实时的，如传感器产生的实时数据、设备状态的实时监测等。

（4）价值密度低（Value）

在智能制造系统中，虽然数据量庞大、流转速度快、种类多样，但并不是所有数据都具有同等的价值。许多数据可能是噪声数据或者对决策和优化没有直接的帮助。

2. 智能制造领域大数据特征

（1）时序特性

生产过程中的传感器数据、设备运行数据等都是随着时间的推移而产生的。这种时序特性使得在处理制造业大数据时需要考虑数据的时间序列特征。

（2）高维特性

制造业大数据通常是高维度的，即数据具有大量的特征或属性。这种高维特性增加了数据分析和挖掘的复杂度，需要使用适当的数据处理和分析技术来处理这些高维数据。

（3）多尺度特性

制造业大数据可能同时包含不同时间尺度、空间尺度或粒度的信息，需要同时考虑不同尺度的数据特征进行分析和建模。

（4）高噪特性

制造业大数据通常具有较高的噪声水平，即数据中可能包含大量的随机或异常值。在处理制造业大数据时需要采用适当的噪声处理技术，以提高数据质量和分析的准确性。

（5）强关联性

制造业大数据中的不同数据项往往之间存在着较强的相关性或关联性，通过挖掘数据之间的关联关系，可以发现隐藏在数据背后的规律和信息，为生产优化和决策提供更有力的支持。

3.1.4　智能制造系统中的大数据分类

可将智能制造系统中的大数据按照来源、存储形式、维度进行分类。

1. 按照来源分类

（1）内部大数据：来自于企业内部各个部门和系统的数据，包括产品大数据（设计、仿真、工艺、加工、维护等数据）、运营大数据（设备、营销、财务、生产、质量、库存、标准等数据）、价值链大数据（客户、供应商、合作伙伴等数据）等。

（2）外部大数据：来自于外部环境和市场的数据，包括供应链数据、市场销售数据、竞争对手数据等。

2. 按照存储形式分类

（1）结构化数据：具有明确定义和固定格式的数据，通常存储在关系数据库中，以二维逻辑表格的形式进行存储。易于处理和分析，如生产订单数据、零部件清单数据等。

（2）半结构化数据：部分具有结构化特征但不完全符合固定格式的数据，通常以文本、日志文件等形式存在，如设备维护日志、生产报告等。

（3）非结构化数据：没有明确定义和固定格式的数据，通常以文本、图像、视频等形式存在，存储于非结构化 Web 数据库中。难以直接处理和分析，如生产现场图片、产品设计文档等。

3. 按照维度分类

（1）时间维度：数据按照时间轴进行分类，包括实时数据、历史数据等。

（2）空间维度：数据按照空间位置或范围进行分类，包括不同生产车间、不同设备等。

（3）业务维度：数据按照业务过程或功能进行分类，包括生产过程数据、质量管理数据、供应链数据等。

（4）层次维度：数据按照不同层次或粒度进行分类，包括产品层次、生产过程层次等。

3.2 数据驱动建模技术路线

3.2.1 数据驱动建模概述

数据驱动模型是基于数据分析和机器学习技术建立的模型，与传统机理模型不同，数据驱动模型主要针对建模对象行为复杂、内部机理难以观测、行为结果随机性强的应用场景。数据驱动模型利用大量数据来训练和优化，能够挖掘出数据中的隐藏规律和模式，从而实现对系统的建模和预测。

随着大数据时代的发展，数据驱动建模在制造业中有着广泛的应用。制造企业可以利用数据驱动建模来优化生产流程。通过收集和分析生产线上的数据，企业可以建立模型来预测设备故障、优化生产调度，以及改进产品质量控制，以提高生产效率、降低生产成本，并确保产品符合质量标准。此外，制造企业还可以利用数据驱动建模来进行供应链管理，如通过分析供应链中的数据，建立供应链模型来优化库存管理、降低物流成本，并确保供应链的稳定性和可靠性。

3.2.2 数据驱动建模的一般流程

数据驱动建模技术以数据处理分析技术和数据建模技术为基础，因此数据驱动建模的一般流程也围绕着数据处理与模型构建展开，如图3-1所示。

1. 问题定义和目标确定

在进行建模之前，首先应充分、正确地理解背景和需求，确定需要解决的问题或目标，并明确建模的目的和预期结果。

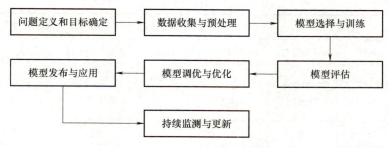

图 3-1　数据驱动建模的一般流程

2. 数据收集与预处理

收集与问题和目标相关的数据，并对收集到的数据进行预处理，包括处理缺失值、异常值、重复值，进行数据转换、归一化、标准化等操作，以确保数据质量和可用性。

3. 模型选择与训练

根据建模的目的和数据的结构等特点，选择合适的建模方法，如统计模型、机器学习模型、深度学习模型等，并利用训练数据对模型进行训练。

4. 模型评估

使用评估数据或交叉验证等方法对训练好的模型进行评估，评估模型的性能和泛化能力，检验模型是否达到预期的效果。

5. 模型调优与优化

根据评估结果，对模型进行调优和优化，可能包括调整模型参数、改进特征选取、调整模型结构等，以进一步提高模型的性能，与建模目标相匹配。

6. 模型发布与应用

将训练好的模型发布并应用到实际环境中，用于实际问题的解决和决策支持，并监控模型的性能和表现。

7. 持续监测与更新

在系统运行过程中，需要对发布的模型进行持续性监测和更新，根据实际情况对模型进行调整和改进，以确保模型持续有效地解决实际问题。

以上流程是数据驱动建模的一般性流程，在制造业中，针对不同的应用业务与目标，具体的实施过程可根据具体的问题和数据特点进行调整和优化。

3.2.3 数据驱动建模的分类

建模方法的选择是大数据驱动建模的核心，建模方法可以按照不同维度进行分类。

1）按建模的目的，可以分为回归建模、预测建模、分类建模、聚类建模、降维建模等。

2）按照模型算法，可以分为基于统计学习的建模方法、基于机器学习的建模方法、基于深度学习的建模方法。

3）按照过程监督方式，可分为监督学习、无监督学习、半监督学习和强化学习，见表 3-1。

51

表 3-1　按监督方式分类的数据驱动建模方法

监督方式	监督学习		无监督学习			半监督学习	强化学习
典型任务	分类	回归	聚类	降维	关联规则挖掘	分类	最优策略
典型算法	逻辑回归、支持向量机	线性回归、岭回归	K 均值、DBSCAN	主成分分析、线性判别分析	Apriori 算法、PCY 算法	半监督支持向量机	Q 学习、DQN、PPO
数据标签	有	有	无	无	无	有（少量）	无
数据 x	有	有	有	有	有	有	无
数据 $f(x)$	有	有	无	无	无	有（少量）	无
典型应用场景	质量水平分类、故障识别	时间序列预测、需求预测	异常检测、故障分析	工业大数据简化与规约	采购与库存控制、客户需求分析	分类、聚类\生成等任务场景	生产调度、路径规划、控制策略

3.3　数据预处理技术

　　由于制造业中数据体量大、来源多样，原始数据集通常存在数据噪声、数据冗余、数据缺失、数据不一致等问题，而在数据驱动建模、数据分析、数据挖掘等下游应用中，数据的质量是决定分析与模型效果的主要因素之一。

　　数据预处理的主要任务可以概括为四个内容，即数据清洗、数据集成、数据转换、数据规约。本节将对数据预处理的步骤与方法展开介绍。

3.3.1　数据清洗

　　数据清洗是识别并处理数据集中不准确、不完整或不合理数据的过程，数据清洗通常包括缺失值、异常值、重复项、错误值的处理。由于重复项和错误值的处理方法比较简便，故本节将主要介绍缺失值的处理。

　　（1）缺失数据的类型

　　1）完全随机缺失（Missing Completely At Random，MCAR）：数据的缺失是随机的，数据的缺失不依赖于任何不完全变量或完全变量。例如，在调查问卷中，受访者随机地遗漏一些问题，导致完全随机的数据缺失。

　　2）随机缺失（Missing At Random，MAR）：数据的缺失不是完全随机的，缺失数据发生的概率与其他完全变量是有关的，而与未观察到的数据的特征是无关的，即数据是否缺失取决于另外一个显性属性。例如，由于四岁以下儿童难以通过智力分数测试，导致数据缺失集中在低年龄段人群中，这种缺失与年龄这一变量有关，但与智力分数本身无关。

　　3）完全非随机缺失（Missing Not At Random，MNAR）：不完全变量中数据的缺失依赖于不完全变量本身，这种缺失是不可忽略的，数据缺失与自身的值有关。例如，在关于个人收入的调查中，高收入人群可能更倾向于不报告自己的确切收入，收入数据的缺失与收入本身这一变量有关。

（2）缺失数据处理方法

处理缺失数据的方法通常包括删除和插补两种。

1）删除（Deletion）：删除会造成更多的数据损失，但如果所搜集到的数据量很大，而缺失数据的占比较小时，可以直接删除这些数据。

2）插补（Imputation）：将缺失的数据补全，以恢复缺失的信息，但不准确的插补会在数据集中引入错误信息，因此插补的准确性非常关键。

① 基于统计的插补：使用缺失属性取值的均值、众数、中位数等填充缺失值。

② 基于插值的插补：利用已知数据建立合适的插值函数 $f(x)$，缺失值由对应点 x_i 和对应函数值 $f(x_i)$ 近似替代。如线性插值、多项式插值（拉格朗日插值法、牛顿插值法）、样条插值等。

③ 基于回归的插补：建立缺失数据的属性与其他可观测数据的属性之间的回归模型来预测缺失的属性值。如 K 近邻（K-Nearest Neighbors，KNN）算法。

④ 多重插补：使用模型估计和重复模拟来生成一组完整的数据集。每个数据集中的缺失数据会通过估计模型的方法进行填补。基本步骤包括三步：产生系列填充值对缺失值进行填充；对每个填充好的数据集进行统计分析；合并结果。

⑤ 基于深度学习的插补：随着深度学习的发展，许多深度学习模型也可应用于缺失数据插补。例如，生成对抗网络（Generative Adversarial Network，GAN）可通过对抗训练过程对缺失数据进行生成式修复。

3.3.2　数据集成

制造业数据分析与挖掘所需要的数据往往来源于不同数据源，数据集成就是将来自不同数据源的数据合并到一个一致的、统一的数据存储中。这个过程确保了数据的一致性和可用性，节省了数据管理时间和资源，为后续的分析与使用提供了可靠的基础。

1. 数据集成的方法

（1）手工集成：手工集成是最基础的方法，通常涉及人工编写代码或使用电子表格软件将不同数据源的数据手动整合在一起。这种方法适用于数据量较小、结构简单的情况，但对于大规模、复杂的数据集成则效率低下且易出错。

（2）数据库集成：数据库集成利用数据库管理系统的功能，通过建立链接、导入数据、执行查询等方式实现数据集成。这种方法适用于大规模数据的集成，可以利用数据库系统的优化功能提高效率。

2. 数据集成的关键问题

（1）实体识别问题

在数据集成过程中，实体识别是一项重要的任务。通过实体识别，可以确保不同数据源中的相同实体被正确地整合和对应，从而提高数据的一致性和准确性。实体识别中，常见的矛盾形式如下。

1）同名异义：例如，数据源 A、B 中的属性 ID 分别描述的是产品编号和订单编号，即属性 ID 对应的是不同的实体。

2）异名同义：例如，数据源 A 中的属性 sale_dt 和数据源 B 中的 sale_date 都是描述销售日期的，即指向同一个实体。

3）单位不统一：例如，长度可能被表示为米或厘米。

检测和解决这些矛盾就是实体识别的任务。通常，数据库和数据仓库通常使用元数据——关于数据的数据，来支持数据集成。

（2）冗余识别问题

冗余识别是另一个重要的数据集成任务，它涉及识别和删除重复的、冗余的数据。在数据集成过程中，常常会出现来自不同数据源的重复信息，如果不加以处理，这些冗余数据会导致数据存储浪费和分析结果不准确。通过冗余识别可以提高数据存储的效率，并确保数据集成的质量。

3.3.3　数据转换

在数据的预处理中，数据转换又称为数据变换，是将来源于多数据源的不同范围、不同量纲的数据进行统一规范化处理，变换成适应于数据挖掘需求的形式。主要操作有规范化和离散化。

1. 规范化

数据规范化又被称为数据标准化或数据归一化，是将数据按照比例进行缩放，使之落入一个特定的范围，如 [-1, 1] 或者 [0, 1] 内，便于进行综合分析，对于数据驱动建模，数据规范化可以减弱模型训练过程中的振荡现象。常用的数据规范化方法有最大-最小规范化、Z-Score 标准化和 Log 变换。

2. 离散化

数据离散化是指将连续的数据进行分段，使处理之后的数据值域分布从连续属性变为离散属性。常见实现针对连续数据离散化的方法如下。

（1）分位数法：使用四分位、五分位、十分位等分位数进行离散化处理。

（2）等频法：使得每个子集中的样本数量相等，例如，总样本数为 100，分成五个子集，则划分原则是保证落入每个子集的样本量为 20。

（3）等宽法：使用等距区间或自定义区间的方式进行离散化。例如，年龄变量区间（0~100），可分成（0, 20]、（20, 40]、（40, 60]、（60, 80] 和（80, 100] 五个等宽的子集。这种方法可以较好地保持数据原有结构分布。

（4）聚类法：使用 K 均值等算法对样本进行聚类，根据聚类出来的簇，每个簇中的数据为一个子集。

（5）卡方过滤：通过基于卡方的离散化方法，找出数据的最佳临近区间并合并，形成较大的区间。

3.3.4　数据规约

数据规约旨在减少数据集的大小，同时保留关键信息。通过数据规约，可以大大降低数据分析的复杂度，提高算法的效率和性能。在机器学习和数据挖掘任务中，数据规约主要包括特征选择和数据降维两种手段。

1. 特征选择

在实际工作中，用于数据驱动模型中的特征维度往往很高，使得模型计算复杂度很高。但在多维数据中，并不是每个特征对模型的预测都是有效的，因此需要去除一些不必要特征，从而降低模型的计算复杂度。特征选择旨在从原始数据集的所有特征中选择最相关和最具代表性的特征，即寻找最优的特征子集，以避免必须将所有特征都导入模型中进行训练的情况。选择合适的特征可以有效缩小特征集合的规模，减少模型运算时间，同时提高模型的精确度，增强有效性，并减少过拟合的风险，提高模型泛化能力。特征选择方法主要分为三类：过滤法、包装法和嵌入法。

2. 数据降维

数据降维是另一种常用的数据规约技术，旨在减少数据集的维度，同时保留尽可能多的信息。与特征选择不同，数据降维不是通过筛选特征来减少数据集的维度，而是通过特征维度之间的关联、整合等，使用尽可能少的新的特征向量来描述更多的特征，从而减少数据的维度。数据降维的作用如下。

（1）简化数据分析：高维数据往往难以可视化和理解，降维可以将数据映射到低维空间，方便数据的可视化和分析。

（2）减少计算开销：高维数据集通常需要更多的计算资源，降维可以减少数据集的维度，降低计算开销。

（3）去除冗余信息：降维可以去除数据中的冗余信息，使得数据更加精简、易于处理。

常见的数据降维方法包括主成分分析、线性判别分析、t-分布邻域嵌入等。

3.4　回归分析与关联分析

盾构机数据分析

3.4.1　回归分析

在制造业大数据分析中，回归分析是一种预测性的建模技术，是对输入变量（自变量）与输出变量（因变量）之间的变化关系的建模。通常被用于预测分析、时间序列模型以及变量间因果关系挖掘等。根据模型的形式，可将回归模型分类为线性回归与非线性回归两种。

1. 一元线性回归

一元线性回归分析涉及一个因变量 y 和一个自变量 x，是最简单的回归形式。若有训练集包含 (x_1, y_1)，(x_2, y_2)，…，(x_m, y_m) 共 m 个数据点，则使用 x 的线性函数对 y 进行建模：

$$f(x) = w_0 + w_1 x \tag{3-1}$$

式中，系数 w_0 和 w_1 可以通过计算训练模型 $f(x)$ 与真实值 y 之间的误差来实现，即对应于训练出来的模型 $f(x)$ 和真实值 y 之间的欧几里得距离或称欧氏距离（Euclidean Distance）最小时，称之为函数收敛。

以上模型求解方法称为最小二乘法。在线性回归中，最小二乘法就是试图找到一条直线，使所有样本到直线的欧氏距离之和最小。最小二乘法中，回归系数可由下式进行估计：

$$\bar{x} = \frac{1}{m}\sum_{i=1}^{m} x_i, \quad \bar{y} = \frac{1}{m}\sum_{i=1}^{m} y_i \tag{3-2}$$

$$w_1 = \frac{\sum_{i=1}^{m}(x_i - \bar{x})(y_i - \bar{y})}{\sum_{i=1}^{m}(x_i - \bar{x})^2} \tag{3-3}$$

$$w_0 = \bar{y} - w_1 \bar{x} \tag{3-4}$$

2. 多元线性回归与非线性回归

在一些场景中，因变量 y 可能与多个自变量有关，这种问题称为多元线性回归。作为一元线性回归的扩展，多元线性回归问题同样可以使用最小二乘法的思路进行求解。对于 n 个自变量，建立自变量与因变量之间的回归模型：

$$f(x) = w_0 + w_1 x_1 + w_2 x_2 + \cdots + w_n x_n \tag{3-5}$$

求解思路也是找到一组回归系数 w_0，w_1，$\cdots$，w_n，使得预测值与真实值的误差，即式 (3-6) 尽可能的小：

$$\sum_{i=1}^{m} (y_i - f(x_i)) \tag{3-6}$$

与线性回归相对的是非线性回归，能够描述更复杂的变量间非线性关系。对模型进行线性基展开，可以使线性模型适用于非线性回归，基函数类型可以是多项式（泰勒展开）、分段样条平滑、三角多项式（傅里叶展开）等，这类非线性模型属于参数模型。核平滑模型是一种非线性回归的非参数模型，K 近邻（KNN）是最简单的核平滑算法。除此之外，回归决策树模型以及人工神经网络模型也可以用于解决非线性回归问题，如多层感知机（Multilayer Perceptron，MLP）和循环神经网络（Recurrent Neural Network，RNN）。

3. 回归模型的评价指标

在回归任务中，使用真实值与预测值之间的差距来衡量模型的误差。通常使用的指标有平均绝对误差（Mean Absolute Error，MAE）、均方误差（Mean Square Error，MSE）、均方根误差（Root Mean Square Error，RMSE）和平均绝对百分比误差（Mean Absolute Percentage Error，MAPE）等，其中使用最为广泛的是 MAE 和 MSE。

设 (x_i, y_i) 是数据集中第 i 个样本（$i = 1, 2, \cdots, m$），$f(x)$ 是经过训练的回归模型，对自变量 x_i，模型的预测值为 $f(x_i)$。

（1）平均绝对误差（MAE）

MAE 用来衡量预测值与真实值之间的平均绝对误差，即

$$MAE = \frac{1}{m} \sum_{i=1}^{m} |y_i - f(x_i)| \tag{3-7}$$

（2）均方误差（MSE）

MSE 用来衡量预测值与真实值之间的误差平方和，即

$$MSE = \frac{1}{m} \sum_{i=1}^{m} (y_i - f(x_i))^2 \tag{3-8}$$

3.4.2 关联分析

关联分析，也称为关联规则挖掘，属于无监督算法的一种，用于从数据中挖掘潜在的关联关系，从而描述某些事物或属性同时出现的规律和模式，是一种描述性的而非预测性的方法。关联分析的最终目标是在数据集中找到强关联规则，即拥有较高支持度和置信度的规则。在工业场景中，关联规则常用于市场分销、挖掘故障现象相关的故障原因并对可能关联故障的部件进行检修排查等。本节将对关联分析中的基本概念以及 Apriori 关联分析算法进

行介绍。

1. 关联规则的基本概念

（1）项集（Itemset）

设 i_j（$j = 1，2，\cdots，m$）为一个项目，项目的集合 $I = \{i_1，i_2，\cdots，i_m\}$ 称为项集。项集中项目的个数称为项集的长度，包含 k 个项目的项集称为 k 项集，如 $I = \{$面包，麦片，牛奶$\}$ 为一个三项集。

（2）关联规则（Association Rules）

关联规则一般表示为 $X \rightarrow Y$ 的形式，左侧项集 X 为先决条件，右侧项集 Y 为关联结果，用来表示数据内的隐含关联关系。例如，超市里购买面包和麦片的顾客大概率也会购买牛奶，$\{$面包，麦片$\} \rightarrow \{$牛奶$\}$ 即为一个关联规则。

关联规则可靠性和可用性由支持度、置信度和提升度来度量。

（3）支持度（Support）

规则的支持度是指在项集中同时含有 X 和 Y 的概率，即 X 和 Y 同时发生的概率。

$$Support(X \rightarrow Y) = P(XY) \tag{3-9}$$

支持度用来衡量关联规则的可用性，如果关联规则的支持度较低，那么可以认为它对于决策指导是无意义的。最小支持度（Minimum Support，Minsup）是人为设定的阈值，用来剔除掉支持度小于此值的无意义规则。相应地，满足条件 $Support(T) > Minsup$ 的项集 T，被称为频繁项集（Frequent Itemset）。

（4）置信度（Confidence）

规则的置信度表示在关联规则的先决条件 X 发生的条件下，关联结果 Y 发生的概率，即含有 X 的项集中，同时含有 Y 的可能性。

$$Confidence(X \rightarrow Y) = P(Y \mid X) = P(XY)/P(X) \tag{3-10}$$

置信度用来衡量关联规则的可靠性。与支持度类似，可以通过设置最小置信度阈值（Minimum Confidence，Mincon）来对关联规则进行进一步筛选。

（5）提升度（Lift）

提升度表示的是 X 的出现对于 Y 出现的影响，即在 Y 自身出现可能性 $P(Y)$ 的基础上，X 的出现对于 Y 的出现 $P(Y \mid X)$ 的提升程度。

$$Lift(X \rightarrow Y) = \frac{P(Y \mid X)}{P(Y)} = \frac{Confidence(X \rightarrow Y)}{P(Y)} \tag{3-11}$$

提升度同样用于衡量关联规则的可靠性。当 $Lift$ 值为 1 时表示 X 与 Y 相互独立，X 的出现对 Y 出现的可能性没有提升作用，而其值越大（>1）则表明 X 的出现对 Y 出现的提升程度越大，即表明关联性越强。

2. Apriori 算法

Apriori 算法是一种基于频繁项集的关联分析算法，通过对频繁项集的层级迭代搜索来挖掘关联关系。该算法基于两条先验性质：

性质 1　如果 X 是频繁项集，则 X 的所有子集都是频繁项集。

性质 2　如果 X 不是频繁项集，则 X 的所有超集都不是频繁项集。

例如，假设项集 $\{a，b\}$ 是频繁项集，即 a、b 同时出现在一条记录的次数大于等于最小支持度 $Minsup$，则它的子集 $\{a\}$、$\{b\}$ 出现次数必定大于等于 $Minsup$，即它的子集都是频繁项集；假设项集 $\{d\}$ 不是频繁项集，即 A 出现的次数小于 $Minsup$，则它的任何超集如 $\{c,d\}$ 出现的次数必定小于 $Minsup$，即其超集必定也不是频繁项集，如图 3-2 所示。

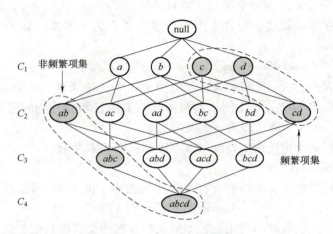

图 3-2　Apriori 算法先验性质

　　基于这两条性质，Apriori 算法使用逐层搜索的迭代方式，k 项集用于搜索 $(k+1)$ 项集。首先，找出所有频繁 1 项集的集合 C_1，然后用 C_1 生成候选 2 项集的集合 C_2，最后，通过探查 C_2 来形成频繁 2 项集的集合 L_2。以此类推，使用 L_{k-1} 寻找 L_k。如此迭代，直至不能找到频繁 k 项集为止。在使用频繁 $(k-1)$ 项集的集合 L_{k-1} 寻找频繁 k 项集的集合 L_k 时分两个过程：连接步和剪枝步。

　　（1）连接步

　　L_{k-1} 与其自身进行连接，产生候选 k 项集的集合 C_k。需要注意的是，L_{k-1} 中两个元素可以执行连接操作的前提是它们所包含的项中只有一个项是不同的，其余 $(k-2)$ 个元素都必须相同。例如，项集 $\{I_1,I_2,I_3\}$ 与 $\{I_1,I_3,I_4\}$ 有两项都是相同的，只有一个元素不同，因此连接之后产生的项集是 $\{I_1,I_2,I_3,I_4\}$。反之，项集 $\{I_1,I_2,I_3\}$ 与 $\{I_1,I_4,I_5\}$ 只有一个共同的项集，另外两个元素都是不同的，不能进行连接操作。

　　（2）剪枝步

　　候选 k 项集的集合 C_k 中的元素并不一定都是频繁项集，但所有的频繁 k 项集一定包含在 C_k 中，所以，C_k 是 L_k 的超集。根据性质 2 可知，如果一个 $(k-1)$ 项集是非频繁的，那么它的超集也一定是非频繁的。因此，如果一个候选 k 项集 C_k 的 $(k-1)$ 项子集不在 L_{k-1} 中，那么该候选 k 项集也不可能是频繁的，可以直接从 C_k 中删除。

　　至此，概括出 Apriori 算法的一般步骤：

　　1）设定最小支持度 $Minsup$。

　　2）计算 1 项集的支持度，筛选出频繁 1 项集。

　　3）排列组合出 2 项集，计算出 2 项集的支持度，筛选出频繁 2 项集。

　　4）通过连接步和剪枝步计算出 3 项集，计算出 3 项集的支持度，筛选出频繁 3 项集。

　　5）依次类推处理 k 项集，直到没有频繁集出现。

3.5　分类建模与模型集成

3.5.1　分类建模概述

1. 分类问题与分类模型

分类建模是实现对制造过程数据进行深入理解和分析的重要机器学习技术之一，属于有监督学习。由于制造系统中的数据较为分散，分类的目的是将大量的生产数据集中的样本分为不同的类别或标签。根据类别或标签数量，分类问题可以分为二分类和多分类问题。在制造系统中，分类问题可以应用于诸如产品质量检测、设备状态监测与维护等方面。

分类模型是用来预测输入数据所属类别的数学模型，其建模过程包括训练和预测两个过程。首先使用预先分好类的数据集对模型进行训练，再使用训练好的分类器模型对先前未见过的新数据进行分类预测，最后通过分类性能评价指标评估模型的准确性和可靠性。常见的分类模型包括逻辑回归、支持向量机、决策树等。

2. 分类性能评价指标

评价分类模型性能的指标对于评估模型的准确性和稳定性至关重要。常用的评价指标包括正确率、错误率、精确率、召回率、F 值等。

以二分类问题为例，将样本依据真实的类别和分类器的预测列别进行组合，使用 True、False 表示预测结果的正确与错误，Positive、Negative 表示样本实际的正例与反例，可分为四种情况：

1）TP（True Positive）：将正例预测为正例的样本数。

2）FN（False Negative）：将正例预测为反例的样本数。

3）FP（False Positive）：将反例预测为正例的样本数。

4）TN（True Negative）：将反例预测为反例的样本数。

可概括为如表 3-2 所示的混淆矩阵。

表 3-2　混淆矩阵

实际类别	预测结果	
	正例	反例
正例	TP	FN
反例	FP	TN

（1）正确率（accuracy）与错误率（error）

正确率也叫准确率，表示分类正确的样本数占总样本数的比例，即

$$accuracy = \frac{TP+TN}{TP+TN+FP+FN} \tag{3-12}$$

错误率指分类错误的样本数占总样本数的比例，即

$$error = \frac{FP+FN}{TP+TN+FP+FN} \tag{3-13}$$

（2）精确率（precision）和召回率（recall）

相比于正确率和错误率，精确率和召回率则更多地关注模型在某个类别上的性能表现。

精确率，也叫查准率、预测命中率等，表示所有预测为正例的样本中实际是正例的样本数所占的比例，即

$$precision = \frac{TP}{TP+FP} \tag{3-14}$$

召回率，也叫查全率，表示所有实际正例的样本中预测为正例的样本数所占的比例，即

$$recall = \frac{TP}{TP+FN} \tag{3-15}$$

（3）F值（F-score）

F值综合考虑了精确率和召回率，是基于精确率和召回率的调和平均，是一个综合性能评价指标，能适应不同场景下对精确率和召回率的不同重视程度，即

$$F\text{-}score = \frac{(1+\beta^2) \times precision \times recall}{(\beta^2 \times precision) + recall} \tag{3-16}$$

式中，$\beta>0$，度量了精确率和召回率的相对重要性。$\beta=1$ 时，式（3-16）称为 F1 分数（F1-score），此时精确率和召回率拥有相同的重要性；$\beta<1$ 时，表示精确率重要性更高；$\beta>1$ 时，表示召回率重要性更高。

除了以上指标之外，还有 ROC 曲线和 AUC 值等可以用于评价二分类问题的性能。

3.5.2 常用分类算法

1. 逻辑回归（Logistic Regression）

尽管其名称中含有"回归"，但逻辑回归实际上是一种分类算法，主要用于解决二分类问题。逻辑回归通过将输入特征进行线性组合并通过一个逻辑函数转换为概率值，再根据概率值进行分类预测。

对于二分类问题，不妨设定因变量取值分为 0 和 1 两类，给定训练数据集 $D = \{(x_1, y_1), (x_2, y_2), \cdots, (x_n, y_n)\}$（$x_i$ 可为一维或多维向量，$y_i=0$ 或 1，$i=1, 2, \cdots, n$），逻辑回归的原理是用逻辑函数把线性回归 $f(x) = \theta^{\mathrm{T}}x + b$ 的结果从 $(-\infty, \infty)$ 映射到 $(0, 1)$，如果函数值大于 0.5，就判定属于 1，否则属于 0。

因此，对于每一组输入，需要将线性回归结果再经过一个逻辑函数（Sigmoid 函数），得到预测值 y，见式（3-17）。

$$y = Sigmoid(f(x)) = \frac{1}{1+e^{-f(x)}} = \frac{1}{1+e^{-(\theta^{\mathrm{T}}x+b)}} \tag{3-17}$$

逻辑回归模型中，常使用极大似然估计法或构造损失函数求解待定参数 θ 和 b，通过利用样本训练，使得参数 θ 和 b 能够对训练集中的数据有很准确的预测。训练数据集中，每一个观察到的样本 (x_i, y_i) 出现的概率为

$$P(y_i, x_i) = P(y_i=1 \mid x_i)^{y_i}(1-P(y_i=1 \mid x_i))^{1-y_i} \tag{3-18}$$

那么对于整个训练数据集 D，因为每个样本都是独立的，所以 n 个样本出现的概率即为其各自出现的概率之积，即 n 个独立的样本出现的似然函数为

$$L(\boldsymbol{\theta},\boldsymbol{b}) = \prod P(y_i = 1 \mid x_i)^{y_i} (1 - P(y_i = 1 \mid x_i))^{1-y_i} \tag{3-19}$$

在机器学习中，损失函数衡量的是模型预测错误的程度。如果取整个数据集上的平均对数似然损失，可以得到损失函数表达式为

$$J(\boldsymbol{\theta},\boldsymbol{b}) = -\frac{1}{n}\ln L(\boldsymbol{\theta},\boldsymbol{b}) \tag{3-20}$$

在逻辑回归模型中，最大化似然函数和最小化损失函数实际上是等价的，可以使用梯度下降法、牛顿法等优化方法进行求解。

逻辑回归的优点包括计算简单、易于理解和解释、分类时计算量小、速度快、存储资源低等，因此被广泛应用于工业场景中。但同时也具有当特征空间很大时，分类性能不佳、容易欠拟合，准确度不太高等缺点。

2. 支持向量机（Support Vector Machines，SVM）

支持向量机是一种二分类模型，其核心思想是在特征空间中找到一个最优的超平面，使得两个类别之间的间隔最大化，从而实现对数据的分类。

给定训练数据集 $D = \{(\boldsymbol{x}_1, y_1), (\boldsymbol{x}_2, y_2), \cdots, (\boldsymbol{x}_n, y_n)\}$。其中，$\boldsymbol{x}_i$ 为第 i 个特征向量，$y_i \in \{-1, +1\}$ 为第 i 个特征向量的类标记，+1 表示正类，-1 表示负类，n 为样本容量，$i = 1, 2, \cdots, n$。

分类学习最基本的想法就是基于训练集 D 在特征空间中找到一个最佳划分超平面将正负样本分开，而 SVM 算法解决的就是如何找到最佳超平面的问题。假设超平面对应的线性方程为

$$\boldsymbol{\omega}^{\mathrm{T}}\boldsymbol{x} + \boldsymbol{b} = \boldsymbol{0} \tag{3-21}$$

支持向量是指在训练数据集线性可分的情况下，训练数据集的样本点中与分离超平面距离最近的样本点的实例。

如图 3-3a 所示，超平面 b_{11}、b_{12} 称为间隔边界，它们和分离超平面 $\boldsymbol{\omega}^{\mathrm{T}}\boldsymbol{x} + \boldsymbol{b} = \boldsymbol{0}$ 平行，且分离超平面 B_1 位于 b_{11} 与 b_{12} 的中央位置，没有任何实例点落在 b_{11}、b_{12} 之间。

在 b_{11}、b_{12} 之间形成的长带的宽度，也即 b_{11}、b_{12} 之间的间隔（margin），其大小为 $margin = \dfrac{2}{\|\boldsymbol{\omega}\|_2}$，寻找最佳超平面的过程也就是最大化 $margin$ 的过程。如图 3-3b 所示，超平面 B_2 的划分效果不及图 3-3a 中超平面 B_1 的效果。

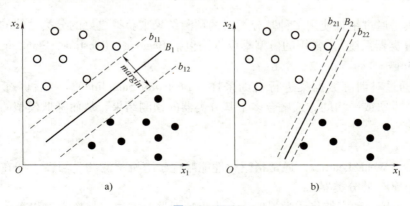

图 3-3　SVM

3. 决策树

决策树是一种树形结构的分类模型，通过对输入数据集进行递归分割来构建一棵树，从而实现对数据的分类。决策树的层级结构由节点和有向边构成，其中节点包括根节点、内部节点和叶节点。根节点是决策树的起点，它没有入边，但有多条出边；内部节点有一条入边和两条或以上出边，每个内部节点表示在某个属性上的测试，由此引出的每个分支则代表这个属性上的一个测试输出；叶节点有一条入边，没有出边，每个叶节点都代表一个类。决策树的基本结构如图 3-4 所示。

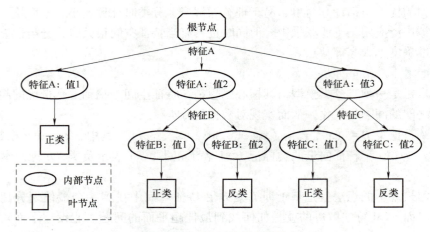

图 3-4　决策树的基本结构

在决策树从上到下遍历的过程中，在每个节点都会遇到测试，每个节点上测试结果的不同导致不同的分支，最后到达一个叶节点，整个过程就是利用决策树进行分类的过程。

建立决策树的过程，就是对数据不断进行划分的过程，决策树的属性分裂选择是"贪心"算法，也就是没有回溯的。同时，每一次划分都要求其组与组之间差异最大。属性的选择一般依赖分支准则，是决策树算法的重要步骤，需要最大限度地增加样本集的纯度，并且不能产生样本数量太少的分支。常见的属性选择包括信息增益、基尼（Gini）指数和卡方检验等方法。

3.5.3　模型集成方法

模型集成是通过组合使用多种基分类器的预测结果来获得更好的分类性能的方法，故也被称为"多分类器系统"。常用的模型集成方法包括 Bagging、Boosting、Stacking 三种。

1. Bagging（Bootstrap Aggregating，引导聚集）

Bagging 通过对训练数据集进行自助采样（Bootstrap Sampling），然后训练多个基分类器，最后通过投票或平均的方式融合多个基分类器的预测结果，从而降低模型的方差，提高模型的泛化能力。

2. Boosting（提升）

弱学习器（Weak Learner）通常指泛化性能略优于随机猜测的学习器，如在二分类问题上精度略高于 50%的分类器。

而 Boosting 是一种能够将弱学习器提升为强学习器的方法。其核心思想是通过顺序训练多个基分类器，每个基分类器都尝试修正前一个分类器的错误，从而逐步提高整体模型的性能。Boosting 算法的代表包括 AdaBoost、Gradient Boosting 和 XGBoost 等。

3. Stacking（堆叠）

当训练数据很多时，可以用 Stacking（堆叠）集成方法。Stacking 的核心思想是将多个基分类器的预测结果作为新的特征，初始样本的标记仍被当作样例标记，然后训练一个元分类器（也称为组合分类器）来获得最终的预测结果。Stacking 方法可以充分利用不同基分类器的优势，从而获得更加准确和稳健的分类效果。

3.6　时间序列建模与预测

3.6.1　时间序列预测概述

时间序列订单预测

1. 时间序列的基本概念

时间序列是指按照时间顺序排列的一系列观测值或数据点，它们通常反映了某一现象或变量随时间变化的规律。

2. 时间序列分解

时间序列数据通常包括三个主要组成部分，即趋势分量、季节性分量和随机波动，如图 3-5 所示。

（1）趋势（Trend）分量：趋势分量描述的是时间序列的长期走势，描述的是在一定时间内的单调性，可能表现为上升、下降或保持稳定。趋势是时间序列预测中需要重点考虑的因素之一，因为它决定了时间序列的长期发展方向。

（2）季节性（Seasonality）分量：季节性分量是指时间序列在固定时间内发生的规律性波动，通常与特定时间周期（如一年、一个季度、一个月、一周等）相关，如春夏秋冬更迭的温度变化。在预测时，考虑季节性因素有助于提高预测的准确性。

（3）随机波动（Random Noise）：随机波动是指时间序列中的不可预测的随机变化。这些变化可能是由于偶然因素或无法观测到的因素引起的。在预测时，尽管无法完全消除随机波动的影响，但可以通过合理的模型和方法来降低其影响。

而时间序列分解就是将时间序列分解为其组成部分的过程，即趋势分量、季节性分量、周期性分量和随机波动。通过分解，可以更好地理解时间序列的构成，进而更准确地进行预测。

3. 时间序列预测

时间序列在时间维度上通常存在着相互依存相互影响的关系，这也是进行时间序列建模和预测的前提假设。时间序列预测是利用获得的数据按时间顺序排成序列，分析其变化方向和程度，从而对未来若干时期可能达到的水平进行预测。其基本思想是将时间序列作为一个随机变量的样本，用概率统计的方法尽可能减少偶然因素的影响。

时间序列预测误差的度量指标与 3.4.1 节中介绍回归模型的评价指标相似，常使用真实值与预测值之间的差距来衡量模型的误差。通常使用的指标有平均绝对误差（MAE）、均方误差（MSE）、均方根误差（RMSE）和平均绝对百分比误差（MAPE）等。3.6.2 节将对一些时间序列预测方法进行详细介绍。

63

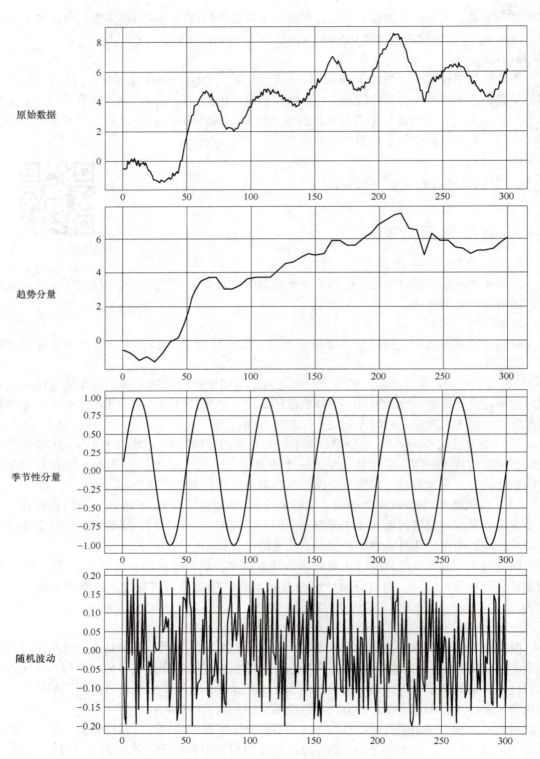

图 3-5　时间序列组成部分的分解

4. 时间序列的平稳性

平稳与非平稳是时间序列分析中一个非常重要的概念，它直接影响到对时间序列进行处理的方法，经典时间序列模型主要是针对平稳时间序列建立起的一套识别、估计和检验的方法，非平稳时间序列通常需要采用其他的分析方法和手段。因此在时间序列分析中区分时间序列的平稳性和非平稳性显得尤为重要。

平稳性是指时间序列的内在模式不随时间变化而发生显著变化，因此，具有明显趋势性和季节性的时间序列都不是平稳时间序列。平稳时间序列通常具有较好的预测性能，因为它们的统计特性在时间上保持稳定，从而有望延续过去的行为进行准确的预测。

根据限制条件的严格程度，平稳时间序列分为严平稳时间序列和宽平稳时间序列。

（1）严平稳

严平稳（Strictly Stationary）是一种条件比较苛刻的平稳性定义，只有当序列所有的统计性质都不会随着时间的推移而发生变化时，该序列才能被认为平稳。

（2）宽平稳

宽平稳（Weak Stationary）是使用序列的特征统计量来定义的一种平稳性。若能保证序列低阶（二阶）矩平稳，就能保证序列的主要性质近似稳定。

平稳性检验是时间序列分析的基本假设，对于时间序列的建模和预测非常重要。序列的平稳性检验主要分为两类方法：一种是根据时序图的特征做出判断的图检验方法，另一种是基于统计检验的方法，如 DF 检验、ADF 检验等。

当时间序列不平稳时（存在趋势及周期性），可以通过差分（Differencing）使序列平稳，在一定程度上消除时间及周期趋势所造成的不平稳。

一阶差分为当前值减去前一时刻值，即

$$y_t' = y_t - y_{t-1} \qquad (3-22)$$

式中，y_t' 即为差分序列。

当一阶差分仍然无法取得平稳序列，可使用二阶差分方法，对一阶差分序列再次差分，即

$$y_t'' = y_t' - y_{t-1}' = y_t - 2y_{t-1} + y_{t-2} \qquad (3-23)$$

5. 时间序列的自相关性

时间序列的自相关性是指时间序列数据中的观测值与其自身过去或未来的观测值之间的统计依赖关系。自相关性是衡量时间序列数据点在不同时间点上的相关性强度和方向的一种指标。通过了解时间序列的自相关性，可以揭示数据中的内在结构和周期性，并据此建立更准确的预测模型。

6. 时间序列预测的应用场景

在制造业中，时间序列分析被广泛应用于多个方面。例如，通过分析生产线上的产量时间序列数据，可以预测未来的产能需求，从而合理安排生产计划和资源配置。此外，时间序列分析还可以用于预测设备故障的发生，实现预防性维护，提高设备的可靠性和生产效率。同时，市场需求预测也是时间序列分析在制造业中的重要应用之一，它有助于企业准确把握市场动态，制定合理的销售策略。通过对这些时间序列数据进行分析，可以揭示出生产过程中的内在规律和趋势，为生产决策和优化提供有力支持。

3.6.2　经典时间序列模型

1. 朴素预测法（Naive Forecast）

朴素预测法基于时间序列在短期内具有稳定性的假设，其核心思想在于假定时间序列的当前值对未来值具有直接的影响，因此将当前观测值直接作为未来时刻的预测值。这种方法不需要复杂的计算或模型拟合，因此非常容易实现。表达式如下：

$$y_{t+1} = y_t \tag{3-24}$$

式中，y_t 表示第 t 个时间点的观测值；y_{t+1} 表示对第 $t+1$ 个时间点的预测值。

朴素预测法适用于数据变化较小或稳定的场景，尽管这种方法在动态适应性和预测精度上可能有所局限，但其简单性和易于实现的特点使其成为时间序列分析中的基础方法。

2. 移动平均模型（Moving Average，MA）

移动平均模型通过计算一段时间内的平均值来预测下一个时间点的值。移动平均可以平滑时间序列中的随机波动，并揭示出长期的趋势或周期性变化。移动平均模型可以分为简单移动平均（Simple Moving Average，SMA）和加权移动平均（Weighted Moving Average，WMA）两种。

简单移动平均：

$$F_t = \frac{1}{n} \sum_{i=1}^{n} A_{t-i} \tag{3-25}$$

加权移动平均：

$$F_t = w_1 A_{t-1} + w_2 A_{t-2} + \cdots + w_n A_{t-n} \tag{3-26}$$

式中，F_t 表示第 t 个时间点的预测值；A_{t-i} 表示第 $t-i$ 个时间点的实际值；n 是移动平均的时期个数；在加权移动平均中，w_i 是每个实际值的权重。

3. 自回归模型（Autoregressive，AR）

自回归模型假设时间序列的当前时刻的观测值是其自身过去值的线性组合。通过拟合自回归系数，模型能够捕捉序列中的自相关性，从而进行未来值的预测。

$$y_t = c + \phi_1 y_{t-1} + \phi_2 y_{t-2} + \cdots + \phi_p y_{t-p} + \varepsilon_t \tag{3-27}$$

式中，y_t 表示第 t 个时间点的值；c 是常数项；ϕ_i 是自回归系数；p 是自回归的阶数；ε_t 是误差项。

自回归模型适用于具有明显自相关性的时间序列数据，可以捕捉时间序列的动态变化，但在处理非平稳数据或存在复杂依赖关系的数据时可能受到限制。除此之外，自回归阶数 p 的选择对于模型性能至关重要。

4. 自回归移动平均模型（Autoregressive Moving Average，ARMA）

自回归移动平均模型结合了自回归和移动平均的特性，通过同时考虑时间序列的自相关性和误差项的移动平均来增强预测能力。ARMA 模型能够同时捕捉序列中的短期和长期依赖关系，但要求数据必须是平稳的。对于非平稳数据，通常需要先进行差分处理以使其满足平稳性要求。

ARMA 模型的一般形式可以表示为 ARMA（p，q），其中 p 是自回归的阶数，q 是移动平均的阶数，模型的数学表达式如下：

$$y_t = c + \phi_1 y_{t-1} + \cdots + \phi_p y_{t-p} + \theta_1 \varepsilon_{t-1} + \cdots + \theta_q \varepsilon_{t-q} + \varepsilon_t \tag{3-28}$$

式中，y_t 表示第 t 个时间点的观测值；（ϕ_1，ϕ_2，$\cdots$，ϕ_p）是自回归系数，代表当前观测值与

66

过去 p 个时间点的观测值之间的关系；ε_t 表示第 t 个时间点的误差项，通常假设为零均值白噪声序列；$(\theta_1, \theta_2, \cdots, \theta_q)$ 是移动平均系数，代表当前误差项与过去 q 个时间点的误差项之间的关系。

3.6.3 先进时间序列建模技术

1. 长短期记忆网络（Long Short-Term Memory，LSTM）

长短期记忆网络是循环神经网络（RNN）的一种变体。LSTM 模型作为一种深度学习模型，特别适用于处理具有长期依赖关系的时间序列数据，能够捕捉序列中的复杂模式和趋势，进而实现精准预测。

LSTM 的核心思想是通过引入门控机制来控制信息的流动，从而解决 RNN 在处理长序列时可能出现的梯度消失和爆炸问题。LSTM 包含三个关键的门结构：输入门、遗忘门和输出门。这些门结构通过非线性函数和权重参数来控制信息的传递和更新，使得 LSTM 能够记忆并学习序列中的长期依赖关系。

在实际应用中，使用 LSTM 进行时间序列预测时，还需要进行数据预处理、模型构建、训练、评估等步骤，并根据具体任务调整模型的参数和结构。同时，也可以结合其他方法和技术来进一步提高预测的准确性和稳定性。

2. 门控循环单元（Gated Recurrent Unit，GRU）

门控循环单元是另一种用于处理时间序列数据的循环神经网络变体。与 LSTM 类似，GRU 也是为了解决长期依赖问题而设计的。但 GRU 的结构相对简单，只有两个主要的门：更新门和重置门。

（1）更新门：更新门决定了当前时间步的隐藏状态中有多少信息应该被保留，以及有多少新信息应该被加入。具体而言，更新门使用一个 sigmoid 函数来计算当前时间步的输入和前一个时间步的隐藏状态的权重。当更新门接近 0 时，隐藏状态不会被更新；当更新门接近 1 时，隐藏状态会被完全更新。

（2）重置门：重置门决定了是否忽略历史输入并重新初始化隐藏状态。当重置门接近 0 时，历史输入的影响将被最小化；当重置门接近 1 时，历史输入将对隐藏状态产生较大影响。重置门的引入使得 GRU 能够更灵活地处理不同时间步之间的依赖关系。

GRU 计算效率更高，因为它需要的参数更少，训练速度也更快，这使得 GRU 在处理大规模序列数据时具有更高的效率。但是在某些复杂的时间序列预测任务中，LSTM 可能具有更好的性能。

3. 时序卷积网络（Temporal Convolutional Network，TCN）

时序卷积网络是卷积神经网络在时间序列预测领域的一个变体。与传统的 RNN 或 LSTM 相比，TCN 具有一些独特的优势，使其在时间序列预测、语音识别、自然语言处理等任务中表现出色。

TCN 主要由一维卷积层和因果卷积层组成。一维卷积层用于提取输入序列中的局部特征，而因果卷积层则确保了模型在预测未来时间步的输出时，只能依赖于过去和当前时间步的输入。这种设计使得 TCN 能够很好地处理时间序列数据，避免了未来信息泄露的问题。

TCN 具有固定大小的感受野，能够捕获时间序列中的长期依赖关系。同时，由于卷积操作的特性，TCN 可以充分利用现代硬件的并行加速能力，对大规模长序列数据进行高效处理。这使得 TCN 在处理大规模数据集时具有显著的优势。然而，与 RNN 和 LSTM 相比，TCN 在处理变长序列时可能需要更复杂的结构或策略。

3.7 深度学习

3.7.1 深度学习概述

深度学习（Deep Learning）作为人工智能领域的重要分支，目前正在与智能制造多个领域进行深度融合，并取得了出色的效果。

通过多层次的非线性变换和表示学习来发现数据的内在规律和特征是深度学习的核心思想。在智能制造系统中，深度学习可以应用于生产过程中的数据分析和决策。例如，基于深度学习视觉技术的自动化质检、分拣方案，可以对生产线上的图像进行识别和分类，帮助企业及时发现和解决生产中的问题，将制造业工人从重复、低效的体力劳动中解放出来，极大地提升了生产效率，使质量得到更可靠的保障。

深度学习的一个显著特点是端到端的训练，即整个系统的组建和训练过程一体化，而不是将各个部分分开处理。这种训练方式能够更好地优化整个系统，提高模型的性能和效果。同时，深度学习也在经历着从含参数统计模型向无参数模型的转变，使得模型更加灵活和精确，但牺牲了一定的可解释性。

综上所述，深度学习作为智能制造系统感知分析与决策中的重要技术，通过构建多层次的神经网络模型，实现对复杂数据的高效处理和分析，为制造系统的优化提供了有力支持。随着计算能力的不断提升和算法的不断创新，深度学习技术有望在智能制造领域发挥更加重要的作用，推动智能制造向着更加智能化、高效化的方向迈进。

3.7.2 深度学习基础

1. 人工神经网络

深度学习的基础是人工神经网络（Artificial Neural Network，ANN），简称神经网络，具有大规模的、复杂的学习功能，并能够进行复杂的信息处理。人工神经网络的结构受到人类神经系统的启发，由多个基本节点（神经元）组成的层次结构构成，单个人工神经元的结构如图 3-6 所示。每个神经元接收来自前一层神经元的输入，经过相应的函数变换之后产生相应的输出。神经元之间的连接代表线性变换的加权值，称为权重（Weight）。偏置项（Bias）θ 相当于线性变换中的常数项，也可以看作是一

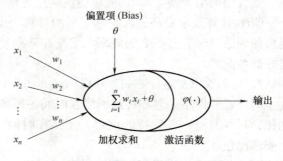

图 3-6 单个人工神经元的结构

个输出为 1，权重为 θ 的上级神经元，用以控制每个神经元的输出阈值。激活函数对线性变换结果进行非线性映射，最终得到此神经元节点的输出值。

把多个神经元按一定的层次结构连接起来，就得到神经网络。神经网络通常包括输入

层、隐藏层和输出层，其中隐藏层可以为多层。输入层神经元只接收输入，不进行函数处理，而隐藏层与输出层则包含功能神经元。神经网络训练就是通过调整连接权重来实现学习和模式识别的过程。

2. BP 神经网络

BP 神经网络（Back Propagation Neural Network）指的是使用误差反向传播（Error Back Propagation，BP）算法训练的多层前馈网络，通过对组成多层前馈网络的各人工神经元之间的连接权值进行不断的修改，从而使该多层前馈网络能够将输入它的信息变换成所期望的输出信息。之所以将其称作反向传播过程，是因为在修改各人工神经元的连接权值时，所依据的是该网络的实际输出与其期望的输出之差，将这一差值反向一层一层地向回传播，来决定连接权值的修改。

以一个简单的三层 BP 网络模型为例，如图 3-7 所示是其网络结构，具有 M 个输入节点、q 个隐藏层节点和 L 个输出节点。

其中，输入层与隐藏层的连接权值为 ω_{ij}，表示输入层第 j 个节点到隐藏层第 i 个节点之间的权值，$i = 1，\cdots，q，j = 1，\cdots，M$。隐藏层到输出层的连接权值为 ω_{ki}，表示两个节点之间的权值，$k = 1，\cdots，L$。隐藏层每个单元的输出阈值为 θ_i，表示隐藏层第 i 个节点的阈值。输出层输出阈值为 a_k，表示输出层第 k 个节点的阈值；隐藏层和输出层的激活函数分别为 $\Phi(x)$ 和 $\Psi(x)$。

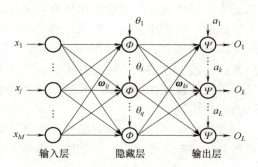

图 3-7　一个三层 BP 神经网络结构

3. 激活函数（Activation Function）

激活函数是人工神经网络中的一种非线性函数，用于在神经元中引入非线性特性以增强网络的表达能力。不同的激活函数，会使神经元具有不同的信息处理特性，常用的激活函数包括 Sigmoid 函数、Tanh 函数、ReLU 函数、Softmax 函数等，它们在不同场景下具有不同的优势和适用性。

3.8　本章小结

本章旨在系统介绍制造系统大数据分析技术的基础概念与方法。

首先，从智能制造系统与工业大数据的内在联系入手，阐述了智能制造系统的概念及其所具备的特征，进而深入讨论了工业大数据在智能制造中的重要作用和其特有的特征与分类。通过对智能制造系统和工业大数据的理解，读者将对制造业数字化转型的关键路径有更为清晰的认识。

在数据驱动建模技术路线方面，本章系统性地介绍了数据驱动建模的一般流程和分类方法。不同于传统的建模方法，数据驱动建模更加强调对数据的充分利用和模式的自动学习，因此具有更高的适应性和灵活性。在介绍监督、无监督、半监督和强化学习等建模方法时，本章注重于方法的原理及其在制造系统大数据分析中的应用，旨在帮助读者理解不同建模方法的优劣势和适用场景。

数据预处理技术作为数据分析的前期工作，对于提高数据质量和建模效果至关重要。本章详细介绍了数据清洗、数据集成、数据转换和数据规约等预处理步骤，对于每一步骤都进行了深入的解析，并提供了相应的方法和技术工具，以帮助读者在实际应用中更好地处理和利用数据。

回归分析与关联分析是本章的重点内容之一，通过对回归模型和关联规则的基本概念的介绍，以及对常用算法如 Apriori 的深入讨论，读者将能够掌握在制造系统大数据分析中如何利用回归分析和关联分析方法进行数据挖掘和模式识别。

在分类建模与模型集成方面，本章详细介绍了分类问题的概述、性能评价指标以及常用的分类算法和模型集成方法。通过对逻辑回归、支持向量机、决策树等常用分类算法的原理和应用进行分析，读者将能够选择并应用合适的分类模型解决实际问题，并通过模型集成方法进一步提高分类模型的准确性和稳定性。

最后，本章还介绍了时间序列建模与预测以及深度学习的基本原理和方法。通过对时间序列的基本概念、经典模型如 ARIMA 和先进模型如 LSTM 的介绍，读者将能够掌握时间序列数据的特点和建模方法，并了解深度学习在时间序列分析中的应用前景。同时，通过对深度学习的概述和常用模型的介绍，读者将能够了解深度学习在制造系统大数据分析中的潜在价值和应用场景。

通过本章的学习，读者能够全面理解制造系统大数据分析技术的基础理论与方法，提高数据分析的能力和水平，为后续深入学习与实践奠定坚实基础。

70

3.9　项目单元

本章的项目单元实践主题为"订单需求预测"，精准的订单需求预测有助于实现精益化的库存管理，有效降低企业的库存水平及资金占用程度，并辅助提升制造系统的生产调度能力。

本项目可理解为一个时间序列预测问题。时序数据是被测量对象按特定时间（一般固定周期）持续测量得到的数值序列。而时序预测是根据一定长度历史时序，预测将来一步到多步的时间点的时序数值。考虑到产品销售量一般存在一定周期性与总体趋势规律，可以通过挖掘订单数据中蕴含的信息来进行未来的产品销量预测。

具体实践指导请扫描二维码查看。

第 3 章项目单元

本章习题

3-1　对比其他领域的大数据，智能制造领域的大数据有哪些特征？

3-2　请结合具体实例进行说明工业大数据如何促进智能制造的发展，以及工业大数据在智能制造中面临哪些挑战及解决策略。

3-3　无监督学习、半监督学习和监督学习有何本质的差异？讨论其适用场景和典型算法。

3-4　在监督学习建模方法中，为什么需要划分训练集和测试集？这两个数据集各自的作用是什么？

3-5　在特征选择阶段，过滤式和包裹式方法各有什么优缺点？在实际应用中，如何选择合适的特征选择方法？

3-6　在关联分析中，支持度和置信度是两个重要的指标。请解释支持度和置信度的含义，并说明它们在关联规则挖掘中的作用。

3-7　在数据预处理中，为什么需要对数据进行归一化或标准化？这两种方法有何区别？

3-8　在分类问题中，决策树算法是如何选择最优特征进行节点分裂的？信息增益和基尼指数有什么不同？

3-9　为什么模型集成方法通常比单个模型表现更好？

3-10　在时间序列预测中，为什么平稳性是一个重要的特性？如果时间序列数据不平稳，可能会导致什么样的问题？

3-11　在时间序列建模中，为什么需要对数据进行分解？分解后的趋势、季节性和残差分量各自表示了什么信息？

3-12　人工神经网络中，设置偏置项 θ 的作用是什么？

3-13　在深度学习模型中，反向传播算法是如何更新模型参数的？为什么需要梯度下降来优化模型？

3-14　在选择激活函数时应该考虑哪些因素？不同的激活函数对神经网络有何影响？

第 4 章　制造系统分析优化决策技术

导读

　　在现代制造业竞争中，优化决策技术是提升制造系统生产效率和竞争力的核心。本章主要从决策技术的类型、理论及其分析方法，离散事件动态系统建模、数学规划建模和多智能体系统建模等主流建模方法，以及启发式优化算法和强化学习算法的理论及应用等方面进行探讨。通过学习这些内容，读者将掌握在智能制造过程中如何进行建模、优化和决策，提高制造系统的智能化和高效化。

本章知识点

- 决策技术的类型、理论和分析方法
- 制造系统中的决策问题
- 制造系统常用的几种建模方法
- 三种广泛应用的启发式算法及其在制造系统的应用案例
- 强化学习算法的基础理论，常用强化学习算法的理论及应用

4.1　决策技术概述

　　从心理学的角度出发，决策（Decision Making）可以定义为一种认知过程，决策者借助这个认知过程，在可选的方案中根据个人经验、综合各项参考因素进行推理，做出最终的决定。决策者在进行决策前，会有多个不同的方案可以选择，决策者需要面对不同方案背后的不确定性，权衡各种风险和收益，来达到收益的最大化。

　　随着制造要求的日益提升，制造系统逐渐向智能化方向发展。决策技术也在不断融合运筹学、人工智能、机器学习和数据挖掘等多种技术，形成了适应智能制造需求的智能决策过程。这种决策技术通过推理来执行决策功能，适用于在复杂和不确定的环境中进行智能化决策。

4.1.1　决策技术的类型

　　在制造系统中，决策技术是指企业为达成特定目标，利用科学手段从多个可能的方案中

挑选并实施最佳方案的整个过程。企业的决策过程可以分为四个主要领域：采购决策、生产决策、营销决策以及预算决策，本书主要分析生产决策。

根据问题的特性，决策可以被分类为结构化、半结构化以及非结构化决策。

（1）结构化决策：结构化决策涉及一个清晰定义的决策环境和规则，这些可以通过确切的模型或语言来描述，并使用特定的方法来生成决策方案，从而选择最佳方案。这类决策可以通过编写程序，并使用计算机语言在计算机上执行，以处理相关信息。

（2）半结构化决策：半结构化决策面对的数据可能是不确定或不完整的，尽管存在某些决策规则并且可以构建模型来形成决策方案，但由于决策者个体差异，这些方案不能保证是最优的，而是相对最优的。这类决策如经费预算制定和市场发展策略。

（3）非结构化决策：非结构化决策涉及的决策过程复杂，缺乏固定的决策规则或通用模型指导。在这种类型的决策中，决策者的主观因素（如知识经验、直觉、判断力、洞察力、个人喜好和决策风格等）显著影响决策的各个阶段。通常情况下，决策者需要依据当前掌握的信息和数据即时做出决策。

科学决策是指在科学的决策理论指导下，以科学的思维方式，应用各种科学的分析手段与方法，按照科学的决策程序进行的符合客观实际的决策活动。常用决策技术主要有多目标决策、模糊决策、智能决策等，智能决策支持系统是决策技术的应用手段，如图 4-1 所示。

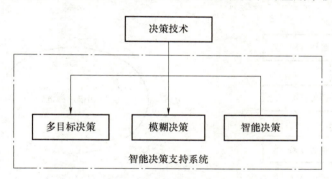

图 4-1　决策技术分类

（1）多目标决策：多目标决策是指对多个相互矛盾的目标进行科学、合理的选优，然后做出决策的理论和方法。在社会经济系统的研究控制过程中，人们所面临的系统决策问题常是多目标的。例如，在研究生产过程的组织决策时，既要考虑生产系统的产量最大，又要使产品质量高，生产成本低等。这些目标之间相互作用和矛盾，决策过程相当复杂，决策者常常很难轻易做出决策。这类具有多个目标的决策问题就是多目标决策。

（2）模糊决策：模糊决策是指在模糊环境下进行决策的数学理论和方法。严格地说，现实的决策大多是模糊决策。模糊决策的研究开始较晚，但涉及面很广，还没有明确的范围。常用的模糊决策技术有模糊排序、模糊寻优和模糊对策等。

（3）智能决策：智能决策是人工智能和制造业深度融合的结果，通过深度数据分析以人工智能代替经验辅助决策。例如，在计算机显示屏检测方面，运用机器视觉采集照片、机器算法分析照片来替代人工进行判断，既高效又准确；在智能化排产方面，利用订单计划整合系统，可以实现每分钟内几百次的订单与物料的匹配计算，得出能够满足客户需求、充分利用产能并且给出客户明确收货时间点的最优交付计划。深度学习和知识图谱是当前智能决策实现的两大技术方向，正不断拓展可解工业问题的边界。

4.1.2　决策技术的理论

常用的智能决策技术包括层次分析法、灰色系统理论、智能优化算法、博弈决策和深度学习等方法，下面分别对各个方法的原理进行简要介绍。

（1）层次分析法（AHP）：层次分析法由美国运筹学家 T. L. Saaty 等人在 20 世纪 70 年代初期提出的。层次分析法通过模拟人类对问题的理解过程，把一个复杂的多目标决策问题分解为多个层次或目标。该方法使用定性指标的模糊量化方法来计算各层次的重要性及总体排序，从而优选出最佳方案。层次分析法的结构如图 4-2 所示。

（2）灰色系统理论：灰色系统理论专门用于处理信息部分明确而部分模糊且存在不确定性的决策问题。这一理论最初由华中科技大学的邓聚龙教授在 1982 年提出，定义信息缺失、缺乏明确结构或行为模式的系统为灰色系统。灰色关联分析是该理论的一种常用的决策方法。在灰色关联决策中，首先确定系统行为的特征参考序列和比较序列，然后对这些序列进行无量纲化处理，计算出参考序列与比较序列之间的灰色关联系数，进而计算灰色关联度并进行排序，以此确定对研究对象影响最大的变量，从而选择最优的变量值。灰色理论概述如图 4-3 所示。

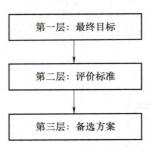

图 4-2　层次分析法的结构

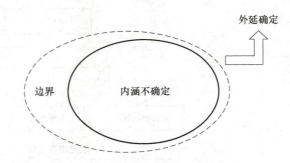

图 4-3　灰色理论概述

（3）智能优化算法：尽管传统的运筹学和启发式方法已经发展成熟，但它们在处理实际的生产调度问题时，特别是面对复杂和大规模的问题时有很强的局限性，这种理论与实际应用之间的差异长期困扰着研究者。自 20 世纪 80 年代以来，人工智能理念被引入到生产调度中，促进了众多高效的智能优化算法的发展。

（4）博弈决策：博弈论，亦称为博弈决策，探讨理性决策者在冲突与合作情境中的行为。博弈决策研究在相互具有竞争和对抗的体系中，使己方得到最有利结果，并探索其最优策略。

（5）深度学习：深度学习是由 Hinton 及其团队在 2006 年提出的多层神经网络技术。它通过组合基础特征来形成更高层次的抽象特征表示，从而揭示数据中的分布式特征。深度学习的常见形式包括卷积神经网络（CNN）、深度信念网络（DBN）和堆叠自编码器等。

4.1.3　决策技术的分析过程和方法

在实际的生产、工程和科研活动中，经常遇到需要对多个目标进行综合评估并做出决策的情形。如在生产调度中，需同时考虑减少在制品数量、提高设备使用效率及达到一定的生产率等目标。这些目标间可能存在矛盾，因此必须综合考虑所有指标，以实现最合理的决策。决策系统由决策者和决策对象组成，它们构成了一个包含矛盾和对立的统一体。在这个系统中，信息的交换是决策不可或缺的基础，同时决策技术、方法和最终的决策结果（如行动方针、原则和方案）也是核心组成部分。

一个决策问题可以通过以下五元组数学模型来描述：

$$D = \{Z, S = \{s\}, P(s), A\{a\}, V(a,s)\} \tag{4-1}$$

式中，变量的定义如下。

1）决策目标 Z：代表决策者追求的具体目标，可以是单个目标或者多个目标。用决策准则或最优值 Z 表示。

2）环境状态 $S = \{s\}$：采取某种决策方案时，决策环境客观存在的各种状态。环境状态可以是确定的、不确定的或随机的，也可以是离散的或随机的。如果系统所处各种可能的状态是可知的，用所有状态 $S = \{s\}$ 构成的集合表示；如果只能获得系统各种状态出现的可能性大小，用状态转变概率 $P(s)$ 来表示。

3）决策准则：决策准则为实现决策目标而选择行动方案所依据的价值标准和行为标准。一般来说，决策准则依赖于决策者的价值倾向和决策风格。

4）行动方案 $A\{a\}$：行动方案是实现决策目标所采取的具体措施和手段，要有多个备选方案。所有方案构成的集合称为方案集，用 $A = \{a\}$ 表示，a 表示方案，是决策变量。

5）决策结果 $V(a,s)$：决策结果是采取某种行动方案在不同环境状态下所出现的结果。能估算出系统在不同状态下的结果或效益，用受益值、损失值或效用值 $V(a,s)$ 表示，它是状态变量 s 和决策变量 a 的函数。决策问题通常比较复杂，须采用抽象办法，找出参与决策过程各变量之间的约束关系并建立数学模型。

4.1.4　制造系统中的决策问题

新一代人工智能引领下的智能制造应用互联网、大数据和云计算等技术，实现高度协作的高效率制造，快速响应客户需求，为企业在智能制造装备、智能生产、智能管理和智能服务方面注入强劲生命力。本章针对的内容和范围界定为智能制造中的决策问题，智能制造决策可在没有人干预或干预程度很低的情况下，把生产系统的感知能力、决策能力、协同能力和执行能力有机地结合起来，在制造过程中根据一定的控制策略自我决策并执行一系列控制功能完成目标。

根据制造过程分类，制造系统中的决策问题可分为设备级决策、产线级决策和系统级决策三个层面，如图 4-4 所示。

（1）设备级决策：设备级决策是指通过物理硬件（如传动轴承、机械臂、电动机等）、自身嵌入式软件系统及通信模块，构成含有"感知-分析-决策-执行"数据自动流动的基本闭环，实现在设备工作能力范围内的资源优化配置（如优化机械臂的运动轨迹、AGV 小车的运输路径等）。

（2）产线级决策：产线级决策中，多个最小单元（设备级）通过工业网络（如工业现场总线、工业以太网等）实现更大范围、更宽领域的数据自动流动，通过产线多台设备间的互联、互通和互操作，进一步提高制造资源优化配置的广度、深度和精度。产线级决策基于现场状态感知、信息交互、实时分析，实现局部制造资源的自组织、自配置、自决策和自优化。

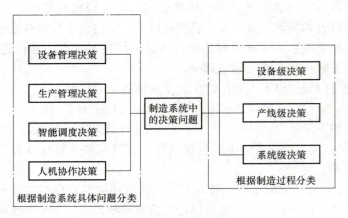

图 4-4　制造系统决策问题分类

（3）系统级决策：系统级决策是指在产线的基础上，通过构建智能服务平台，实现不同制造单元之间的协同优化，如多条产线或多个工厂之间的协作，以实现产品生命周期全流程及企业全系统的整合。

根据具体问题分类，智能制造中的决策问题可以大致分为以下几类：

（1）设备管理决策：智能制造系统将无处不在的传感器、智能硬件、控制系统、计算设施、信息终端、生产装置通过不同的设备接入方式（如串口通信、以太网通信、总线模式等）连接成一个智能网络，构建形成设备决策平台或云平台。通过数据的集成、共享和协同，实现对工序设备的实时优化控制和配置决策，使各种组成单元能够根据工作任务需要自行集结成一种超组织结构，并最优和最大限度地开发、整合和利用各类信息资源。

（2）生产管理决策：在生产管理过程中，通过集成工业软件、构建工业云平台对生产过程的数据进行管理，实现生产管理人员、设备之间无缝信息通信，将车间人员、设备等运行移动、现场管理等行为转换为实时数据信息，对这些信息进行实时处理分析，实现生产制造环节的智能决策，使整个生产环节的资源处于有序可控的状态。

（3）智能调度决策：生产调度是企业生产管理的重要组成部分，其不仅是企业生产运行的指挥中心，也是企业产生经济效益的重要来源。企业面向订单生产时，首先需要对订单进行有效管理，在约束理论（TOC）的指导下识别车间生产系统中的瓶颈资源，然后对订单进行优先级排序、车间生产调度等。车间生产调度的目的是在保证按时交货的前提条件下，尽可能多地提高设备利用效率，减少工艺加工总时间，减少每个工件的延时时间，节省生产运行成本和存储成本，从而使企业效益最大化。智能调度主要是利用先进的模型和算法来提取传感器捕获的数据。数据驱动技术和高级决策体系结构可以用于智能调度。例如，为了达到实时、可靠的调度与执行目的，可以采用分散式分层交互架构的智能模型。

（4）人机协作决策：在工业 4.0 时代，人类和机器将通过工业环境中的认知技术协同工作。通过语音识别、计算机视觉、机器学习和先进的同步模型，智能机器能够帮助人类完成大部分工作。未来，"人在环"工作模式将逐渐成为主流，需要为智能系统设计高级机器学习模型，使人类能够有效地与决策模型进行交互。构建充分的人机信任关系同样重要，足够的人机信任可以保证人类拥有顺畅、高效的决策体验。

4.2　建模与优化

在建立制造系统前，必须对系统的各个方面进行建模分析以减少决策风险。通过计算机建模和仿真分析，可以在规划、设计阶段就对制造系统的静动态性能进行充分的预测，以尽早发现系统布局、配置及调度控制策略方面的问题，从而更快、更好地进行系统设计决策。由于制造系统的复杂性，仅采用某一类模型往往不足以全面描述系统的特征和运行状况，在建模中必须对系统中某些元素进行一些假定，在给定的某种状态下分析其规律与行为特征。

总体上说，制造系统建模包含以下几个步骤：首先是对产品或零部件的制造需求进行全局性的考虑；然后再考虑一些基本的设计，如制造设备的种类、功能、制造能力、物料传输系统的类型和存储系统的类型等，同时还要考虑计算机和数据处理系统的层次性和相互关系；最后考虑细节方面的设计，如机器加工的精度、工具转换系统、物料的填充、运输装置和托盘的数量、存储容量以及整体的生产转换策略等。在目前已有的制造系统研究中，运用较多的建模方法有离散事件动态系统（Discrete Event Dynamic System，DEDS）建模方法、数学规划（Mathematical Programming，MP）建模方法和多智能体系统（Multi-Agent System，MAS）建模方法等。本节分别对其进行介绍。

4.2.1　基于离散事件动态系统的建模方法

一般来说，离散事件动态系统（DEDS）是指系统的状态变化仅发生在某些离散事件点上的一类动态系统。在 DEDS 中，系统状态的演化是受事件驱动的，状态的变化方式通常是跳跃式的，事件与状态空间往往都具有明显的非线性特征。自 20 世纪 80 年代以来，DEDS 建模方法的研究得到了较快的发展，本书主要介绍几类典型的 DEDS 建模方法，即马尔可夫链（Markov Chain）模型和排队论与排队网络模型（Queuing Theory）等。

1. 马尔可夫过程

在制造系统中，很多变量具有随机性，如零件到达的间隔时间、加工时故障发生的间隔时间和故障排除时间等，并且这些随机变量具有无记忆性质。无记忆性的直观解释为：在给定 t 时刻随机过程的状态为 x，则该过程的后续状态及其出现的概率与 t 之前的历史无关。也就是说，过程当前的状态包括了过程所有的历史信息，该过程的进一步发展完全由当前状态决定，与当前状态之前的历史无关，这种性质也称作马尔可夫特性。无记忆性质是离散随机变量中的几何随机变量以及连续随机变量中的指数随机变量所特有的性质，可以用马尔可夫过程模型来描述这些随机变量的变化规律。

（1）无记忆性质的随机变量。满足无记忆性质的随机变量有两类，一类是服从几何分布的几何随机变量；另一类是服从（负）指数分布的指数随机变量。几何随机变量 X 是一个离散变量，它描述独立重复伯努利（Bernoulli）试验中获得第一次成功所需要的试验数目，取值范围是集合 $\{1, 2, 3, \cdots\}$。随机变量 X 的概率函数为

$$P\{X=k\} = (1-p)^{k-1}p, \ k=1,2,3\cdots \tag{4-2}$$

式中，p 为每次试验取得成功的概率；k 为首次成功时试验的次数。

几何随机变量 X 的均值为 $E(x)=1/p$，这意味着平均而言，需要 $1/p$ 次独立的伯努利试验才能取得第一次成功。考虑如下公式：

$$P(X=m+n \mid X>m) = (1-p)^{n-1}p = P(X=n) \tag{4-3}$$

式中，$P(X=m+n \mid X>m)$ 表示在随机变量 X 大于 m 的条件下，X 等于 $m+n$ 的概率。等式反映了几何随机变量 X 的无记忆性质，即 X 的取值与过去的试验次数无关。

指数随机变量 X 是一个连续变量。一般地，一个带有参数 λ（$\lambda>0$）的指数随机变量 X 的概率密度函数为

$$f_X(x) = \begin{cases} 0, & x \leq 0 \\ \lambda e^{-\lambda x}, & x > 0 \end{cases} \tag{4-4}$$

对于服从指数分布的随机变量 X，有

$$P(X>x+y \mid X>x) = P(X>y) \tag{4-5}$$

式（4-5）反映了指数随机变量 X 也具有无记忆性质。

（2）随机过程。一个随机过程是随机变量 $\{X(t):t \in T\}$ 的集合。集合 T 称为过程的参数集，$t \in T$ 一般作为时间参数。$X(t)$ 是对于每一个 $t \in T$ 的随机变量，它的取值称为随机过程在参数 t 的状态。$X(t)$ 的所有取值集合称为状态空间，记为 S。按照参数集和状态空间的可数或连续性质，可以把随机过程分为四种类型：离散时间、离散状态空间；离散时间、连续状态空间；连续时间、离散状态空间；连续时间、连续状态空间。

（3）马尔可夫链的基本概念。马尔可夫链可以按其是否具有连续性分为两种：一种是离散时间马尔可夫链（Discrete Time Markov Chain，DTMC），它属于一种离散时间、离散状态空间的随机过程，其状态空间可数；另一种是连续时间的马尔可夫链（Continuous Time Markov Chain，CTMC），它属于一种连续时间、离散状态空间的随机过程，其状态空间仍然可数。

离散时间马尔可夫链最主要的特征是对于所有 $n \in N$ 以及 $i,j,i_0,i_1,\cdots,i_{n-2} \in S$ 存在：

$$P\{X_n=j \mid X_{n-1}=i,\cdots,X_1=i_1,X_0=i_0\} = P\{X_n=j \mid X_{n-1}=i\} \tag{4-6}$$

式中，$i_0,i_1,\cdots,i_{n-2}$ 表示随机变量在时刻 0，1，$\cdots$，$n-2$ 的具体取值；i 表示随机变量在时刻 $n-1$ 的具体取值；j 表示随机变量在时刻 n 的具体取值。

状态驻留时间是指一个状态在马尔可夫链中持续的时间长度。具体来说，它描述了马尔可夫链在从一个状态转移到另一个状态之前，在当前状态中停留的时间。状态驻留时间是检验随机过程是否属于马尔可夫过程的重要标志。为此，可以采用以下几种方法：

（1）检查一个随机过程是否满足马尔可夫特性。

（2）状态驻留的时间分布是否是无记忆的。

（3）过程从一个状态到另一个状态的概率是否仅依赖于原状态和目的状态。

由马尔可夫特性可知，对于离散时间马尔可夫链（DTMC），驻留时间必定是满足几何分布的随机变量。

同 DTMC 一样，连续时间马尔可夫链满足下面的马尔可夫性质：

$$P\{X(t)=j \mid X(s)=i;X(u)=x(u),0 \leq u < s\} = P\{X(t)=j \mid X(s)=i\} \tag{4-7}$$

式中，i 表示随机变量在时刻 s 的具体取值；j 表示随机变量在时刻 t 的具体取值；$x(u)$ 表示随机变量在时刻 u 的具体取值（时刻 u 介于 0 和 s 之间）。

无记忆性要求在连续时间马尔可夫链状态的驻留时间为服从指数分布的随机变量。

应用马尔可夫链建模的主要目的是对系统的各种性能进行稳态分析或瞬态分析，但是由

于马尔可夫链要以一些前提假设作为基础，而这些假设在实际中可能不完全合理，因此在使用马尔可夫链建模时要充分考虑其适用性。

2. 排队论与排队网络建模方法

（1）基本的排队论模型

排队论又称为随机服务系统理论。一个排队可以看成是一个系统，该系统包含三个基本组成部分：排队结构、服务规则和服务机构，如图 4-5 所示。

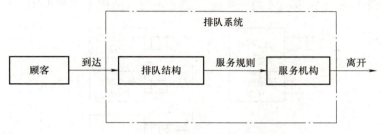

图 4-5　排队模型

衡量某个排队系统优劣性的一个重要指标就是队列长度。t 时刻的队列长度 $L(t)$ 定义为

$$L(t) = L_q(t) + L_s(t) \tag{4-8}$$

式中，$L_q(t)$ 为 t 时刻队列中正在等待的顾客数；$L_s(t)$ 为正在接受服务的顾客数。

另外一个指标是顾客 j 在排队系统中的逗留时间 T_j，即

$$T_j = W_j + S_j \tag{4-9}$$

式中，W_j 为顾客 j 等待服务的时间；S_j 为顾客 j 接受服务的时间。

由于在实际的系统中，顾客到达一般都是随机的，这就会导致上面提到的队列长度和逗留时间具有随机性。因此，通常更关注的是性能指标的极限值或平均值。顾客的平均到达率 λ 和服务率 μ 为

$$\lambda = \lim_{t \to \infty} \frac{n_A(t)}{t}, \frac{1}{\mu} = \lim_{n \to \infty} \frac{1}{n} \sum_{j=1}^{n} S_j \tag{4-10}$$

式中，$n_A(t)$ 为在时间段 t 内到达的顾客数。

除了以上两个比较重要的指标外，还有几个常用的性能指标：系统平均顾客数（平均队列长度）、平均等待队列长度、平均服务顾客数、平均服务机构利用率、系统中顾客平均逗留时间、队列中平均等待时间。

在制造系统中，如果盲目增添设备的数量，就会增加投资成本或发生空闲浪费，但是如果服务设备太少，队列就会很长。因此在对制造系统的性能进行分析时，常常通过以上参数计算诸如等待零件数、机床利用率、零件通过时间、生产率等来考察目前的设备状况是否合理，并据此研究今后的改进对策，以期提高服务质量，降低成本。

常见的排队模型一般采用 Kendall 分类法 $M/M/C$ 表示，其中第一个字母"M"表示顾客按参数为 λ 的泊松（Poisson）分布规律随机进队，第二个字母"M"表示服务台按参数为 μ 的负指数分布随机地为顾客服务的时间，第三个数字"C"表示服务台的数量为 C。其中 λ 和 μ 分别是上面提到的顾客的到达率和服务台的服务率。该模型常见的有三种类型：标准的 $M/M/C$ 模型（$M/M/C/\infty/\infty$）、系统容量有限（$M/M/C/N/\infty$）、顾客源有限（$M/M/C/\infty/M$）。

（2）排队网络模型

基本的排队模型假定服务台只提供一种性质的服务。但现实情况中一个排队系统常常存在多种服务，例如，一个成组加工单元中可能有几种不同类型的机床，一个零件的加工可能需要分别在这几类机床上完成。一般地，把具有两种或两种以上服务的排队系统称为排队网络，它由若干个服务中心（又称为节点）按照一定的网络结构组成。顾客按一定的统计规律进入系统的某一服务中心，等待并接受服务后再以一定的规律转移到另一服务中心继续接受服务，直到全部的服务完成后才离开系统。制造系统排队模型示例如图 4-6 所示。

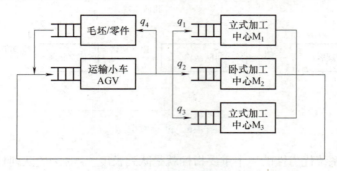

图 4-6 制造系统排队模型示例

利用排队网络模型可以研究离散事件动态系统的主要性能指标，如系统中各排队的队长的概率分布、系统的输出率、设备的利用率等，此外还可研究系统的规划和控制。

4.2.2 基于数学规划的建模方法

数学规划是运筹学的一个重要分支，被广泛应用于工业生产、商业、军事乃至日常生活中。根据其具体特征，可以将数学规划分为以下几类。

1）线性规划模型：目标函数和约束条件都是线性函数的优化问题。

2）非线性规划模型：目标函数或者约束条件是非线性的函数。

3）整数规划：决策变量是整数值的规划问题。

4）多目标规划：具有多个目标函数的规划问题。

5）目标规划：具有不同优先级的目标和偏差的规划问题。

6）动态规划：求解多阶段决策问题的最优化方法。

数学规划的一般形式为

$$\max(\min) f(X)$$
$$\text{s. t. } f(X) \leqslant 0 \tag{4-11}$$

数学规划在制造系统的建模中有广泛的应用，既可以应用到系统设计和能力规划等战略决策方面，也可以应用到生产计划等操作性决策与优化方面。本节分别从这两个方面对制造系统中数学规划建模方法进行概括性说明。

1. 制造系统能力规划问题建模

制造系统的能力规划是实现敏捷制造的一个重要手段，其基本动机为降低生产成本、适应市场需求的变动以及追求更好的顾客服务。目前已有的能力规划研究可分为两类：一类是设备更换决策，另一类是能力扩张决策。以下以设备更换问题展开讨论。

假设当前有 $m-1$ 类旧设备，每类旧设备有 d_k 个单位，$k=1$，2，$\cdots$，$m-1$。为了考虑一般性，有如下两个假定：第一，d_k 表示在过去的第 k 个时间段内能力扩张的需求；第二，d_k 是在第 k 个时间段内购入设备的数量，用以满足该时间段内能力扩张的需求。根据以上假定，当前时间段为 m，最陈旧的设备在第一个时间段内被处理。

令机器可能被处理的时间段的集合定义为

$$J_i = \{j \mid j \geqslant m, i < j \leqslant T+1\} \tag{4-12}$$

式中，T 为最大时间段；m、i、T 共同规定了时间段 j 的取值范围。

根据以上定义，设备更换的最优决策模型如下：

$$\min \sum_{i=1}^{T} f_i Z_i + \sum_{i=1}^{T} \sum_{j \in J_i} a_{ij} X_{ij}$$

$$\text{s. t. } \sum_{j \in J_t} X_{tj} = d_t, t = 1, 2, \cdots, m-1$$

$$\sum_{j \in J_t} X_{tj} - \sum_{i < t} X_{it} = 0, t = m, \cdots, T \tag{4-13}$$

$$X_{ij} \geqslant 0, Z_i \in (0,1), \forall i, j \in J_i$$

式中，f_i 表示在第 i 个时间段内购买设备的固定成本；a_{ij} 表示在第 i 个时间段购买、在第 j 个时间段处理的每单位设备的所有可变成本，并且假定它们为非负；X_{ij} 表示在第 i 个时间段购入且在第 j 个（$j \in J_i$）时间段处理的设备数量；Z_i 为固定成本变量，如果存在 j 使得 $X_{ij} > 0$，则 $Z_i = 1$，否则 $Z_i = 0$。

目标函数的意义是最小化设备更换的成本。第一个约束说明在这 $m-1$ 个时间段内，购买设备的产能等于已存在的陈旧机器的产能；第二个约束说明 $t=m$，$\cdots$，T 时内买设备仅为了达到陈旧设备更换的目的，因此总的购买数量等于总的处理数量。

2. 制造系统生产计划问题建模

生产批量问题是指在给定一系列不同种类工件的制造订单、每类工件所需工具以及加工时间的情况下，通过适当的目标和机器以及工具的能力来确定未来一段时间内需要立即加工的工件。在确定生产批量之后，下一步就是负荷问题，即以最优方式将不同种类的工具和工件的加工工序分派到各个机器上。可以看出，生产批量问题和负荷问题不是完全独立的，因为它们都受到一些共同的约束，如机器和刀具的生产能力等，因此这两个问题可以同时求解，也可以按顺序求解。

下面用 0-1 整数规划来对一个制造系统的生产批量问题进行建模。生产批量问题可以表示成以下的 0-1 整数规划问题：

$$\max \sum_{i=1}^{n} w_i x_i$$

$$\text{s. t. } \sum_{i=1}^{n} t_{ij} x_i \leqslant b_j, j = 1, 2, \cdots, m$$

$$\sum_{k=1}^{K} g_k y_{kj} \leqslant h_j, j = 1, 2, \cdots, m \tag{4-14}$$

$$x_i \leqslant y_{kj}, i = 1, 2, \cdots, n; j = 1, 2, \cdots, m; k \in K_{ij}$$

$$x_i = 0, 1, i = 1, 2, \cdots, n$$

$$y_{kj} = 0, 1, k = 1, 2, \cdots, K; j = 1, 2, \cdots, m$$

式中，n 为工件种类数；m 为机器种类数；K 为刀具种类数；w_i 为第 i 类工件的权重；g_k 为第 k 种刀具所需的夹槽数；t_{ij} 为所有第 i 类工件在第 j 类机器上的加工总时间；b_j 为第 j 类机器的可加工时间；h_j 为第 j 类机器的刀具库容量；K_{ij} 为第 i 类工件在第 j 类机器上加工所需的刀具集合；x_i 为 0-1 决策变量，1 表示当前的生产批量包括第 i 类工件，0 表示不包括；y_{kj} 为 0-1 决策变量，1 表示第 k 种刀具被指派到第 j 类机器上，否则为 0。

问题的目标函数中的权重 w_i 可以根据实际目标（如最大化生产率或利润、最小化生产总时间（makespan）、最小化延期交货时间等）的不同而表现为多种形式。例如，在最小化生产总时间的情况下，w_i 的一种形式为

$$w_i = \sum_{k \in K_{ij0}} g_k, \quad j_0 = \max_j \left\{ \frac{\sum_{i=1}^{n} \sum_{k \in K_{ij}} g_k}{h_j} \right\} \tag{4-15}$$

式（4-15）表明，在目标为最小化生产总时间时，需要最大权重机器种类进行加工并且该机器种类具有最大刀具夹槽数目的工件种类将首先被选择。

4.2.3 基于多智能体系统的建模方法

智能体（agent）的定义多种多样，部分学者将智能体定义为一个"能动的对象（proactive object）"，即具有数据和程序的封装性（encapsulation）、自我控制和自动执行能力的实体。部分研究者对智能体的定义是"一个智能体就是处于某种环境中的一个计算系统，它能够在该环境中自动实现指派的任务"。也有学者认为"智能体是具有自动性和计算能力的实体，它们能够通过感知器（sensor）感知环境，同时通过效应器（effecter）作用于环境"。综合所有的定义，智能体应具有下述特征。

1）自动性，即能够独立地工作，不需要连续的人工干预。

2）相互作用性，即各个智能体之间能够相互影响和作用，同时智能体也能够和环境相互作用。

3）智能性，即智能体在不同的环境下应被设计为具有不同的功能。

4）柔性，即智能体的设计必须考虑在不同的环境下能够有效地工作这一需求。

作为制造系统的一种类型，制造系统中存在多种性质不同的物流活动和信息流活动。因此，可以从各个不同的功能活动出发，用多智能体系统对其进行建模分析。这方面已有的研究主要集中在基于多智能体系统的分布式控制系统和生产调度系统等方面，下面主要介绍这两种多智能体系统建模方法。

1. 多智能体分布式控制系统

随着市场竞争的加剧和产品生命周期的缩短，各个制造商必须采用一系列新技术来提高生产的集成度、各个部门之间的合作性、协调性及自主性。传统的集中式管理和层次性监控系统已经不能很好地管理复杂的生产系统。因此，研究者们开始将注意力集中到应用各种分布式的智能监控系统来管理和监督一个复杂的生产系统上，其中一个重要的方法就是多智能体系统，从分布式控制的角度出发，用多智能体系统方法对工业制造系统进行建模分析。

要使得一个制造系统有效地运行，各个智能体之间必须实现有效的通信。工件智能体可以看成是一个具有管理性质的智能体，因此它是整个多智能体系统之间通信的主要驱动者；机器智能体和工件智能体之间通信的主要内容是机器根据自身当前的状态提出一个加工的请求，然

后由工件智能体进行确认并将工件提供给最优的机器；运输智能体主要是读取工件智能体和机器智能体的当前状态或数据，然后进行相应的运输控制；装载智能体是通过与工件智能体通信来确定所装载工件的归属性，一个基于多智能体系统的车间分布式控制系统如图 4-7 所示。

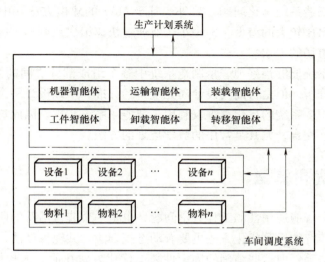

图 4-7　基于多智能体系统的车间分布式控制系统

2. 多智能体生产调度系统

制造系统中的生产调度是一类复杂的系统性问题，但在经典调度理论中仅仅被看成是一种组合优化问题，使其研究成果在生产实际中的应用受到一定程度的局限。自 20 世纪 80 年代以来，人工智能成为调度研究的重要方法，这方面的研究成果不断涌现，其中多智能体系统技术更是日益活跃，开始成为一个重要的研究方向。

在调度问题中应用多智能体技术，主要是针对不确定的和不断变化的制造系统环境下比较复杂的调度问题，特别是短期的、敏捷性要求高的动态调度。相对于传统的调度方法和系统，多智能体技术具有以下几个特点：一是用自主模块构成的分布式系统代替传统的集中式非自主性系统；二是在实际的调度执行中主要通过多个智能体协商来完成，而不是完全的预先计划，因此具有更强的实时性，特别适合动态调度；三是在一个环境中，针对某个问题使用多个方法来代替传统的单一的方法；四是更多地用并行计算代替串行计算。

对于多智能体系统的制造系统动态调度方法，每一个智能体对应制造系统中的一个生产中心。可以将智能体分为三个层次，分别为静态知识层（static knowledge layer）、专业知识层（expertise layer）和通信层（communication layer）。静态知识层主要是存储智能体以及它们所处环境的相关信息；专业知识层主要是存储各个智能体能够实现的行动，这些行动可以用多种形式来描述，如算法、制造规则或逻辑表达式；通信层主要是用于描述该智能体与其他智能体以及环境之间的通信协议，同时也用于刻画智能体如何将接收到的信息考虑到自身的行动中。

多智能体系统是一种从问题的局部概念模型出发，通过由底向上的方式形成的一种分布式人工智能系统，该系统的基本单元是相对独立的智能体，各个智能体之间的关系类似社会系统中不同利益实体之间的关系，既有协作，又可能有竞争甚至冲突。因此，多智能体系统研究的是一组在逻辑上或物理上分离的智能体之间行为的协调，包括它们的知识、目标、技巧和规划等，并通过彼此之间的联合共同完成比较复杂的任务。多智能体系统不仅可以处理单一目标的问题，也可以处理多目标的问题。由于 MAS 在问题求解方面的潜力，它很适合于复杂生产调度与制造系统优化问题。另外，基于 MAS 的建模方法在中小企业的供应链设计方面也可以发挥出比较大的潜力，即中小企业通过快速组建或调整供应链的成员结构和组成，以更快地反应市场的需求。

虽然多智能体系统能够很好地表示制造系统中各个组成部分之间的协作或竞争等关系，便于进行系统性能分析，但是目前其设计尚无统一的标准，所以设计一个智能体需要相当大的工作量。此外，制造系统的优化很难仅利用多智能体系统实现。因此这种建模方法也需要与其他建模方法相互配合，尤其是常用的数学规划的方法。

4.3 启发式优化算法

优化是一个具有普遍适用性的工程数学问题，也是一个非常活跃的研究领域，它探索给定问题的最优解。传统的运筹优化方法主要有动态规划法、共轭梯度法、分支界定法、牛顿法、拉格朗日乘子法等，但这些精确的确定性数值优化方法在面对大规模、复杂性问题时，难以在有效时间内得出合理解。与传统的运筹学方法相比，启发式优化算法不需要对具体问题进行深入分析，对问题的依赖性较弱，仅仅通过计算机的迭代运算就可以完成整个搜索优化过程。但是智能优化算法最终求得的解不一定是全局最优解，它只能保证在较短的时间内获得一个较为满意的解。启发式优化算法的一般流程框架如图 4-8 所示。

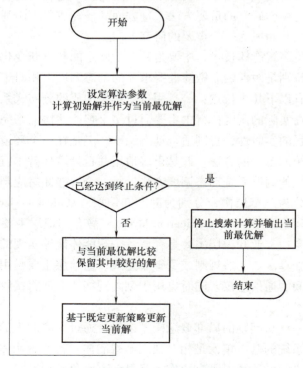

图 4-8 启发式优化算法的一般流程框架

经典的启发式算法有借鉴自然界生物进化过程的遗传算法（Genetic Algorithm，GA），模拟固体物质退火过程的模拟退火算法（Simulated Annealing，SA），模拟飞鸟集群觅食行为的粒子群算法（Particle Swarm Optimization，PSO），受蚂蚁在寻找食物过程中释放信息素发现路径行为启发的蚁群算法（Ant Colony Optimization，ACO）等，见表 4-1。启发式优化算法已被广泛应用于路径规划、车间调度、任务分配、资源管理、能源系统等诸多领域。本章主要对遗传算法、模拟退火算法、粒子群算法三个经典的启发式算法展开介绍。

表 4-1　经典的启发式算法

名称	英文全称	缩写
遗传算法	Genetic Algorithm	GA
模拟退火算法	Simulated Annealing	SA
粒子群算法	Particle Swarm Optimization	PSO
蚁群算法	Ant Colony Optimization	ACO

4.3.1　遗传算法

1. 算法介绍

遗传算法（GA）是建立在达尔文进化论以及孟德尔遗传学说基础上的，模拟了自然生物界遗传机制和进化理论的优化方法。它最早由美国密歇根大学的 Holland 教授于 1975 年提出。GA 在整个搜索迭代过程中自动获取并积累相关的知识，自适应地控制搜索过程，逐步进化得到最优解。GA 遵循了优胜劣汰、适者生存的原则，在进化中，算法根据种群中每一个个体的适应度值进行个体的选择、交叉和变异操作，产生新的个体，不断进化，使得新产生的个体比原来的个体具有更高的适应度值，更加优秀。GA 是最为常见最为人熟知的智能优化算法之一，原理简单，具有隐含的并行性和全局搜索能力，对问题的依赖性较弱，通用性强，适合求解各类问题。

2. 算法流程

遗传算法的流程图如图 4-9 所示，其具体流程如下。

步骤 1：随机初始化种群。设置代数计数器，初始为 $g=0$，最大进化代数为 G，随机生成 NP 个体作为初始种群 $p(0)$。

步骤 2：根据目标函数 $f(x)$，进行个体评价，计算 $p(t)$ 中各个体的适应度。

步骤 3：进行选择运算。使用选择算子，并根据个体的适应度，按照定的规则或方法，选择一些优良个体遗传到下一代群体。

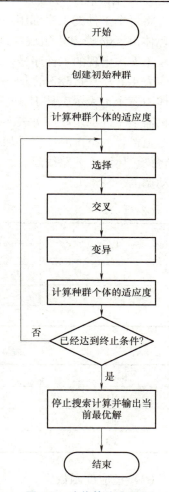

图 4-9　遗传算法流程图

85

步骤4：进行交叉运算。将交叉算子作用于群体，对选中的成对个体以某一概率交换它们之间的部分染色体，产生新的个体。

步骤5：进行变异运算。将变异算子作用于群体，对选中的个体，以某一概率改变某一个或某一些基因值改为其他等位基因。群体 $p(t)$ 经过选择、交叉和变异运算之后得到下一代群体 $p(t+1)$。计算其适应度值，并根据适应度值进行排序，准备进行下一次遗传操作。

步骤6：判断终止条件。若 $g \leq G$，则 $g=g+1$，转到步骤2。若 $g>G$，则此进化过程中所得到的具有最大适应度的个体作为最优解输出，终止计算。

3. 遗传算法求解 job shop 调度问题

job shop 调度问题是最经典的组合优化问题之一，job shop 调度问题可描述为：n 个工件在 m 台机器上加工，每个工件有特定的加工工艺，每个工件使用机器的顺序及其每道工序所花的时间给定，如何安排工件在每台机器上工件的加工顺序和每个工序的开工时间，使最大完工时间 C_{max}（makespan）最小。job shop 调度问题表示为 $n/m/G/C_{max}$。

（1）编码和解码

将每个工件的工序都用相应的工件序号表示，然后根据在染色体出现的次序进行编译，染色体由 $n \times m$ 个基因组成，每个工件序号只能在染色体中出现 m 次。从左到右扫描染色体，对于第 k 次出现的工件序号，表示该工件的第 k 道工序。

表4-2为一个 3×3 的 job shop 调度问题，假设它的一个染色体为 [2 1 1 3 1 2 3 3 2]，染色体中三个 1 表示工件 J1 的三个工序，此染色体对应的机器分配为 [3 1 2 2 3 1 3 1 2]，每台机器上工件加工顺序见表4-3。从第一道工序开始，按顺序将每道工序向左移插入到对应机器上最早的空闲时段安排加工，以此方式直到序列上所有工序都安排在最佳可行的地方然后将染色体和工艺路线反转，重复以上步骤，这样的解码过程能保证生成左移和右移后的全主动调度。

表4-2 3×3 的 job shop 调度问题

工件	机器顺序（加工时间）		
	工序 1	工序 2	工序 3
J1	1(3)	2(2)	3(3)
J2	3(2)	1(3)	2(4)
J3	2(2)	3(2)	1(3)

表4-3 一个 3×3 的 job shop 调度问题调度解

机器号	工件顺序		
M1	1	2	3
M2	3	1	2
M3	2	3	1

（2）适应度函数

在遗传算法中，适应度是个体对生存环境的适应程度，适应度高的个体将获得更多的生存机会。适应度的值 f_n 可以从 p_n 目标转化来，此处适应度为

$$f_n = k/(p_n - b) \qquad (4\text{-}16)$$

式中，p_n 为目标值的最大完工时间；k 和 b 为常数，用来控制适应度的大小和比例。

（3）选择算子

选择操作的作用是避免有效基因的损失，使高性能的个体得以更大的概率生存，从而提高全局收敛和计算效率。常用的方法有赌轮选择、最佳个体保存、比例选择排序选择和锦标赛选择。此处采用最佳个体保存和比例选择两种策略相结合的方式。最佳个体保存方法是用最优父代个体替代子代的任意个体；比例选择方法是用正比于个体适应度的概率来选择相应的个体，即产生随机数 $rand \in [0,1]$，若满足下式则选择状态 i 进行复制：

$$\sum_{j=1}^{i-1} f_j \Big/ \sum_{j=1}^{popsize} f_j < rand \leqslant \sum_{j=1}^{i} f_j \Big/ \sum_{j=1}^{popsize} f_j \qquad (4\text{-}17)$$

式中，f_j 为个体 j 的适应度；$popsize$ 是种群规模。

（4）交叉操作

交叉操作是遗传算法中最重要的操作，决定遗传算法的全局搜索能力。遗传算法假定，若一个个体的适应度较好，则基因链码中的某些相邻关系片段较好，并且由这些链码所构成的其他个体的适应度也较好。此处采用基于工序编码的交叉操作 POX（Precedence Operation Crossover），它能够很好地继承父代（P）优良特征，并且子代（C）总是可行的。设父代 $m \times n$ 染色体 P_1 和 P_2，POX 产生 C_1 和 C_2，POX 的具体流程如下。

1）随机划分工件集 $\{1,2,3,\cdots,n\}$ 为两个非空的子集 J_1 和 J_2。

2）复制 P_1 包含在 J_1 的工件到 C_1，复制 P_2 包含在 J_1 的工件到 C_2，并保留位置。

3）复制 P_2 包含在 J_2 的工件到 C_1，复制 P_1 包含在 J_2 的工件到 C_2，并保留顺序。

（5）变异操作

在传统遗传算法中，变异是为了保持群体的多样性，它是由染色体较小的扰动产生。传统调度问题的遗传算法变异操作有交换变异、插入变异和逆转变异等。本章采用基于邻域搜索的变异操作，它是通过局部范围内搜索改善子代的性能，如图 4-10 所示。其具体结构如下：

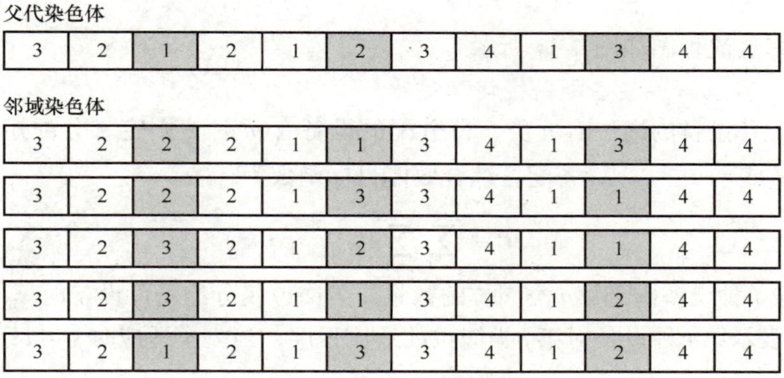

图 4-10 遗传算法变异操作

步骤 1：设 $i=0$。

步骤 2：判断 $i \leqslant popsize \times P_m$ 是否成立（P_m 是变异概率），是则转到步骤 3；否则转到步

骤 5。

步骤 3：取变异染色体上 λ 个不同的基因，生成其排序的所有邻域。

步骤 4：评价所有邻域的调度适应值，取其中的最佳个体。

步骤 5：$i=i+1$。

通过后续的交叉操作和遗传算法实验结果显示，对于较简单的调度问题，此算法都能迅速收敛到最优解，而对于难度较大的调度问题最终也能得到最优解，证明算法有较强的搜索能力。然而大量研究发现，遗传算法具有收敛速度较慢、容易陷入局部最优等不足，因此在求解大规模复杂问题时，遗传算法效果难以让人满意。将遗传算法与其他局部搜索性能好的算法相结合，能在一定程度上提高求解效果。

4.3.2　模拟退火算法

1. 算法介绍

模拟退火算法（SA）的思想最早由 Metropolis 在 1953 年提出，由 Kirkpatrick 等人在 1983 年成功引入组合优化领域，目前已在工程中得到了广泛的实际应用。模拟退火算法是局部搜索算法的扩展，从理论上来说，它是一个全局最优算法。

模拟退火算法是基于 Monte Carlo 迭代求解策略的随机寻优算法，其出发点是基于固体物质的物理退火过程与一般组合优化问题之间的相似性。模拟退火算法从某一较高初温出发，伴随温度参数的不断下降，结合概率突跳特性在解空间中随机寻找目标函数的全局最优解，即在局部最优解时能概率性地跳出并最终趋于全局最优。

模拟退火算法的解相当于物理退火中的粒子状态，最优解对应能量最低态。Metropolis 采样过程相当于等温过程，控制参数 T 的下降对应冷却过程。SA 从当前解产生一个位于解空间的新解并计算新旧解所对应的目标函数差。利用接受准则来判断新解是否被接受，若 $\Delta T<0$ 则接受 s' 作为新的当前解 S，否则以概率 $\exp(-\Delta T/T)$ 接受 s' 作为新的当前解 S。当新解被确定接受时，用新解代替当前解。减小控制参数 T 的值，重复执行 Metropolis 算法，就可以在控制参数 T 趋于 0 时，最终求得组合优化问题的整体最优解。

2. 算法流程

模拟退火算法流程图如图 4-11 所示。

3. 模拟退火算法解决设备配备优化问题

假设需要配备设备的岗位有 n 类，待分配的设备有 m 种，则定义分配矩阵 $X=\left[x_{ij}\right]_{mn}$，定义适应度矩阵 $S=\left[s_{ij}\right]_{mn}$。设备配备综合效能目标函数为

$$MaxP = \sum_{i=1}^{m} \sum_{j=1}^{n} (x_{ij} \cdot s_{ij} \cdot k_j) \tag{4-18}$$

式中，x_{ij} 表示第 i 种设备配到第 j 类岗位的数量，各岗位仅分配一件设备时 $x_{ij}=1$，不分配设备时 $x_{ij}=0$；s_{ij} 表示第 i 种设备对第 j 类岗位的适应程度，当完全适应时 $s_{ij}=1$，当不能适应时 $s_{ij}=0$；k_j 为第 j 类岗位的权重因子（$\sum_{j=1}^{n} k_j = 1$）。

同时考虑配备的经济性，要求总体价格成本要尽量低。成本目标函数为

$$MinC = \sum_{i=1}^{m} \left(c_i \cdot \sum_{j=1}^{n} x_{ij} \right) \tag{4-19}$$

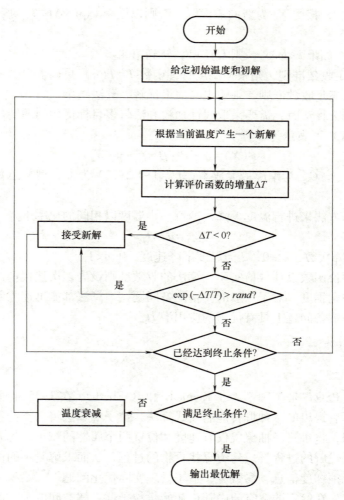

图 4-11　模拟退火算法流程图

式中，m 维向量 C 为设备的成本向量；c_i 为第 i 种设备的采购价格。

为了消除同一种设备配备到多种岗位时产生的累加效果，配备设备型号总数目标函数可表示为

$$MinY = \sum_{i=1}^{m} u_i = \sum_{i=1}^{m} \mathrm{Sgn}\left(\sum_{j=1}^{n} x_{ij}\right) \tag{4-20}$$

式中，m 维向量 Y 为设备的型号向量；$\mathrm{Sgn}(x)$ 为符号函数，当自变量大于 0 时函数值为 1，等于 0 时函数值为 0，来消除设备的累加效果。

模拟退火算法求解流程：

1）初始化参数，设定初始温度 $T = T_0$，温度衰减因子为 d。

2）随机产生一个分配矩阵 X_n，计算评价函数 $F(X_0)$。

3）设置循环计数器初值 $k = 1$，最大循环步数 $loop_m$。

4）对 X_0 做一个随机扰动，产生新的分配矩阵 X_n，计算新分配矩阵的评价函数 $F(X_n)$，并计算评价函数增量 $\Delta F = F(X_n) - F(X_0)$。

5）如果 $\Delta F \leqslant 0$，接受 X_n 为新的最优解，否则以概率 $\exp(-\Delta F/T)$ 接受 X_n 作为新的最优解。

6）循环计数，如果 $k < loop_m$，则 $k=k+1$，转到第4步。

7）如果不满足收敛准则，则根据温度管理函数 $T=T(n)$ 更新温度，降温次数 $n=n+1$，转到第3步；如果满足收敛准则，则输出当前最优解，算法结束。

在应用模拟退火算法时，需要采取线性加权和法将多目标优化问题转化为单目标优化问题。评价函数 $F(X)$ 可表示为

$$F(X)=\alpha \cdot P \cdot \beta \cdot C_z + \gamma \cdot Y_z \qquad (4\text{-}21)$$

式中，$C_z=1-C/C_{max}$，C_{max} 为编配最大成本；$Y_z=1-Y/N$，N 为设备型号总数量；α、β、γ 为权重系数。

用等比率下降方法来进行温度下降，即每一步温度以相同的比率下降：

$$T_{k+1}=d \cdot T_k \qquad (4\text{-}22)$$

式中，k 为温度下降次数，$k \geqslant 0$；d 为温度下降速度，$0<d<1$。

根据算法和评价函数设计数值实验，算法的收敛准则设为多次迭代都没有新解产生 X_0 或者控制参数小到一定程度。对于一般的设备配备问题，本算法都能迅速收敛到最优解，这表明了该算法在设备配备问题上具有优秀的应用潜力。

4.3.3 粒子群算法

1. 算法介绍

粒子群算法（PSO）是美国学者 J. Kennedy 和 R. Eberhart 在 1995 年通过对鸟类群体行为进行建模与仿真后提出的一种群智能启发式算法。粒子群算法将鸟类的飞行空间抽象成求解问题的搜索空间，将每只鸟抽象成仅有速度和位置两个属性的粒子，代表一个问题的可能解，将寻找问题最优解的过程看成鸟类寻找食物的过程，从而求解复杂的优化问题。粒子群算法容易实现、无须梯度信息、参数少，适于处理实际优化问题。

粒子群算法首先在给定的解空间中随机初始化粒子群，解空间的维数由待优化问题的变量数决定。每个粒子给定初始位置与初始速度，再通过迭代寻优。每个粒子在搜索空间中单独搜寻最优解，将其记为当前个体极值，并将个体极值与整个粒子群里的其他粒子做比较，找到最优的那个个体极值作为整个粒子群的当前全局最优解。粒子群中的所有粒子根据自己找到的当前个体极值和整个粒子群共享的当前全局最优解来调整自己的速度和位置。达到终止条件时，停止搜索，输出最优解。

2. 算法流程

粒子群算法流程图如图 4-12 所示，步骤如下。

步骤 1：随机初始化种群中各个粒子的速度分量和位置分量。

步骤 2：根据适应度函数计算种群中所有粒子的适应度值，并把每个粒子的历史最优位置 P_{best} 设置为当前位置，同时将适应度值最优的位置赋值给种群历史最优位置 G_{best}。

步骤 3：根据更新公式分别更新各个粒子的速度分量与位置分量。

步骤 4：根据适应度函数计算种群中所有粒子的适应度值。

步骤 5：比较每个粒子的适应度值与其自身的历史最优位置 P_{best} 对应的适应度值，如果当前适应度值更优，则替换历史 P_{best} 为当前粒子最优位置。

步骤 6：比较当前所有 P_{best} 和 G_{best} 的适应度值，并更新 G_{best}。

步骤 7：如果满足终止准则，则输出 G_{best} 与其对应的最优适应度值，算法结束；否则跳回步骤 3。

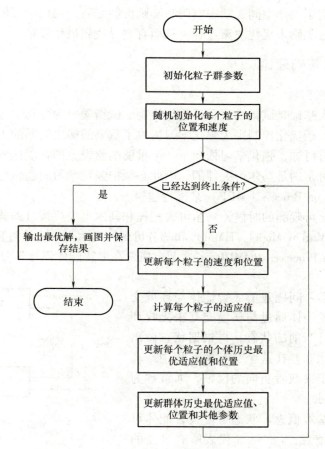

图 4-12　粒子群优化算法流程图

近年来，国内外研究者们在使用粒子群算法解决生产调度问题上做出了大量的工作。有研究者提出了一种混合粒子群算法来求解标准的 job shop 和中间存储有限的 flow shop 调度问题；另一些研究人员针对 flow shop 和 job shop 调度的特点，提出了相应的离散粒子群算法，并通过大量的仿真实验验证了算法的有效性；还有学者将粒子群算法与瓶颈启发式规则相结合，用以求解混合 flow shop 调度问题；一些学者将粒子群算法和变邻域搜索相结合，提出了一种混合粒子群算法，成功应用于 job shop 调度问题；还有研究团队将混沌和量子的概念引入到粒子群算法中，以求解置换 flow shop 调度问题。

4.4　强化学习算法

相对于传统的启发式算法，强化学习的核心优势在于其能够应对那些无模型动态规划问题，这是传统优化决策方法难以解决的挑战。以自动化制造系统的控制问题为例，如机械手臂或关节的操作，这些可以通过建立自动控制模型来处理，即在已知状态转移矩阵的基础上利用启发式算法寻找最佳策略。然而，鉴于制造系统的复杂性，许多环境难以进行精确建模或建模成本极高。在这种情况下，强化学习展现了其独有的价值，即无须预设模型且能够实现动态决策。在设定了动作空间、状态空间和奖励机制之后，强化学习依赖于智能体与环境的持续互动，并通过奖励来优化决策过程，从而有效寻找到最佳策略。

4.4.1 强化学习基础理论

1. 马尔可夫决策过程

强化学习的两大基础是试错学习和最优化控制。试错学习为强化学习提供了基础的框架和奖励等基本概念；最优化控制则为强化学习提供了重要的解决问题的工具和理论基础。从最优化控制角度来看可知，强化学习依赖于一个重要的假设，即智能体所在环境对于动作的反馈是确定的，同时是满足马尔可夫性的。因此必须把强化学习问题转化成用马尔可夫决策过程（Markov Decision Process，MDP）来进行建模。

当状态不是完全可观测的时候，马尔可夫过程和马尔可夫决策过程就分别转化为隐马尔可夫模型（Hidden Markov Model，HMM）和部分可观测马尔可夫决策过程（Partially Observable Markov Decision Process，POMDP），这两个概念在多智能体强化学习中更加常见。

2. 基础定义

通常会将强化学习问题建模成智能体与环境交互的模型。其中，智能体通过与环境交互来接收环境的信息，得到自己当前的状态，再根据状态做出动作，到达下一个状态。在这个交互的过程中，环境也会给智能体以正向或者负向的反馈，通常称为奖励，如图 4-13 所示。

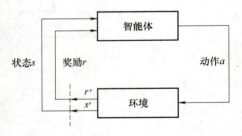

图 4-13 智能体和环境的交互过程

首先定义一些基本概念。状态 s 代表智能体可以从环境中获取的信息，$s \in S$，S 代表所有可能的状态的集合；动作 a 代表智能体可执行的动作，$a \in A$，A 代表所有可能的动作的集合；转移概率 $p(s_{t+1} | s_t, a_t)$ 代表智能体在状态 s_t 做了动作 a_t，使环境转变为 s_{t+1} 的概率；奖励 $r(s_t, a_t)$ 代表智能体在状态 s_t 做了动作 a_t 所获得的奖励。

通常智能体在环境中会做多步的决策，在状态 s_0 做了动作 a_0，获得奖励 r_0 并使状态变成 s_1，一步一步进行下去，形成一个序列 $\tau = (s_0, a_0, s_1, a_1, \cdots)$。智能体在时间步 t 时决策的目标就是使得之后的累积奖励最大，这个累积奖励通常会称为回报（Return）。假设在时间步后智能体拿到的奖励依次是 r_{t+1}，r_{t+2}，r_{t+3}，$\cdots$，则其中一种带折扣的回报的表达形式为

$$R_t = r_{t+1} + \gamma r_{t+2} + \gamma r_{t+3} + \cdots = \sum_{k=0}^{\infty} \gamma^k r_{t+k+1} \tag{4-23}$$

这里的 γ 是 0 到 1 之间的折扣因子，表示未来的奖励对现在的影响。$\gamma = 0$ 相当于只考虑目前的即时回报，此时和监督学习没有区别；而当 $\gamma = 1$ 时，表示算法更注重未来所获得的回报，但这种情况一般不容易训练，很难收敛。

3. 值函数

从回报出发，可以进一步定义在某个状态 s 可以获得的长期回报的期望值，这个值通常

被称为状态值函数（V 值）：

$$v(s) = \mathbb{E}(R_t \mid S_t = s) \tag{4-24}$$

式中，R_t 为系统在 t 时刻获得的奖励。

而在某个状态 s 做动作 a 可以获得的长期回报的期望值，通常被称为动作值函数（Q 值）：

$$q(s,a) = \mathbb{E}(R_t \mid S_t = s, A_t = a) \tag{4-25}$$

智能体做动作的决策过程，可以用策略表示，可以被定义为智能体在状态 s 下选择动作空间 A 中的动作的概率 $p(a \mid s)$。在确定性策略的情况下，某个状态 s 对应的动作 a 概率为 1；在随机策略情况下，这是一个概率分布。一个智能体在某个状态下选择某个策略的 V 值和 Q 值就可以定义为

$$v_\pi(s) = \mathbb{E}_\pi(R_t \mid S_t = s) \tag{4-26}$$

$$q_\pi(s,a) = \mathbb{E}_\pi(R_t \mid S_t = s, A_t = a) \tag{4-27}$$

式中，π 为智能体在状态 S_t 选择的策略。

这两个值的表现形式很相似，V 值表示的是某个状态本身长期的价值，而 Q 值表示的是某个状态下、某个动作的长期价值。由于 Q 值直接对动作进行评估，因此通常在动作离散的情况下，使用 Q 值来学习（Q-Learning 的方法）；而动作空间很大的时候，则使用 V 值对策略进行梯度迭代（策略梯度的方法）。

随着众多学者在人工智能领域的不断研究，强化学习算法已经被广泛应用于决策与控制相关的各个领域，智能机器人、工业控制系统、游戏和生产调度等领域都有强化学习的应用场景。常见的强化学习算法可以分为基于价值的强化学习算法和基于策略的强化学习算法。基于价值的强化学习算法主要有 Q 学习算法和 DQN 算法等，这种算法的主要思路是使用 Q 表或神经网络判断在当前状态下执行每个动作的期望回报，并按照一定策略选择将要执行的动作。基于策略的强化学习包括策略梯度算法、DDPG 算法、PPO 算法等，这种算法的主要思路是使用神经网络作为智能体选择动作的策略，通过执行动作从环境中获得反馈信号，并依据反馈信号改进选择策略。算法分类如图 4-14 所示。本章从基于价值和基于策略两个角度，对最常用的强化学习算法 Q 学习算法（Q-Learning）、深度确定性策略梯度算法（DDPG）和近端策略优化算法（PPO）进行介绍。

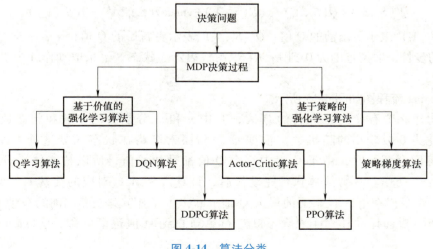

图 4-14　算法分类

4.4.2 Q学习算法

1. 算法原理

Q学习算法（Q-Learning）是最经典的基于值的算法，求解值函数的时候，通常要使用动态规划的方法来求解。这就需要把函数写成贝尔曼方程（Bellman Equation）的形式。通过贝尔曼方程，可以把一个长的序列决策最佳化问题变成一个更简单的子问题，这些子问题可以用贝尔曼方程继续进行简化。

根据Q值和V值的定义，可以得到

$$v_\pi(s) = \sum_{a \in A} \pi(a \mid s) \times q_\pi(s,a) \tag{4-28}$$

$$q_\pi(s,a) = \mathbb{E}(r_{t+1} \mid S_t = s, A_t = a) + \gamma \sum_{s' \in S} P(S_{t+1} = s' \mid S_t = s, A_t = a) v_\pi s' \tag{4-29}$$

式中，$\pi(a \mid s)$ 表示在状态 s 下，选择动作 a 的策略概率；$\mathbb{E}(r_{t+1} \mid S_t = s, A_t = a)$ 表示在状态 s 下，选择动作 a 的预期即时奖励；γ 为折扣因子，表示未来的奖励对现在的影响（$0 < \gamma < 1$）。

状态 s 的V值，等于它在该状态下做所有可能动作的Q值的概率加权和。对于状态 s 来说，它的所有回报都是基于下一步的可能动作带来的收益而得到的。同样，对于在状态 s 做出动作 a 的Q值来说，也是相当于它在该状态下做出动作获得的即时收益和下一所有可能状态的加权和。把这两个式子组合一下，就得到了Q值的贝尔曼方程形式：

$$q_\pi(s,a) = \mathbb{E}_\pi(r_{t+1} + \gamma q_\pi(S_{t+1}, A_{t+1}) \mid S_t = s, A_t = a) \tag{4-30}$$

考虑到强化学习的目标是寻找一个最优的策略，能够使得总的收益最大，即值函数最大。因此假定最优的策略是 π^*，那么可以得到贝尔曼最优方程：

$$q_{\pi^*}(s,a) = \max_\pi q_\pi(s,a) \tag{4-31}$$

在Q学习算法中，目标是使用贝尔曼最优方程迭代学习最优Q值函数。为此，将所有Q值存储在一个表中（Q-table），使用Q-Learning迭代公式在每个时间步更新Q表格，Q-Learning的Q值迭代公式为

$$Q'(S_t, A_t) = Q(S_t, A_t) + \alpha(R(S_t, A_t) + \gamma \max_{A'} Q(S_{t+1}, A') - Q(S_t, A_t)) \tag{4-32}$$

式中，$Q(S_t, A_t)$ 表示更新前的Q值；$Q'(S_t, A_t)$ 表示更新后的Q值；α 表示学习率，用于控制更新的步长，取值范围为0到1；$R(S_t, A_t)$ 表示在状态 S_t 下采取动作 A_t 所获得的即时奖励。

Q-Learning流程图如图4-15所示。

首先构建一个有 n 列和 m 行的Q表，其中 n 和 m 分别为动作数和状态数，并将这些值初始化为0或较小的随机数。根据Q表和探索策略在状态 S_t 处选择一个操作 A_t，在每个训练回合开始时，由于Q表中每个Q值都是初始值，所以智能体一开始可能会随机选择一个动作。在智能体执行完动作后，计算 (S_t, A_t) 对应的奖赏 r，和下一步的状态 S_{t+1}，并根据在下一状态下的最大Q值 $\max Q(S_{t+1}, A')$ 来更新当前的Q值 $Q(S_t, A_t)$。随着智能体不断选择动作，Q表会不断进行更新直到Q值逐渐收敛，Q-Learning伪代码见表4-4。

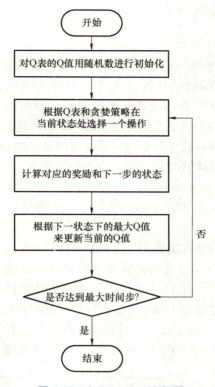

图 4-15　Q-Learning 流程图

表 4-4　Q-Learning 伪代码

算法 1　Q-Learning

算法参数　设定探索系数 ε 和更新步长 $\alpha \in (0,1]$

初始化　通常将所有 Q 值设为 0 或较小的随机数

对于每个训练回合：

　　初始化状态 s_t

　　在状态 s_t 下，根据 Q-table 和探索策略（如 ε-greedy）选择动作 a_t

　　执行动作 a_t，观察奖励 R_t 和下一状态 s_{t+1}

　　使用 Q-Learning 迭代公式更新 Q-table

$$Q_{t+1}(s,a) = Q_t(s,a) + \alpha \cdot (R(s,a) + \gamma \cdot \max_{a'} Q_t(s',a') - Q_t(s,a))$$

　　如果未达到回合结束条件，将 S_{t+1} 设置为新的当前状态 S_t

根据 Q-table 执行最优策略

2. Q-Learning 在制造系统的应用

相较于一般的启发式算法，Q 学习算法不需要预先了解环境的确切动态或模型，使得它非常适用于那些难以精确建模的复杂或不确定的环境。同时，Q 学习算法能够通过与环境的交互不断学习和适应，调整其策略以实现更优的决策，这使算法具有更好的泛化性，使优化策略更好地适用于多个生产线或工艺。

4.4.3 深度确定性策略梯度算法

1. 算法介绍

在DQN算法中，使用贝尔曼方程来计算Q函数（价值网络）的拟合目标，然后计算并优化损失函数，从而获得Q函数的估计。深度确定性策略梯度算法（DDPG）的做法和DQN算法的做法类似，不过下一步的动作并不是使用贪婪策略来生成，而是使用策略网络来生成。相比于所有策略网络生成动作的方法，DDPG不再是随机性的算法，而是根据策略网络得到一个概率分布，然后对概率分布进行采样得到具体的动作。为了能够让算法兼顾确定性和探索性，需要在经验采样的时候加入一定的随机噪声，具体的方法为

$$a_t = clip\left(\mu(s_t) + N_t, a_{\min}, a_{\max}\right) \tag{4-33}$$

式中，$\mu(s_t)$ 为策略网络（Actor网络）在状态 s_t 下生成的动作；$a_{\min}$ 和 $a_{\max}$ 分别为动作裁剪的下限和上限。

在式（4-33）中，策略网络直接使用一个函数 $\mu(s)$ 来表示，根据具体的状态 s_t 计算对应的动作 a_t，加入一定的噪声 N_t，即可得到加入随机性的决策。噪声的加入使得算法有了探索的能力，同时可以通过噪声的大小（方差）来控制智能体对于环境的探索性。为了防止动作的值超出边界，在公式中加了 $clip$ 函数，这个函数的目的是为了把动作截断到有效的最小值 $a_{\min}$ 和最大值 $a_{\max}$ 之间。通过式（4-33）计算得到的动作用来做采样决策，然后把采样得到的数据 $(s_t, a_t, r_t, s_{t+1}, d)$ 存储在经验池中。DDPG流程图如图4-16所示。

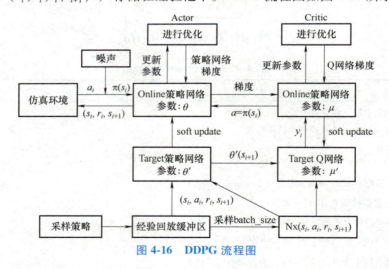

图 4-16　DDPG 流程图

在采样获取缓存的数据之后，就可以开始构造对应的模型训练方法。模型的训练可以分为两个部分，即价值函数的训练部分和策略函数的训练部分。价值函数的训练部分和DQN算法类似，首先需要计算目标函数，然后让价值网络拟合对应的目标函数。

$$a_{t+1} = \mu(s_{t+1}) \tag{4-34}$$

$$y_t = r_t + \gamma Q(s_{t+1}, a_{t+1}) \tag{4-35}$$

可以看到，根据回放缓存中下一步的状态 s_{t+1}，根据策略网络计算得到对应的动作 a_{t+1}，然后通过动作 a_{t+1} 和状态 s_{t+1} 计算得到对应的价值函数的值，最后利用贝尔曼方程计算得到拟合目标 y，在下一步状态对应动作的产生过程中没有加入任何噪声。计算得到拟合目标之

后，可以简单使用式（4-36）来计算 MSE 损失函数，其中 s 和 a 是经验回放缓存中存储的当前状态和当前的动作，计算得到的损失函数相对于经验批次求和，然后除以经验批次的大小取平均，获取最后的损失函数。

$$L = \frac{1}{B} \sum \left(Q(s_t, a_t) - y_t \right)^2 \tag{4-36}$$

式中，B 为经验批次的大小，即每次从经验回放缓存中采样的样本数量。

策略函数的训练：计算当前状态 s，对应的动作 a，然后极大化 Q 函数的值。在连续动作的条件下，梯度可以通过价值网络反向传播到策略网络，从而达到优化策略网络的目的。

$$a_t = \mu(s_t) \tag{4-37}$$

$$L = -\frac{1}{B} \sum Q(s_t, a_t) \tag{4-38}$$

2. DDPG 算法求解机器人路径规划问题

在移动机器人自主导航中，路径规划问题是一个基础又重要的部分，其目标可以描述为在一定的约束条件下，寻找一条从当前点到目标点的最优路径。在求解机器人路径规划问题时，采用连续的状态空间和动作空间设计，更符合机器人实际运动学模型。

连续状态空间设计：状态空间是整个环境的反馈，是智能体选择动作空间的依据。状态包括两部分：

（1）激光雷达数据。机器人上装有激光雷达，探测距离为 10m，扫描范围是 360°。考虑到精度和计算问题，只考虑机器人正前方 180°，取九个方向的雷达数据：用 d_{io} 表示雷达各个方位探测到障碍物的距离。最终方位状态信息为

$$[D_{1o}, D_{2o}, D_{3o}, D_{4o}, D_{5o}, D_{6o}, D_{7o}, D_{8o}, D_{9o}] \tag{4-39}$$

式中，$D_{1o}, \cdots, D_{9o}$ 为使用最大量程将 d_{io} 进行归一化处理后的距离值。

（2）为了使机器人能够朝向目标点运动，将机器人当前朝向与目标点的夹角 β 作为一个输入状态。目标点在机器人左侧时，β 取值范围是 $[0, 180°]$；目标点在机器人右侧时，β 取值范围是 $(-180°, 0)$。

连续动作空间设计：在机器人运动模型中，控制量包含线速度和角速度量两部分。定义动作空间为线速度比值 v 和角速度比值 ω。其中，线速度取值范围是 $[0, 1]$，角速度取值范围是 $[-1, 1]$，两者均为连续值，相对于低维离散动作更接近真实机器人运动模型。位置更新公式为

$$\begin{cases} v = v_{\max} * v \\ \gamma = \gamma_{old} + \omega_{\max} dt \\ v = \min(v, v_{old} + a_{\max} dt) \\ v = \max(v, v_{old} - a_{\max} dt) \\ \gamma = \min(\gamma, \gamma_{old} + Q_{\max} dt) \\ \gamma = \max(\gamma, \gamma_{old} + Q_{\max} dt) \\ P_x += v^* \cos\gamma^* dt \\ P_y += v^* \sin\gamma^* dt \end{cases} \tag{4-40}$$

式中，$v_{\max}$ 为线速度的最大值；$\omega_{\max}$ 为角速度的最大值；$a_{\max}$ 为最大加速度；$Q_{\max}$ 为最大角加

速度；dt 表示位置更新周期；γ 表示机器人朝向与 x 轴正方向的夹角；P_x 和 P_y 表示机器人的位置。

奖励函数设计：

$$R=\begin{cases} -100, d(t)<d_o \\ 20, d(t)<d_g \\ 2, d(t)<d_n \\ 1, d(t)<d(t-1) \\ -1, d(t)=d(t-1) \end{cases} \tag{4-41}$$

式中，$d(t)$ 表示当前时刻机器人距离目标点的距离；$d(t-1)$ 表示上一个时刻机器人距离目标点的距离；d_o 表示障碍物的安全距离，小于该值即表示碰到障碍物；d_g 表示距离目标点的阈值，小于该值即认为到达目标点；d_n 表示靠近目标点的距离。

当机器人所处位置是障碍时，获得负奖励；当机器人到达终点，获得较大的正奖励；当机器人靠近目标点时，获得+1 作为奖励；当机器人原地不动时，获得−1 作为奖励；其他情况获得−2 作为奖励，这个奖励比+1 小是因为这样可以避免机器人出现来回运动去获得正奖励的情况，可以促使机器人寻找最短路径。总体来说，机器人只有靠近目标点以及到达目标点才会获得正奖励。

不同地图下进行仿真对比试验，实验结果验证了 DDPG 算法相比于基线算法，收敛速度更快、在不同地图下的成功率都有明显提升。

4.4.4　近端策略优化算法

1. 算法介绍

前面已经介绍了策略梯度方法，它的基本思想是由参数 θ 控制随机策略 $\pi(\theta)$，再通过优化策略的目标函数（通常是累积折扣回报）来更新策略的参数，即

$$\theta_{new}=\theta_{old}+\alpha\nabla_\theta J \tag{4-42}$$

式中，θ_{old} 为当前的策略参数；θ_{new} 为更新后的策略参数；α 为学习率，用于控制参数更新的步长；$\nabla_\theta J$ 为策略目标函数 J 对参数 θ 的梯度。

从式（4-41）中可以看到，策略梯度的问题是如何确定更新的步长。当步长不合适的时候，更新的参数对应的策略可能是一个不好的策略，当继续用这个不好的策略进行采样学习时，再次更新的参数只会更差。这就导致策略的学习越来越差，甚至可能发散。如何寻找合适的更新步长是使用策略梯度算法时必须考虑的问题，针对这个问题，置信域策略优化算法（TRPO）通过限制旧策略和新策略之间的差异，解决了策略梯度的步长问题，这也是近端策略优化算法（PPO）的核心。由于 TRPO 二阶近似的优化方式实现相对比较麻烦，而 PPO 利用一些启发式的方法对求解过程进行了简化，不仅能够取得类似的算法性能，而且实现上非常简单。

PPO 基于 Actor-Critic 结构，其中 Actor 生成动作策略，Critic 评估策略的价值。这种结构使得 PPO 能够更好地探索动作空间，并通过 Critic 的反馈来指导策略的改进，其算法框架如图 4-17 所示。

PPO 是以策略梯度为基础的算法，策略梯度损失定义为

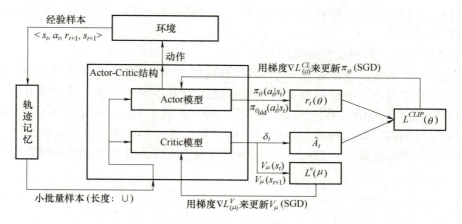

图 4-17 PPO 框架

$$L^{PG}(\theta) = \hat{E}\left[\log \boldsymbol{\pi}_\theta(a_t \mid s_t)\hat{A}_t\right] \tag{4-43}$$

为了防止策略出现差异过大的更新，PPO 使用 *clip* 损失函数，将策略损失限制在一个合理的范围内，通过比较新旧策略的概率比值，将其与一个剪切范围内的函数进行对比，以确定最终的损失。即

$$L^{CLIP}(\theta) = \hat{E}\left[\min\left(r_t(\theta)\hat{A}_t, clip(r_t(\theta), 1+\varepsilon, 1+\varepsilon)\hat{A}_t\right)\right] \tag{4-44}$$

式中，θ 为策略参数；$r_t(\theta)$ 为新策略相对于旧策略的概率比值；$\hat{A}_t$ 为行动的估计优势；ε 是一个超参数，*clip* 函数会将 $p(\theta)$ 限制在 $[1-\varepsilon, 1+\varepsilon]$ 的范围内。

这个损失函数的含义是，如果新策略相对于旧策略的概率比值 $p(\theta)$ 较小，则限制动作优势的增加，以避免过大的策略更新。反之，如果概率比值较大则限制行动优势的减小，以防止过度保守的更新。

PPO 的伪代码见表 4-5。

表 4-5　PPO 伪代码

算法 2　PPO
for iteration = 1,2,... do
for actor = 1,2,...,N do
环境中运行 $\pi_{\theta_{old}}$ 共 T 个时间步
计算优势估计 $\hat{A}_1,\cdots,\hat{A}_T$
end for
优化代理 L wrt. Θ 共 K 轮，且批大小 $M \leqslant NT$
$\theta_{old} \leftarrow \theta$
end for

从传统策略梯度算法，到 TRPO，再到最终的 PPO，经过不断的优化迭代，PPO 已经成为强化学习领域最主流的算法。不论是学术界中的顶级期刊文章，还是工业界背后强化学习部分的实现，都离不开 PPO 的身影。纵向来看，对策略梯度算法的改进，主要针对的就是限制参数迭代的这一步。PPO 通过 *clip* 函数限制了策略可以改变的范围等。相比于自然梯度和 TRPO 所具有的理论保证和数学技巧，PPO 放弃了一些数学上的严谨性，但往往能比其竞

争对手更快、更好地收敛，PPO 的求解效率、适用性和稳定性上都有不错的效果，在很多领域都有广泛的应用。

2. 使用 PPO 解决机械臂控制问题

传统机械臂控制方法通常适用于稳固特定环境中，在未知复杂的工作环境中一般存在局限性。深度强化学习的发展让机械臂在非结构化环境中具备一定的自学习能力。为了验证PPO 在机械臂控制问题中的性能，本章应用 Python 环境下 OpenAI 团队开发的 Gym 模块，构建连续动作空间的二维机械臂仿真模型环境平台，该仿真环境由二连杆机械臂、目标区域、障碍物体三部分组成，其 2D 二连杆机械臂可视化坐标位置关系如图 4-18 所示。

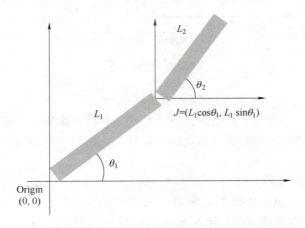

图 4-18　2D 二连杆机械臂可视化坐标位置关系

模拟环境由点 Origin 起始旋转关节位置作为坐标系原点（0,0），该点作机械臂固定起始位置。L_1、L_2 代表杆件臂长。实验环境中机械臂始终绕固定点 Origin 旋转，其位置状态取决于 θ_1、θ_2 旋转角度。目标区域 A 和障碍物区域 O 在每次环境刷新时随机生成，以保证训练数据样本多样性、稳定训练表现，A、O 在可视化窗口中均以点 Origin 为参考坐标点，与机械臂各关节对应位置关系可借助数学计算获取。

（1）状态空间设计

状态空间设计对于 DRL 来说至关重要，它通常与奖励函数设计相辅相成对算法表现起重要作用。根据状态信息对于决策相关性，筛选出关键特征信息组成 S 集。仿真环境可从中获取机械臂两个杆件长度 L_1、L_2 以及关节转动角 θ_1、θ_2 数据，加上各部分联动的坐标关系，可获取到 10 个状态信息。使用三层全连接神经网络（FCNN）将 10 维状态信息传入然后做特征提取，得到关节控制量作为状态输入：

$$s_{input} = \left[d_{1\_a}, d_{1\_b}, d_{1\_c}, d_{1\_d}, d_{2\_a}, d_{2\_b}, d_{2\_c}, d_{2\_d}, goal, collision \right] \tag{4-45}$$

式中，$d_{1\_a}, d_{1\_b}, d_{1\_c}, d_{1\_d}$ 为第一个杆件端点至目标位置 A 的坐标；$d_{2\_a}, d_{2\_b}, d_{2\_c}, d_{2\_d}$ 为第二个杆件端点至目标位置 A 的坐标；$goal$ 为布尔值，表示机械端点是否达到目标区域 A 内，到达取值设为 1，否则设 0；$collision$ 也为布尔值，表示端点是否触碰障碍区域，发生碰撞设为 1，否则设 0。当 $goal$ 或者 $collision$ 被激活时，机械臂立即停止运动。

（2）输出动作空间设计

采用连续动作域对机械臂位置进行控制，通过神经网络训练输出动作 a，分别为

$$a = [w_1, w_2], w_1, w_2 \in [-1, 1] \tag{4-46}$$

式中，w_1 表示机械臂执行动作后第一个杆件所旋转弧度；w_2 表示第一个杆件与第二个杆件连接处关节所旋转弧度。

输出的动作 a 由两个关节旋转角度 w_1，w_2 构成，限制旋转弧度范围在 $[-1, 1]$ 避免机械臂异动。在决策后执行动作，机械臂状态由旋转角度 $[w_1 + \theta_1, w_2 + \theta_2]$ 决定，此时动作向量维度 $\dim(a) = 2$。

（3）奖励函数设计

奖励函数由三部分组成，第一部分是距离奖励函数 r_1，描述机械臂末端 (x_2, y_2) 与目标物体 (x_a, y_a) 之间的距离关系，即

$$r_1 = -\sqrt{(x_a - x_2)^2 - (y_a - y_2)^2} \tag{4-47}$$

两者之间距离越大说明越偏离目标区域，机械臂获得奖励反馈越少，取距离关系相反数便于更好引导算法优化至最大化回报值。第二部分设置稀疏避障奖励值，机械臂陷入危险区域意味回合结束，即奖惩回报给予全局最小值，并合理结合在机械臂抓取物体同时避开危险区域的阈值，对碰撞行为实施惩罚设置避障奖励函数 r_2 为

$$r_2 = \begin{cases} 0, & \text{其他} \\ -20, & \text{碰撞} \end{cases} \tag{4-48}$$

最后设置稀疏到达目标奖励 r_3，机械臂是否完成任务，即设置全局最大值正反馈，为

$$r_3 = \begin{cases} 0, & \text{其他} \\ 15, & \text{到达} \end{cases} \tag{4-49}$$

综上所述，最终构造机械臂整体环境奖惩函数 $Reward$：

$$Reward = r_1 + r_2 + r_3 \tag{4-50}$$

实验借助 TensorFlow 平台构建 DRL 算法网络，实现基于 DRL 算法的机械臂避障控制规划。多组实验结果显示经过改进的奖励函数空间后，相比于其他不同的对照算法，PPO 性能更优，在拥有高学习效率的同时，收敛后平均奖励回报更高且曲线更稳定。

4.5 本章小结

本章从决策技术、制造系统建模、启发式优化算法和强化学习算法四个方面对制造系统的优化决策进行了探讨。首先，阐述了决策技术的类型、理论和分析方法，强调了其在制造系统中的重要性。接着，介绍了离散事件动态系统建模、数学规划建模和多智能体系统建模等主流建模方法，详细说明了它们在制造系统中的应用。在建模基础上，本章深入探讨了几种广泛应用的启发式优化算法和强化学习算法，并展示了这些算法在作业车间调度、机器人路径规划和机械臂控制中的实际应用。

综上所述，本章从理论到实践两个角度，为读者提供了制造系统中决策技术的综合视角，从决策技术到建模优化，再到启发式和强化学习算法的应用。这些内容不仅为制造系统的分析和优化提供了坚实的理论基础，也为实际问题的解决提供了实用的工具和方法。随着智能制造技术的不断进步，这些决策技术将在未来的生产和运营管理中发挥越来越重要的作用。

4.6　项目单元

本章的项目单元实践主题为"单 AGV 多运输任务排序"。制造系统中往往具有多项运输任务，但 AGV 的数量通常有限，如何安排有限数量的 AGV 快速执行完全部运输任务，是影响制造系统运行效率的关键。在本实践环节中，拟考虑单台 AGV 的多运输任务调度问题，基于粒子群算法对 AGV 进行高质量的运输任务排序，最小化其运输总时间。

具体实践指请扫描二维码查看。

第 4 章项目单元

本章习题

4-1　制造系统的决策要素有哪些？制造系统的决策目标是什么？

4-2　结合具体的制造系统或服务系统，分析离散事件动态系统的基本特征。

4-3　简述建立一个制造系统的 Petri 网模型的主要步骤。

4-4　遗传算法的基本步骤和主要特点是什么？

4-5　适应度函数在遗传算法中的作用是什么？试举例说明如何构造适应度函数。

4-6　举例说明粒子群算法的搜索原理，并简要叙述粒子群算法有哪些特点。粒子群算法的寻优过程包含哪几个阶段？寻优的准则有哪些？

4-7　什么是强化学习？强化学习的使用场景是什么？

4-8　简述马尔可夫性质和马尔可夫奖励过程。

4-9　在定义动作时，从什么层次去定义动作会更好？这取决于那些条件？

4-10　设想你正在设计一个机器人来完成生产任务。你应该如何设计奖励函数？你是否有效地向智能体传达了你希望它实现的目标？

第 5 章　智能制造过程监测与质量管理

导读

　　加工是智能制造系统的核心步骤，其通过减材、等材或增材制造的方式使物料发生变化，以实现预期的产品质量特性。对此，精准的加工过程在线监测与工艺质量关联分析是保证产品质量的关键分析技术，基于此可以实现工艺优化改善，提升产品质量性能。本章将围绕制造加工过程，首先介绍常见的加工工艺类型，然后详细介绍加工在线监测技术手段，以保证加工过程符合预期要求；进而介绍工艺质量关联分析，从而实现质量缺陷产生工序的快速溯源定位；然后介绍工艺优化技术，实现工艺改善提升；最后介绍质量管理系统，实现制造系统的质量综合管理。通过对这些技术的系统学习，读者将能够掌握在智能制造过程中如何利用大数据及优化技术进行加工质量的分析与工艺提升。

本章知识点

- 常见的加工工艺技术类型
- 加工在线监测方法，包括无损缺陷检测与机器视觉检测技术
- 工艺质量关联分析，实现质量缺陷根源的定位
- 工艺优化分析技术流程，设计试验设计、回归设计、稳健设计及多目标优化问题
- 质量管理系统概念及应用

5.1　加工工艺技术

　　加工工艺技术是使用特定的加工方法，按照预先设定的需求改变原材料的形状、尺寸、性能或相对位置，使之成为成品或半成品的加工方法和技术。加工工艺技术的实质是与物料处理过程相关的技术，机械产品的制造过程就是一类典型的物料处理过程。

　　机械制造过程需要多个工艺环节，包括原材料及能源准备、零件毛坯成形、毛坯切削加工、表面改性与处理、装配、包装以及成品质量检测控制等。其中零件毛坯成形包括原材料切割、焊接、铸造、锻压等加工成形技术；表面改性与处理包括热处理、电镀、化学镀、涂

装、热喷涂等；在某些机械制造过程中采用粉末冶金、注射成形等工艺可以将毛坯准备与加工成形整合为一个环节，实现从原材料到成品的直接转变。

按照加工工艺技术中成品或半成品的成形原理，可以将加工工艺大致分为下列三类：

（1）受迫成形（Compelled Forming）。受迫成形是利用材料自身塑性，在模具或压力等的作用下将半固化的流体原材料定形为预设形状和尺寸零件的工艺过程。由于受迫成形加工中原材料的体积变化不明显，又称为接近成形工艺。受迫成形工艺主要是包括铸造、锻压、挤压、粉末冶金、注塑等热加工工艺，此类加工过程中原材料利用率高，但原材料变形所需能量消耗大，且难以实现内部结构复杂精细的零件制造需求。另外，由于不同材料具有不同的热流动性，对于热流动性越差的材料，受迫成形加工时需要的能量消耗就越大，加工成形也越困难。

（2）去除成形（Dislodge Forming）。去除成形是按照设计的尺寸、形状和公差等要求，在原材料上通过各种加工方法去除部分材料使得原材料达到设计需求的加工方法。去除成形是从原材料上去除多余材料实现设计需求，可以说是对原材料做减法的过程。去除成形工艺主要包括两大类：一类是传统的机械加工工艺，包括车、铣、刨、磨、钻、镗等经典加工方法；另一类是利用声光电等的特种加工工艺，如激光切割、线切割、电火花加工等。去除成形方法是目前应用最为广泛最常见的一类加工工艺，但此类方法所需能量大部分用于材料去除过程，且由于是对原材料做减法的加工方式，原材料浪费情况比较严重。

（3）添加成形（Adding Forming）。添加成形是成形思想的一个突破，与常见的去除成形相反，添加成形方法是一个对材料做加法的过程，经典加工工艺中的焊接就是一类添加成形方法。现在常用的添加成形方法多与计算机数据模型和自动成形系统相结合，按照零件设计结构进行分层制造，因此添加成形方法具有突出的灵活性，可以对复杂形状的零件实现快速制造，与传统加工过程相比大幅缩短了制造周期，提升了材料利用率，降低了制造过程中的能源消耗。但目前此类方法可用的制造材料相对有限，难以实现零件的大批量生产，常用于新型零件的样品制造与评估环节。

5.1.1　经典加工工艺

经典加工工艺是经过长期的发展和完善，已经基本成熟可靠并广泛应用于各种制造业领域的加工工艺。经典加工工艺以受迫成形和去除成形方法为主，主要包括热加工工艺、切削加工工艺和特种加工工艺三类。

1. 热加工工艺

热加工是将原材料进行加热、保温、冷却，改变原材料的物理或化学性质，从而达到预期的形状或性能要求的一种金属加工过程。常用的热加工工艺包括铸造、塑性成形和焊接等。

（1）铸造

铸造是将液态金属浇铸到零件形状的铸型中，冷却凝固后获得毛坯或零件的一种成形方法，通常可分为砂型铸造和特种铸造两大类。铸造工艺的主要优点是适应性强、成本较低。铸造工艺对铸件的大小和质量限制宽松，可以实现复杂形状或复杂内部结构的零件制造要求；铸造所需设备相对简单且原材料来源广泛，因此铸造工艺成本较低。铸造成形工艺包括铸型准备、型（芯）砂处理、造型（芯）、熔炼、浇注、固及冷却、清理等多个环节，这些环节都会对铸件质量产生影响，因此铸造成形的工件常出现气孔、浇不足、夹渣、裂纹等铸造缺陷，影响了力学性能。

（2）塑性成形

塑性成形是在外力作用下使金属原材料产生塑性变形，从而获得预定的形状、尺寸及力学性能的零件或毛坯的生产方法，又称为压力加工。塑性成形方法获得的加工件力学性能比同材质的铸造件更好，这是因为压力加工可以使得原材料获得较细的晶粒，同时可以消除部分铸造导致的微小裂纹、气孔等工件的内部缺陷。压力加工包括自由锻造、冲压、轧制、模型锻造等。

（3）焊接

焊接是经典加工工艺中的一类添加成形方法，它是利用加热或加压手段将分离的金属材料连接在一起的加工工艺，按照不同工艺过程特点，焊接可以分为熔焊、压焊和钎焊三类。焊接可以将多个零件连接成复杂的整体，与其他连接方法相比具有气密性好、节约金属材料等优点，因此被广泛应用于汽车、机械、船舶、电力、宇航工程等工业部门。

2. 切削加工工艺

目前，切削加工在机械制造过程中占有十分重要的地位，在机械制造总工作量中占到40%~60%，是典型的去除成形方法。切削加工的加工对象主要是金属材料，但某些非金属材料也可以进行切削加工。切削加工是用不同刀具从毛坯等原材料上去除多余材料，使零件达到设计需要的形状、尺寸、公差及表面质量的加工过程。传统的切削加工方法有车削、铣削、刨削、钻削和磨削等。

（1）车削

车削是应用非常普遍的一种切削加工方法，在车削加工中主运动是工件回转，车刀作进给运动，一般用于加工机械零件的回转表面。

（2）铣削

铣削加工中铣刀旋转为主运动，待加工工件作进给运动。与车刀不同，铣刀是多刃刀具，每个刀齿相当于一把车刀，在铣削加工过程中根据加工表面需要选择不同的铣刀刃进行加工，铣削加工的基本规律与车削相似。

（3）刨削

刨削和铣削都是加工平面和沟槽表面的常用方法，刨削是用刨刀在工件待加工表面作水平相对直线进给运动进行切削的加工方法。

（4）钻削

钻削是常用的孔加工方法，是用钻头或铰刀、锪刀在工件上加工孔的切削加工技术。钻削的加工场所可以是台式、立式或摇臂钻床，也可以在车床铣床等设备上进行加工。

（5）磨削

磨削是用磨具对工件表面进行材料去除，以达到更高的表面精度的一类加工方法。磨削加工属于精加工，去除材料量较少，但有更高的加工精度。

3. 特种加工工艺

特种加工工艺是利用声、光、电、磁或化学等能量形式去除多余材料，改变材料形状及性能的非传统加工方法，常见的特种加工包括激光加工、电火花加工、线切割等。随着相关技术的发展，特种加工技术取得了更多突破，在先进加工工艺中发挥着越来越重要的作用。

5.1.2　先进加工工艺

先进加工工艺是随着机械工艺技术不断发展变化形成的制造工艺方法，其中既包括优化后的常规工艺，也有很多不断涌现出的新型加工方法，先进加工工艺的发展完善是先进制造发展的重要基础，与经典加工工艺相比，先进制造工艺具有优质、高效、低耗、洁净和灵活这五个显著特点。本节将对包括超高速加工技术、超精密加工技术、快速原型制造技术、现代特种加工技术和微细加工技术的典型先进加工工艺技术进行介绍。

1. 超高速加工技术

超高速加工技术是一类使用超硬材料的刀具或磨具和能实现稳定高速运动的一套高自动化、高精度、高柔性的现代化制造设备，通过超高的切削速度实现材料切除率、表面加工精度和加工质量的先进加工工艺技术。超高速加工技术与常规切削加工工艺的显著区别就是在超高速加工中被加工金属材料的剪切滑移速度达到或超过某一阈值，开始趋向最佳切除条件，在此过程中加工效率大幅提升，同时加工导致的能量消耗、刀具磨损以及加工表面质量等指标都优于常规切削加工的指标。

2. 超精密加工技术

超精密加工技术是指加工精度小于 $0.1\mu m$，表面粗糙度 Ra 小于 $0.01\mu m$ 的加工方法，包括超精密切削加工和超精密磨料加工。

超精密切削加工主要采用金刚石刀具进行超精密车削加工，常用于有色金属材料及其合金，以及石材、光学玻璃、碳素纤维等非金属材料的加工。

超精密磨料加工是利用细粒度的磨粒或微粉磨料进行砂轮磨削、砂带磨削、研磨、抛光等超精密加工的总称，即利用磨料进行的超精密加工。

3. 快速原型制造技术

快速原型制造技术（Rapid Prototyping Manufacturing，RPM）的出现是对传统加工思想的突破，RPM 技术综合利用计算机辅助设计技术、数控技术、材料科学等相关制造原理和技术，实现了零件从建模设计到实体成形制造的一体化，RPM 作业过程如图 5-1 所示。

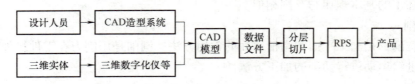

图 5-1　RPM 作业过程

按照成形原理可以将 RPM 技术分为基于激光或其他光源的成形技术和基于喷射的成形技术。其中，基于激光的成形技术主要包括立体印刷法（Stereolithography Apparatus，SLA）、分层实体制造（Laminated Object Manufacturing，LOM）、选择性激光烧结（Selective Laser Sintering，SLS）等；基于喷射的成形技术主要包括熔融沉积成形（Fused Deposition Modeling，FDM）和三维打印工艺（Three Dimensional Printing，TDP）等。

（1）立体印刷法

在一定强度的紫外激光照射下，液态光固化树脂会在一定区域内固化，立体印刷法就是利用液态光固化树脂的这一特性实现快速成形制造的。

（2）分层实体制造

分层实体制造设备是由计算机、送料机构、热黏压机构、激光切割系统、工作平台、数控系统等组成的，它是利用激光或刀具等对待加工材料进行切割，并将切割得到的层片黏连实现三维实体的分层制造的。

（3）选择性激光烧结

选择性激光烧结和立体印刷法的原理相似，都是利用材料在特定条件下可在特定区域固化的性质进行成形制造。二者的区别主要是使用材料性质和材料形状不同，立体印刷法使用的是液态光固化树脂材料，选择性激光烧结法使用的是粉末材料。使用粉末材料使得选择性激光烧结技术的应用范围更广泛，因为从成形理论上，任何可熔粉末材料都可以使用该技术进行快速原型制造。

（4）熔融沉积成形

熔融沉积成形方法是基于喷射的一类快速原型制造技术，它是将丝状热熔性材料加热融化后通过由计算机控制的喷头和工作台的相对运动实现各层的成形加工，为了保证热熔性材料能够与前一层面黏连，在加工过程中需要保证热熔性材料的温度高于固化温度，而已成形部分温度略低于固化温度。

（5）三维打印工艺

三维打印工艺也是基于喷射的快速原型制造技术，它是使用喷头喷出黏连剂，选择性地将材料进行黏连，三维打印工艺常用的原材料有石膏粉、淀粉或热塑材料等。

4. 现代特种加工技术

近年来，激光加工、电子束加工、离子束加工以及超声波加工技术等特种加工技术发展迅速，在先进制造领域发挥着越来越重要的作用。

（1）激光加工

激光加工技术的原理是材料在激光聚焦照射下会瞬时发生急剧熔化汽化，同时会产生强冲击波，进而使被融化的物质产生喷溅，基于这个原理可以根据设计图纸要求实现对原材料的多余材料去除。激光加工技术目前广泛应用于打孔、切割、表面处理和焊接等加工制造过程。

（2）电子束加工

电子束加工是在真空条件下，在极短时间内将聚焦后的高能电子束以极高的速度冲击到待加工表面的极小面积上，使工件表面局部达到几千摄氏度以上的高温，引起局部材料的熔化汽化，进而实现加工需求的加工方法。

（3）离子束加工

离子束加工原理与电子束加工相似，是利用离子束对工件完成表面加工或局部成形的技术。

（4）超声波加工

超声波加工是利用悬浮液磨料在振动频率超过 16000Hz 的工具头作用下对工件进行成形加工的特种加工方法。超声波加工方法非常适用于硬脆材料的加工成形，因此目前超声波加工技术主要应用于对硬脆材料的孔加工及硬脆半导体材料的切削加工过程。

5. 微细加工技术

微型机械，也称为微型系统或微型机电系统，是包括微型机构、传感器、执行器、处理器和控制电路等微型结构在内的一体化微型系统。微细加工技术就是生产制造这类机械设备的技术，微细加工尺度根据具体需要，包括从微米到原子分子量级，常见的微细加工工艺包括光刻加工、微细电火花加工、光刻电铸技术、体加工技术、面加工技术等。

5.2　加工在线监测

在生产制造事件中的机械加工过程并非处于理想状态，伴随着加工过程中工件形状性质的改变，加工过程也会出现复杂的变化，如加工几何误差、材料热变形、系统振动等因素会导致加工出现误差，如果不对整个生产制造过程的相应环节进行监督检测，随着各种误差的累积，整个加工过程将逐渐失控，进而出现严重的质量问题。目前，随着传感器技术、信息技术、计算机技术的快速发展，对加工过程进行在线监测，通过主动被动控制实现事前事中的质量控制，干预不合格加工过程的相关技术得到了广泛应用。

在自动化程度高的现代智能制造过程中，为了提高生产效率降低成本，自动化加工设备的切削加工速度远高于传统加工方式，因此增大了加工过程中出现故障的可能性，导致加工过程稳定性和加工产品质量下降，同时设备故障和维修成本增加。为了保障自动化设备的稳定运行和加工产品质量合格，就需要对加工过程进行在线监测，加工过程状态监测的主要手段是对制造系统的关键系数进行实时评估。

传统的状态监测技术以专家领域知识为主要依据，随着传感器技术与数据科学技术的发展，在线状态监测技术已经逐渐摆脱了对于专家领域知识的依赖，通过多传感器获取在制造系统不同环节的数据信息，并利用数据技术对获取的传感器数据进行多维度的整合，进而挖掘深层次的系统状态信息。本节将对智能制造中常用的几类加工在线监测技术进行介绍。

5.2.1　无损缺陷检测技术

对产品的质量检测是保障机械加工制造过程稳定可控的重要手段，传统的检测手段多为破坏性检验，时间成本与检验成本都很高，此外，自动化生产设备在运行中也可能出现损伤，这些故障因素都需要通过非破坏性检验技术进行检测分析。近年来，无损检测技术不断发展，在工业制造领域取得了广泛应用，提高了生产效率和生产稳定性。

无损检测技术的突出特点就是检测过程不会对被检对象的使用性能产生损伤或破坏等负面影响，此类技术是利用材料内部结构异常或缺陷存在引起的热、声、光、电、磁等反应的变化，以物理或化学方法为手段，借助现代化的技术和设备器材，对试件内部及表面的结构、状态及缺陷的类型、数量、形状、性质、位置、尺寸、分布及其变化进行检查和测试，进而判断被检对象的真实状态，包括产品质量是否合格、生产设备剩余寿命等的方法。

无损检测技术可以划分为常规无损检测技术和非常规无损检测技术。常见的常规无损检测技术包括超声波检测、射线检测、磁粉检测、渗透检测和涡流检测等；非常规无损检测技术包括有声发射、激光全息检测以及红外线检测等。

1. 超声波检测

超声波是指频率在 20kHz 以上的声波。超声波检测技术是利用超声波对物体进行探测和分析的技术，其原理是超声波在物质内部传播时，遇到不同声阻抗界面会产生不同的反射、透射和散射现象，超声波检测就是通过接收并分析这些声波信号，来评估被检对象的性质、结构和缺陷等情况。

利用超声波对物体内部结构进行探测分析的方法始于 1930 年。1944 年，美国成功研制了脉冲反射式超声波探伤仪，此后超声波探伤技术开始在工业检验领域得到广泛应用。20 世纪 60 年代，德国将超声波检测技术成功应用于焊缝探伤问题，进一步扩大了超声波检测技术的应用范围。在目前的工业生产中，超声波检测技术广泛应用于金属材料、非金属材料以及复合材料的内部结构和质量检测，如焊缝检测、铸件检测、板材检测等。

超声波检测有多种具体方法，不同检测方法的应用场景和检测依据有所差异，常见的超声波检测方法如下。

（1）接触法与液浸法：接触法是在探头与工件表面之间通过耦合剂直接接触进行检测的方法，接触法操作简单，对工件表面粗糙度要求较高；液浸法则是在探头与工件表面之间以液体作为能量传播介质的检测方法，液浸法中探头与工件不进行直接接触，对工件表面粗糙度要求也较低。

（2）纵波脉冲反射法：纵波脉冲反射法是以底波为依据的检测方法，其基本原理是对超声波在被检对象内传播过程中获得的发射波、缺陷波与底波进行分析处理得到被检对象内部缺陷情况。

（3）横波探伤法：横波探伤法是将超声波以特定角度入射工件中，通过波形变换后利用横波进行检测的方法。

（4）表面波探伤法：表面波探伤法是沿着工件表面利用超声波检测缺陷的方法，此方法对于工件表面的光洁度有较高的要求。

（5）兰姆波探伤法：兰姆波探伤法是使兰姆波沿着薄板两表面及内部传播进行探伤的方法。当工件中有缺陷时会在缺陷处产生反射，进而出现缺陷波。

（6）穿透法检测：穿透法是将超声波穿透工件，通过检测接收能量变化判断内部缺陷情况的方法。其基本原理是当工件内部无缺陷时接收能量大，工件内部缺陷越大吸收的能量越多，接收的声能就越小。穿透法适用于超声衰减大的材料检测，但该方法检测灵敏度不高，无法检测细小缺陷，也不能实现对工件内部缺陷的定位。

2. 射线检测

射线检测技术中应用最广的是 X 射线检测，此外还有中子射线和 γ 射线。射线在通过被检对象时，由于被检对象内部材质、厚度和缺陷导致的性质有差异，射线的衰减程度也不同，在最终胶片感光成像时会出现黑度不同的图像，这就是射线检测的基本原理。

X 射线检测常用照相法，是将射线感光材料放在被检对象后接收穿过被检对象的射线，感光材料经曝光和暗室处理后会呈现出物体内部的结构图像，由于射线衰减程度不同，分析影像的黑度及形状变化就可以评估出被检对象内部结构存在的不均匀性或缺陷的性质、位置、形状等问题。照相法具有较高的灵敏度和直观性，根据需求不同还可以进一步使用闪光照相法或放大照相法。

X 射线检测技术在各个领域都得到了有效的应用，在工业领域，X 射线检测主要在质量检测、厚度检测方面被广泛使用。在质量检测方面，X 射线检测可以用于铸造或焊接工艺的加工缺陷检测，也可应用于锂电池、电子半导体等领域；在厚度检测中可用于对工件进行实时和非接触的厚度测量。除了工业领域，X射线检测技术还在物品检查、动态过程研究等方面发挥重要作用。

3. 磁粉检测

磁粉检测是一种借助于特定检验介质利用漏磁现象检测被检对象表面或近表面不连续性等缺陷的无损检测方法。

对于具有铁磁性质的材料及其制品，当有磁力线穿过时，在其中磁性不连续的位置会出现漏磁场形成局部磁极。借助于磁粉或磁悬液等检验介质可以观察到这些局部磁极吸附磁粉产生的磁痕，这些磁痕可以显示出铁磁材料及制品表面或近表面的缺陷状况，在光照下可以显示出各不连续性出现的位置、形状、大小以及严重程度。

磁粉检测操作简单，可以检测工件表面用肉眼难以观察到的微小缺陷，也可以用于检测距离表面几毫米的近表面缺陷情况。磁粉检测可以用于检测气孔、夹杂等体积性缺陷，也可以检测由于淬火、铸造、锻造、焊接、磨削或疲劳等因素引起的裂纹等面积性缺陷，并且磁粉检测方法对于面积性缺陷更加灵敏，因此广泛应用于焊接件、大型锻件铸件等工件在加工制造过程中出现的各种缺陷。

5.2.2 机器视觉检测技术

机器视觉是通过光学装置和非接触式传感器自动采集真实物体的图像，通过内置算法对采集到的图像进行相应处理获取图像中包含的信息，并基于获取到的信息对系统提供决策支持或直接做出决策控制的检测方法。机器视觉的范围非常广泛，从广义上说，机器人、图像扫描系统、与视觉相关的工业测量与自动控制设备等都属于机器视觉的范畴；从狭义角度看，机器视觉主要是指基于视觉的工业测控系统设备。机器视觉系统的出现显著提高了工业制造产品的质量稳定性和工业生产线的自动化程度。机器视觉技术在工业制造在线过程监测领域的主要应用场景是不适合人工进行检测作业的危险场所以及一些人工检测无法满足精度或工作量等需求的岗位。在实践过程中，机器视觉技术在大批量工业生产的检测效率和检测精度等方面都优于人工视觉检测。

机器视觉系统在工业生产领域应用于零件检测、产品分拣、质量监控、安全监测等场景，提高了生产线的自动化和智能化水平。尽管其应用场景不同，机器视觉系统获取和处理图像信息的基本流程都非常相似，一般包括：

（1）图像采集：通过光学系统采集真实图像，并将采集到的图像转换为数字格式存储在系统中。

（2）图像处理：系统处理器根据设定好的算法对图像进行分析检测。

（3）特征提取：处理器识别并向控制程序输出图像的关键特征，如数量、边缘、位置等。

（4）决策控制：系统控制程序根据图像特征数据进行决策判断并控制相关机构执行操作。

图5-2所示为一个典型的机器视觉系统。

1. 机器视觉系统构成

典型的机器视觉系统一般包括光源、镜头、相机、图像处理单元（或图像采集卡）、图像处理软件、监视器以及通信/输入输出单元等组成部分。

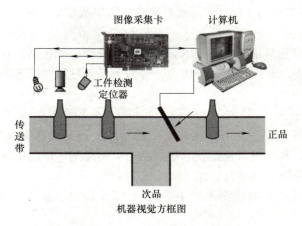

图 5-2　典型的机器视觉系统

（1）光源

光源照明会影响系统采集到的图像质量，因此对机器视觉系统整体性能的好坏起到关键性作用。机器视觉系统中的光源一般应具备：

1）足够的亮度和稳定程度。

2）照明技术能尽量突出目标的关键特征，增加对比度。

3）照明范围尽量广，保证成像质量不受目标物体所在位置影响。

（2）镜头

镜头是影响成像质量的另一个关键因素，一般用像差的大小衡量镜头成像质量的优劣，常见的像差有球面像差、彗形像差、像散、像场弯曲、畸变和色差。为了选择符合要求的镜头，一般需要考虑：

1）成像面积：成像面积是入射光通过镜头后成像的圆形平面，机器视觉系统一般选择 CCD 相机，在选用镜头时要考虑镜头成像面与 CCD 相机的适配性。

2）焦距、视角、工作距离、视野：焦距是镜头到成像面的距离，视角是镜头能看到的宽度，工作距离是镜头到目标物体之间的距离，视野是镜头所能覆盖的有效工作区域。这几个概念的关系是：焦距越小，视角越大；最小工作距离越短，视野越大。

（3）相机

CCD（Charge Coupled Device）是一种半导体光学器件，具有信息存储、延时等功能，在固体图像传感、信息储存和处理等方面广泛应用。按其使用的器件分为线阵式和面阵式 CCD 相机，线阵式 CCD 相机每次只能获得图像的一行信息，面阵式 CCD 相机可以一次获得整体图像信息，目前机器视觉系统多使用面阵式 CCD 相机。

（4）图像采集卡

图像采集卡是机器视觉系统中图像采集和图像处理部分的接口。一般具有以下的功能模块：

1）图像信号的接收与 A-D 转换模块：负责图像信号的放大与数字化。

2）摄像机控制输入输出接口：主要负责协调摄像机进行同步或实现异步重置拍照、定时拍照等。

111

3）总线接口：负责通过 PC 内部总线高速输出数字数据。

（5）图像处理软件

图像处理是机器视觉系统的核心技术，图像信息处理一般包括图像增强、图像编码与传输、边缘分割、特征提取和图像识别等内容，经过图像处理后，输入图像质量得到提升，便于后续的分析和识别。

2. 机器视觉工程应用

机器视觉系统具有实时性，由于相关基础的发展，目前的机器视觉识别性能也越来越好，在工业制造领域，利用机器视觉技术进行状态监测得到了广泛的应用。下面以刀具磨损状态的机器视觉检测系统为例进行介绍。

基于机器视觉的刀具磨损检测系统主要包括 CCD 相机、镜头、光源、支架等。图 5-3 为该系统的结构示意图。

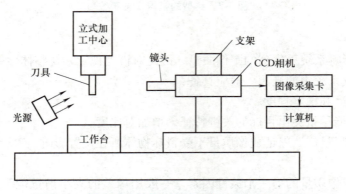

图 5-3 刀具磨损状态的机器视觉检测系统结构示意图

检测系统分为刀具状态检测和刀具状态识别两个阶段，如图 5-4 所示。

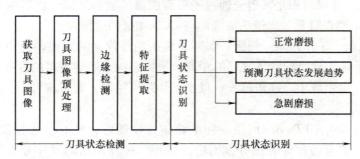

图 5-4 刀具磨损状态的机器视觉检测流程

刀具状态检测阶段包括获取刀具图像、刀具图像预处理、边缘检测、特征提取四个步骤，刀具状态检测阶段的目的是提取出原始图像中刀具磨损状态信息的特征数据，为状态识别阶段提供高质量的输入。

刀具状态识别阶段需要根据一定的规则对输入的刀具磨损状态信息进行分类，识别出刀具当前所处的磨损状态并对未来发展趋势做出预测。该机器视觉检测系统的决策是当识别出刀具磨损严重时发出预警信号，提示机床操作者更换刀具，以免影响工件加工质量。

5.3　工艺质量关联分析

关联分析是一种数据挖掘技术，用于在大量数据集中查找存在于项目集合或对象集合之间的频繁模式、关联、相关性或因果结构。具体来说，关联分析可以发现不同数据项或属性之间的关联性和相关性，从而描述某些属性或特征同时出现的规律和模式。关联分析技术在市场营销、医疗、教育、金融等行业都得到了有效的应用。

在工业系统中，故障发生前后往往会出现关键参数的表现异常，关联规则挖掘技术在相关性分析方面具有强大的优势，利用这一点可以有效发现工业过程参数与故障间的相关性，找出表征故障发生的关键参数及其取值区间。当故障发生时，发现的关联规则可以用于故障源的发现，准确地进行故障诊断，以便快速排除故障。

工艺质量关联分析是从产品全生命周期的角度入手，寻找工艺过程参数等设置与故障事件类型之间的对应关系，从而判断出表征故障发生的关键参数，并以这些关联关系为基础建立故障规则库，这些故障规则可以提供给决策者，用以辅助决策过程，指导故障的检测与定位，并对潜在的故障做出预测的研究方法。

5.3.1　工艺质量关联分析步骤

工艺质量关联分析是一个复杂的过程，在工业系统运行中，系统监测参数包括各个工艺环节和设备的关键参数、系统整体运行状态参数、外界环境参数等，参数种类繁多，而由于工业过程的长期性，各类监测参数都经过长期积累，数据体量也非常庞大，这使得直接进行关联分析无法有效地识别出其中的潜在关联规则，因此工艺质量关联分析时需要首先对这些未经处理的海量原始数据进行处理提取出关键信息。

设工业过程监测参数集 $P = \{P_1, P_2, P_3, \cdots, P_m\}$，故障集 $F = \{F_1, F_2, F_3, \cdots, F_n\}$，从现实层面考虑，故障的产生和故障的某些表征参数的数据变化存在关联关系，即存在这样的映射关系 $\{P_1, P_2, \cdots, P_i\} \rightarrow F_j$，其中 $1 \leqslant i \leqslant m$，$1 \leqslant j \leqslant n$。如果利用关联规则挖掘方法找出过程参数与故障之间的这种映射关系即关联规则，就能够找到能够表征故障产生的监测参数类别和参数变化趋势，为之后的诊断提供辅助决策。

工艺质量关联分析流程如图 5-5 所示，主要包括数据预处理、关联规则挖掘、规则获取和故障诊断几个阶段，在获取到工艺参数与故障类别的关联规则后，就可以基于这些关联规则实现故障诊断、故障预测等下游任务。

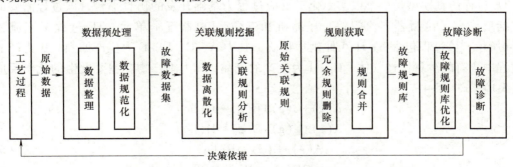

图 5-5　工艺质量关联分析流程

1. 数据预处理

关联规则挖掘的训练样本由工业过程监测参数、已知故障类别、历史数据记录组成。工业过程检测参数体量非常大，为了提升关联规则挖掘算法的效率，需要对原始的工业过程监测数据进行预处理，整理出故障发生时的历史数据记录，并对这些数据进行格式和数值规范化处理，形成完整规范的故障数据集，作为关联规则挖掘的依据。

2. 关联规则挖掘

关联规则挖掘步骤是利用关联规则挖掘算法对已有的故障事件数据集进行挖掘，发现工业过程参数与故障事件之间的关联关系。由于工艺参数类型不同，包括离散型参数和连续型参数，在进行关联规则挖掘之前需要对数据进行离散化处理，数据离散化过程会影响到量化属性的区间划分。常用的量化属性离散化方法见表 5-1。

表 5-1　常用的量化属性离散化方法

方法名称	划分区间特点	优点	缺点
等宽划分法	每个子区间的宽度一致	只需扫描一次数据集，效率较高	容易受到聚集点和离散点影响
等深划分法	每个子区间的数据量大致相同	可以在一定程度上反应数据分布特点	容易遗失聚集数据的特点
聚类分析划分法	由聚类映射为子区间	能够反映数据的分布特点	聚类数目通常无法提前获得

3. 规则获取

经过关联规则挖掘出的规则中可能存在一定的冗余，因此需要根据一定的标准对关联规则进行衡量，并删除一些与目标应用场景无关的规则，同时要将相似相邻的规则进行合并，经过删减合并后的关联规则就构成了一个故障规则库。

4. 故障诊断

获取故障规则库后，需要首先根据专家经验等知识对故障规则库进行分析，判断其可信性和合理性，并结合专家知识进行优化，之后就可以在这个故障规则库的基础上对后续工业过程的故障诊断、故障预测等需求提供决策支持。

5.3.2　工艺质量关联分析实例

工艺质量关联分析在包括机械制造、化工生产等多种工业生产过程中都得到了成功实践，有研究对某化工过程仿真模型进行了工艺质量关联分析，本节将以 TE 过程仿真模型为研究对象，分析工艺质量关联规则挖掘的实际应用流程与关联规则挖掘效果。

TE 过程仿真模型是一个以实际化工反应过程为基础开发的仿真平台，该过程需要的设备包括反应器、冷凝器、汽提塔、压缩机和汽/液分离器五个单元。TE 过程工艺流程如图 5-6所示，该过程包含 A~H 八种化学物质，其中 A、C、D、E 为生产原料，B 为产品进料过程中含有的少量惰性气体，G、H 为生产的产品，F 为副产物。主要发生的化学反应见式（5-1）~式（5-4）

$$A(g)+C(g)+D(g)\rightarrow G(liq) \tag{5-1}$$

$$A(g)+C(g)+E(g)\rightarrow H(liq) \tag{5-2}$$

$$A(g)+E(g)\rightarrow H(liq) \tag{5-3}$$

$$3D(g)\rightarrow 2F(liq) \tag{5-4}$$

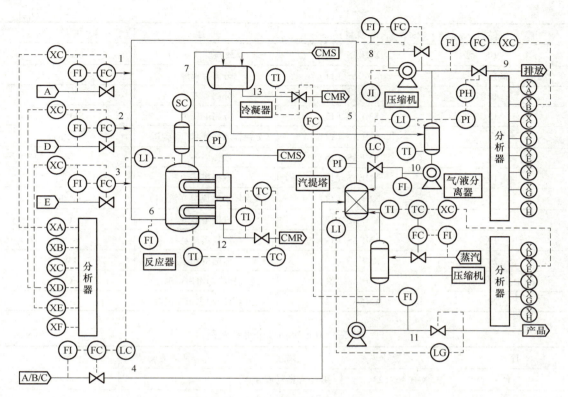

图 5-6　TE 过程工艺流程图

TE 过程共有 52 个可控的过程变量，包括 41 个测量变量（其中 22 个是连续变量，19 个是成分变量）和 12 个操作变量（其中第 12 个操作变量搅拌速度为恒定值），各变量的信息情况见表 5-2~表 5-4。在表 5-2 中，22 个测量变量代表连续变量，如流量、温度、液位和压力，每 3min 进行一次采样。在表 5-3 中，19 个测量变量都是成分变量，流 6 和流 9 都是 6min 的采样间隔与时间延迟，而流 11 是 15min。在表 5-4 中，12 个操作变量均与调解阀的开度相关。

表 5-2　TE 过程测量连续变量

序号	变量号	描述	单位
1	XMEAS（1）	A 进料（流 1）	km³/h
2	XMEAS（2）	D 进料（流 2）	kg/h
3	XMEAS（3）	E 进料（流 3）	kg/h
4	XMEAS（4）	总进料（流 4）	km³/h
5	XMEAS（5）	再循环流量（流 8）	km³/h
6	XMEAS（6）	反应器进料速度（流 6）	km³/h
7	XMEAS（7）	反应器压力	kPa
8	XMEAS（8）	反应器等级	%
9	XMEAS（9）	反应器温度	℃

（续）

序号	变量号	描述	单位
10	XMEAS（10）	排放速度（流9）	km^3/h
11	XMEAS（11）	分离器温度	℃
12	XMEAS（12）	分离器液位	%
13	XMEAS（13）	分离器压力	kPa
14	XMEAS（14）	分离器塔底流量（流10）	m^3/h
15	XMEAS（15）	汽提塔等级	%
16	XMEAS（16）	汽提塔压力	kPa
17	XMEAS（17）	汽提塔塔底流量（流11）	m^3/h
18	XMEAS（18）	汽提塔温度	℃
19	XMEAS（19）	汽提塔流量	kg/h
20	XMEAS（20）	压缩机功率	kW
21	XMEAS（21）	反应器冷却水出口温度	℃
22	XMEAS（22）	分离器冷却水出口温度	℃

表 5-3　TE 过程成分测量变量

序号	变量号	描述	所属流	单位
1	XMEAS（23）	反应器给料成分 A	6	mol%
2	XMEAS（24）	反应器给料成分 B	6	mol%
3	XMEAS（25）	反应器给料成分 C	6	mol%
4	XMEAS（26）	反应器给料成分 D	6	mol%
5	XMEAS（27）	反应器给料成分 E	6	mol%
6	XMEAS（28）	反应器给料成分 F	6	mol%
7	XMEAS（29）	排空物料成分 A	9	mol%
8	XMEAS（30）	排空物料成分 B	9	mol%
9	XMEAS（31）	排空物料成分 C	9	mol%
10	XMEAS（32）	排空物料成分 D	9	mol%
11	XMEAS（33）	排空物料成分 E	9	mol%
12	XMEAS（34）	排空物料成分 F	9	m^3/%
13	XMEAS（35）	排空物料成分 G	9	mol%
14	XMEAS（36）	排空物料成分 H	9	mol%
15	XMEAS（37）	产品成分 D	11	mol%
16	XMEAS（38）	产品成分 E	11	mol%
17	XMEAS（39）	产品成分 F	11	mol%
18	XMEAS（40）	产品成分 G	11	mol%
19	XMEAS（41）	产品成分 H	11	mol%

表 5-4　TE 过程操作变量

序号	变量号	描述	单位
1	XMV（1）	D 进料量（流 2）	kmol/h
2	XMV（2）	E 进料量（流 3）	kmol/h
3	XMV（3）	A 进料量（流 1）	kmol/h
4	XMV（4）	总进料量（流 4）	kmol/h
5	XMV（5）	压缩机再循环阀	%
6	XMV（6）	排放阀（流 9）	%
7	XMV（7）	分离器液流量（流 10）	kmol/h
8	XMV（8）	汽提塔液流量（流 11）	kmol/h
9	XMV（9）	汽提塔水流量	%
10	XMV（10）	反应器冷却水流量	m^3/h
11	XMV（11）	冷凝器冷却水流量	m^3/h
12	XMV（12）	搅拌速度	rpm

　　TE 过程共有 21 个预先设定的故障，包括 16 个已知故障（序号 1~15，21）和 5 个未知故障（序号 16~20），各故障的详细情况见表 5-5。故障 1~7 是与过程变量的阶跃变化有关的；故障 8~12 是与过程变量的随机变化有关的；故障 13 表示反应动力学中的缓慢漂移；而故障 14 和 15 与阀黏滞有关。

表 5-5　TE 过程故障描述

序号	故障编号	故障描述	类型
1	IDV（1）	A/C 进料比变化，组分 B 含量不变（流 4）	阶跃
2	IDV（2）	A/C 进料比变化，组分 B 含量变化（流 4）	阶跃
3	IDV（3）	D 进料温度变化（流 2）	阶跃
4	IDV（4）	反应器冷却水入口温度变化	阶跃
5	IDV（5）	冷凝器冷却水入口温度变化	阶跃
6	IDV（6）	物料 A 损失（流 1）	阶跃
7	IDV（7）	物料 C 压力损失（流 4）	阶跃
8	IDV（8）	A、B、C 进料组成变化	随机
9	IDV（9）	D 进料温度变化（流 2）	随机
10	IDV（10）	C 进料温度变化（流 2）	随机
11	IDV（11）	反应器冷却水入口温度变化	随机
12	IDV（12）	冷凝器冷却水入口温度变化	随机
13	IDV（13）	反应动力学参数变化	缓慢漂移
14	IDV（14）	反应器冷却水阀	阀黏滞
15	IDV（15）	冷凝器冷却水阀	阀黏滞
16~20	IDV（16）~IDV（20）	未知	未知
21	IDV（21）	流 4 的阀门固定在稳定位置	恒定位置

按照 5.3.1 节中提出的分析流程，采用聚类分析划分法对参数进行离散化处理，首先对关键性能参数进行聚类分析，将聚类结果分别投影到每个参数所在的域，确定各个过程变量的划分区间，完成工业过程缓变参数的离散化。

随后利用 Apriori 算法对故障数据集进行故障规则挖掘，可以得到部分故障规则，见表 5-6。

表 5-6　故障规则反布尔化结果

故障规则	支持度	置信度
$51[43.55,46.31]\rightarrow D$	30%	99.53%
$01[0.5499,1.0100] \wedge 04[8.273,9.141]\rightarrow A$	35%	98.23%
$52[19.8,24.72]\rightarrow E$	25%	97.74%
$29[20.90,27.91] \wedge 23[23.98,29.23]\rightarrow F$	30%	95.87%
$10[0.6515,0.7930]\rightarrow B$	25%	94.54%
$45[68.58,83.70]\rightarrow G$	20%	91.63%

对上述故障规则进行语义化处理得到故障规则挖掘语义化结果，见表 5-7。

表 5-7　故障规则挖掘语义化结果

故障规则	支持度	置信度
参数"反应器冷却水流量"的数据变化为 $43.55\sim46.31m^3/h\rightarrow$故障"反应器冷却水入口温度变化"	30%	99.53%
参数"A 进料"的数据变化为 $0.5499\sim1.0100km^3/h$ 且参数"总进料"的数据变化为 $8.273\sim9.141km^3/h\rightarrow$故障"A/C 进料比变化"	35%	98.23%
参数"冷凝器冷却水流量"的数据变化为 $19.8\sim24.72m^3/h\rightarrow$故障"冷凝器冷却水入口温度变化"	25%	97.74%
参数"排空物料成分 A"的数据变化为 $20.90\sim27.91mol\%$ 且参数"反应器给料成分 A"的数据变化为 $23.98\sim29.23mol\%\rightarrow$故障"物料 A 损失"	30%	95.87%
参数"排放速度"的数据变化为 $0.6515\sim0.7930km^3/h\rightarrow$故障"组分 B 含量变化"	25%	94.54%
参数"总进料量"的数据变化为 $68.58\sim83.70kmol/h\rightarrow$故障"物料 C 压力损失"	20%	91.63%

比如第一条规则的含义是，若参数"反应器冷却水流量"的取值范围为 $43.55\sim46.31m^3/h$，则会发生故障"反应器冷却水入口温度变化"，该规则的可信度为 99.53%，即在新的数据记录中，参数"反应器冷却水流量"的数据变化在这个范围之内，则此时有 99.53% 的可能会发生故障"反应器冷却水入口温度变化"。通过以上的故障规则语义化结果可以对工艺质量与生产设置的故障关联规则进行分析，并服务于工艺过程的故障预测及过程监测。

5.4　工艺优化

工艺优化是指对原有的工艺流程、加工参数等工艺特征进行调整改进，以达到提高运行效率、降低生产成本、提升加工性能等目的。在现代工业生产中，工艺优化不仅是提升生产效率、降低成本的关键手段，更是企业在激烈的市场竞争中立于不败之地的有力保障。通过工艺优化，企业可以实现对生产流程的精细化管理，提升产品质量，缩短生产周期，从而满足市场日益增长的需求。同时，工艺优化还有助于企业减少资源消耗和环境污染，实现可持续发展。因此，深入研究和应用工艺优化方法，对于企业的长远发展具有重要意义。本节将对工艺优化的关键技术方法进行介绍。

5.4.1　试验设计

试验设计（Design of Experiment，DOE）是数理统计的一个分支，主要的研究内容是如何在自变量的变化范围内设计一系列有规律的试验点，使试验数据更适合进行回归分析以得到真实有效的试验结论。工艺优化问题往往涉及很多变量参数，因此工艺优化是一个复杂的问题，需要通过多步寻优。在对工艺优化问题进行试验设计时，不仅需要设计当前试验，也要综合考虑每次试验对整体优化问题的作用，在寻求局部最优的同时得出下一步试验的优化方向。

试验设计的目的就是利用较少的试验次数获取优秀的试验方案，常用的试验设计方法有正交试验设计和拉丁超立方采样两种。

1. 正交试验设计

正交试验设计的关键工具是正交表，正交表具有正交性。正交表的正交性是指在 p 维因素空间里进行 N 次试验，且试验方案 $\varepsilon(N)$ 使所有的 j 个因素的 i 个水平 x_{ij} 满足：

$$\sum_{i=1}^{N} x_{ij} = 0, \ j = 1, 2, \cdots, p \tag{5-5}$$

$$\sum_{i=1}^{N} x_{ik} x_{ij} = 0, \ k \neq j \tag{5-6}$$

式（5-5）表明在整体的 N 次试验方案中，正交表的各列向量总和为 0；式（5-6）则表明正交表中各列向量与其他列向量的点乘结果为 0。正交性使正交试验设计方法具有均匀分散性、整齐可比性和独立可分辨性三大特点。

（1）均匀分散性

均匀分散性是指试验点在自变量变化范围的空间内分布的均匀性。具有均匀分散性的试验设计方案可以使得至少有一个试验点接近局部最优位置，另外还有利于根据试验数据构建对整个参数范围都具有较好拟合效果的方程。

（2）整齐可比性

整齐可比性是要求在正交表中保证各因素不同水平的出现次数相同，使得每个因素在取各水平值时，其他因素恰好取到不同水平值，以通过平均取消其他因素的影响。

（3）独立可分辨性

在正交表中，各列因素向量彼此线性无关，这就是正交表的独立性。在独立性基础上，实施正交回归试验后就可以从得到的回归方程中分辨出重要的因素。

正交表的符号表示为 $L_n(j^i)$，其中 L 表示正交表，n 为安排试验的次数，j 表示每个因素的水平数，i 为最多可安排的因素数量。如 $L_4(2^3)$ 表示一个 3 因素 2 水平的正交表，共安排 4 次试验，见表 5-8。

表 5-8　正交表 $L_4(2^3)$

试验次数	x_1	x_2	$x_3(x_1x_2)$
1	-1	-1	1
2	1	-1	-1
3	-1	1	-1
4	1	1	1

表中 1、-1 分别对应各因素的高水平值和低水平值。$L_4(2^3)$ 是一个常用作试探的小型正交表，在使用时需注意：

1）$L_4(2^3)$ 的试验点数较少，因此拟合的回归方程对试验数据的容错性更差，在进行试验时要特别注意控制误差以免影响回归方程的拟合效果。

2）在 $L_4(2^3)$ 中，如果只有 x_1、x_2 两个因素，考虑二者交互作用时可将 x_3 列设为 x_1、x_2 的乘积，事实上在 $L_4(2^3)$ 中，不仅 x_3 列是 x_1、x_2 列的乘积，x_1 或 x_2 列也是其他两列的乘积。但当使用 $L_4(2^3)$ 时有三个因素，就需要忽略所有因素间的交互作用。

3）$L_4(2^3)$ 含有三个因子，其响应曲面为平面形状，但一般来说，实际问题中的函数需要使用曲面进行拟合，因此在设计试验时需要控制自变量的变化范围。

在实际应用中常用的正交表是 $L_8(2^7)$，见表 5-9，这是一个安排 8 次 7 因子 2 水平的正交试验表，其中一般将 x_1、x_2、x_3、x_4 列用于安排四种不同的工艺因素，其余列进行因子间交互作用的分析，若某些交互作用可忽略则可以将相应列因子更换为其他因素。$L_8(2^7)$ 的响应曲面是一个 45° 双曲抛物面，一般用于研发中期对关键因素的辨别和优化。

表 5-9　正交表 $L_8(2^7)$

试验次数	x_1	x_2	x_3	x_4	x_1x_2	x_2x_3	x_3x_4
1	-1	-1	-1	-1	1	1	1
2	1	-1	-1	1	-1	1	-1
3	-1	1	-1	1	-1	-1	1
4	1	1	-1	-1	1	-1	-1
5	-1	-1	1	1	1	-1	-1
6	1	-1	1	-1	-1	-1	1
7	-1	1	1	-1	-1	1	-1
8	1	1	1	1	1	1	1

正交实验设计的优势不仅在于可以减少试验次数，还在于其对实验结果的处理上，主要分为：

1）可以利用极差分析方法分清出表中各因素的重要程度。

2）通过极差分析，可以判断各因素对试验指标影响的显著程度。

3）通过极差分析和趋势图判断试验因素的最优水平和最佳组合。

4）通过多元非线性回归分析得出试验因素与指标之间的拟合经验公式。

2. 拉丁超立方采样

拉丁超立方采样（LHS）技术也称为分层采样，是一种确保没有重叠设计的多变量采样方法。拉丁超立方采样是将每个随机变量的分布函数划分为等概率的 n 个区间，通过采样共得到 n 个配对的采样点的采样方法，其基本步骤如图 5-7 所示。

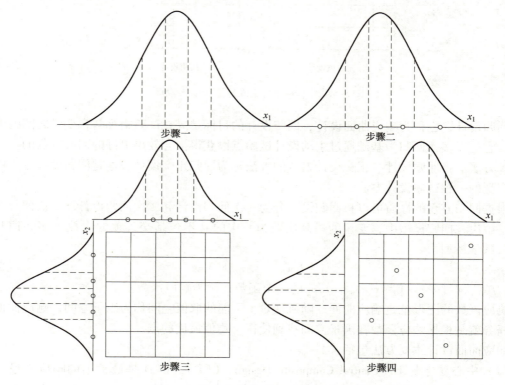

图 5-7　拉丁超立方采样的基本步骤（2 变量 5 水平）

1）将每个随机变量分布函数划分为等概率的 n 个区间。

2）根据概率密度函数随即从各个区间任取一个值。

3）对所有随机变量依次重复以上步骤，得到所有随机变量的区间取值。

4）将每个随机变量的 n 个值与其他随机变量进行随机组合共得到 n 个配对的采样点。

拉丁超立方采样方法可以推广到 n 维空间，该方法的优势在于可以根据实际需求灵活设置样本数量，同时还能保证样本的分层采样。但传统的拉丁超立方采样采用的随机配对是一种无约束的配对方法，这样产生的 n 个采样点可能变得高度相关，如图 5-8a 所示。为了避免出现高度相关的采样点，拉丁超立方采样引入优化的约束配对算法，优化的约束拉丁超立方采样结果如图 5-8b 所示，约束配对算法的引入使得样本点集的结构相关性得到了控制。

5.4.2　回归设计

正交设计可以利用尽可能少的试验次数分析出各因素对试验指标的重要程度，但正交试验设计不能实现在一定的参数变化范围内根据试验指标确定变量间的相关关系和相应的回归方程。回归设计就是一种以较少的试验点建立有效回归方程的试验设计方法。

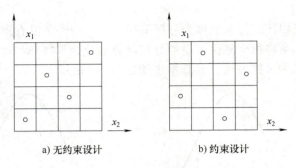

图 5-8 四个事件的二维拉丁超立方设计

回归设计，也称为响应曲面设计，回归设计的目标是寻找试验指标与自变量之间的定量规律，它是以多元回归为基础通过主动设计试验点以获得拟合效果更好的回归方程的一类试验设计方法。将回归设计与正交设计结合的方法称为回归正交设计，这是回归设计方法中应用最广泛的一种试验设计方法。

根据回归方程的性质可以将回归设计分为一次回归设计和二次回归设计。一次回归正交设计是解决在回归模型中，变量的最高次数为一次的（不包括交叉项的次数）多元回归问题，其数学模型为

$$y_i = f(x_{i1}, x_{i2}, \cdots, x_{ip}) + \varepsilon \tag{5-7}$$

式中，$f(x_{i1}, x_{i2}, \cdots, x_{ip})$ 为 $x_{i1}, x_{i2}, \cdots, x_{ip}$ 的一个函数，称为响应函数。

响应函数的图形就是响应曲面，随机变量 x 可能的取值空间称为因子空间，响应曲面设计的任务就是根据响应函数在因子空间找到使得 y_i 均值最优的点。

响应曲面设计主要方法包括：

（1）中心复合设计（Central Composite Design，CCD）。CCD 是最常用的响应面设计试验，它包括中心点和轴点（星形点），用于估计模型的弯曲。

（2）Box-Behnken 试验设计。当因子设置不能超过各因子的高水平和低水平范围时经常使用。

（3）有界中心复合设计（Bounded Central Composite Design，BCCD），当试验水平不能超过特定范围时，这种设计通过设置 $\alpha = 1$ 或 -1 来限制试验点在立方体内。

5.4.3 稳健设计

稳健设计最早是在 20 世纪 80 年代由日本学者田口玄一（Taguchi）博士提出的，他以信噪比和试验设计为基本工具提出了以提高和改进产品质量为目的的田口稳健设计方法。稳健设计是一个立足于质量工程视角的低成本高收益的优化方法，其基本思想是把稳健性应用到产品研发和设计过程中，使得产品可以尽量少受到下游生产和应用任务中引入的噪声影响，由于稳健设计方法在设计阶段就将噪声作为一个考虑因素，因此在后续的产品设计过程中可以忽略对于此类因素的余量预留和补偿设计，进而降低产品的全生命周期成本。

稳健设计方法由于包含三个设计阶段，也被称为三次设计方法。稳健设计方法提出任何产品的设计都需要经过系统设计、参数设计和容差设计三个阶段，其中的核心阶段就是参数设计。稳健设计方法的有效性在各行业的实践应用中得到了广泛验证，目前在众多国内外企

业的产品设计和产品质量提升中都发挥着重要作用。

田口稳健设计方法中，田口将信噪比作为稳健性的度量指标，但因为信噪比将可控因素对产品性能的均值和方差的影响造成了混淆，学界对于将信噪比作为稳健性度量指标的准则存在争议。随着稳健设计方法和理论的不断发展，通过对田口方法进行数学方式的诠释，并用优化计算实现对产品质量特性的提前控制，产生了一类基于工程模型的稳健设计方法，如容差模型法、随机模型法、灵敏度法等。

考虑用产品质量特性与目标值之间的接近程度来评定产品的质量特性，当产品质量特性与目标值越接近时说明产品质量越好，反之代表产品质量差，设产品质量特性为 y，目标值为 y_0，则有

$$E\{L(y)\} = E\{(y-y_0)^2\} = E\{(y-\bar{y})^2\} + (\bar{y}-y_0)^2 = \sigma_y^2 + \delta_y^2 \qquad (5\text{-}8)$$

式中，$\bar{y}$ 为产品质量特性 y 的均值或期望值，$\bar{y} = E\{y\}$；σ_y^2 为产品质量特性的方差，它表示了产品质量特性的变异程度，也反映了产品质量特性的稳健性，$\sigma_y^2 = E\{(y-\bar{y})^2\}$；$\delta_y^2$ 为产品质量特性的绝对偏差，也称为灵敏度，$\delta_y^2 = E\{(\bar{y}-y_0)^2\}$。

显然，想要获得高质量的产品，就需要使产品质量特性具有尽可能小的波动和尽可能小的偏差。由此可以得出稳健设计的两个目标：

1）减小偏差，使产品质量特性的均值尽可能达到目标值。

2）减小波动，使由各种干扰因素引起的功能特性波动的方差尽量小。

一般将致力于减小波动的设计称为方差稳健性和分析，在控制波动的前提下再以减小偏差为目标进行灵敏度设计和分析，这一设计也被称为灵敏度稳健性设计。

5.4.4　多目标优化

在工程实际中的工艺优化问题基本都可以视为多目标优化设计问题。多目标优化是一种在决策过程中同时考虑多个相互冲突或矛盾的优化目标，并寻找能够平衡这些目标的最佳解决方案的数学方法。它涉及在一组可能的解中找到那些能够在多个目标函数上同时使得各目标函数可接受的较优水平的解。由于多目标优化问题中不同目标函数间常存在冲突和竞争性，因此多目标优化问题是一个复杂困难的优化问题，在此类问题中寻求单一的最优解是不现实的，多目标优化问题通常可以得到一系列可选的解集，随后通过对各目标函数权重的权衡决策得到最终优化解。

多目标优化问题的基本概念如下。

（1）目标函数、决策变量和约束条件：与单目标优化问题相似，多目标优化问题也包括目标函数、决策变量和约束条件这三个基本概念。目标变量是在优化问题中关心的一个或多个指标，这个指标与优化问题中待优化的某些变量存在函数关系，在优化过程中一般需要对目标函数取得极大或极小值。决策变量是优化问题中待确定的与约束条件和目标函数有关的值。约束条件则是对问题定义的数学表示，在求解目标优化问题过程中，需要保证决策变量和目标函数均满足这些约束限制。

（2）目标函数的不相关关系：在多目标优化问题中，不相关关系指的是两个或多个目标函数之间的表现没有直接的相互影响，即当一个目标函数的值发生变化时，另一个目标函数的值并不会因此受到直接的影响。

（3）个体之间的关系：支配关系或非支配关系，在多目标优化中，个体之间的关系主

要涉及它们在不同目标函数上的表现。由于每个个体在多个目标上可能具有不同的属性值，因此，不能直接使用简单的大小关系来比较两个个体之间的优劣。一个个体如果在所有目标函数上都优于另一个个体，则称该个体支配另一个个体。但是，在大多数情况下，个体之间可能不存在完全的支配关系，即它们在某些目标上表现较好，而在其他目标上表现较差。在这种情况下，这些个体被称为非支配的，它们共同构成了 Pareto 最优解集的一部分，它们的特点是无法在改进任何目标函数的同时不削弱至少一个其他目标函数。

（4）最优边界：最优边界也称为 Pareto 最优边界，是多目标优化问题的一个核心概念。它是多目标优化问题的 Pareto 最优解在其目标函数空间中的表现形式。如图 5-9 所示，在二维空间中，最优边界表现为一条实线段，表示两个目标的最优边界，这些最优边界上的点是非支配的，它们代表了不同目标之间的最佳平衡点。在这些点上，没有一个目标函数的值可以在不损害其他目标函数值的情况下得到进一步的改善。在图 5-9 中，实心点 A、B、C、D、E、F 均处在最优边界上，它们都是最优解，空心点 G、H、I、J、K、L 落在搜索区域内，但不在最优边界上，不是最优解，是被支配的。

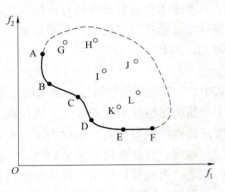

图 5-9　两个目标的最优边界

多目标优化问题主要包括优化和决策两个过程，其中优化过程是多目标优化中寻求的最优解集的过程，决策过程则是依据实际问题需求在可行解集中选择最终解的过程，根据这两个过程的先后顺序，一般将多目标优化问题划分为三类。

（1）先验优先权法：是一种先决策后优化的方法，在进行问题寻优之前先根据实际需求或先验知识等对各目标函数的权重进行事先设置，将多个目标函数加权得到一个整体的目标函数，将多目标优化问题转化为单目标优化问题。

（2）后验优先权法：是一种先优化后决策的方法，即先对求解空间进行搜索，之后在对求解得到的可行解集中进行决策选择，这种方法可以得到优化问题的全部非劣解集，随后通过决策者根据需求进行选择。

（3）交互式方法：是决策与优化过程互相交替进行的一种方法。在交互式方法中，优先权决策器与非劣解集的搜索过程优化器交替进行，在多目标优化问题的求解过程中，可以通过不断调整优先权得到变化的非劣解集，决策器可以从搜索过程中提取影响优先权设置的信息，优先权的设置也有利于优化器在决策者实际关注的目标区域进行搜索，一般认为交互式方法是先验优先权法和后验优先权法的结合。

5.5　质量管理系统

质量是智能制造中关系产品生命和运营绩效的重要因素，质量管理作为智能制造系统管理的重要组成部分，在智能制造系统的产品全生命周期管理中发挥着重要作用。质量管理内容非常丰富，包括制定质量方针和质量目标以及质量策划、质量控制、质量保证和质量改进等实现这些质量目标的过程。由于本章重点面向智能制造过程，本节将通过全面质量管理、过程质量控制和质量成本管理三个小节对智能制造过程中的质量管理相关内容进行介绍。

5.5.1　全面质量管理

1. 全面质量管理的含义

2015 版 ISO 9000 质量管理体系标准将质量管理定义为："关于质量的管理。" 这一管理过程涵盖了制定质量方针和质量目标，并通过质量策划、质量保证、质量控制和质量改进等实现这些目标的一系列活动。

全面质量管理概念的出现是质量管理理论发展历程中的一个重大突破。全面质量管理这一概念最初由美国通用电气公司的费根堡姆提出，他强调全面质量管理应当是一个有机的整体，涵盖了从市场调研到设计、生产和服务等各个环节，以充分考虑客户要求并达到最经济的水平。1992 年，美国九大公司的主席及首席执行官联合知名教授和经济顾问提出的全面质量管理的新定义，即全面质量管理是一种以人为本的管理系统，旨在降低成本、提升顾客满意度。它不仅仅是一个独立的领域或程序，而是一种系统方法，是高水平战略不可或缺的组成部分。全面质量管理涉及组织内所有职能和从高层到基层的所有员工，并延伸至供应链和顾客链。它强调企业需不断学习并适应持续变化，以实现整体成功。1994 年，国际标准化组织也给出了全面质量管理的定义，它强调组织应以质量为中心，全员参与为基础，旨在通过顾客满意和所有成员的社会受益来实现长期成功。到了 2005 年，国际标准化组织在 2005 版 ISO 9000 的《质量管理体系基础和术语》标准中进一步将全面质量管理定义修正为基于组织全员参与的一种质量管理形式。

2. 全面质量管理的特点

全面质量管理的特点主要体现在全员参与、全过程管理以及管理对象、管理方法和经济效益的全面性这几个方面。

（1）全员参与的质量管理

全员参与是全面质量管理的重要特性之一，它要求企业内不同部门不同阶层的每一位员工都能够积极投身到质量管理活动中来，共同为提升产品质量而努力。产品质量并不仅仅取决于生产线上某一环节的操作，而是众多生产环节和各项管理工作的共同结晶，因此质量管理也不仅是企业中少数质量部门专员的任务。"全员参与" 特性就是对产品质量多重影响因素的综合体现。全面质量管理的 "全员参与" 特性要求加强企业内各职能和业务部门之间的横向合作，在实施过程中这种合作不限于企业内部，更逐渐拓展到企业与企业上下游的供应商和消费者，由此形成了一个广泛的质量管理网络。

（2）全过程的质量管理

如图 5-10 所示，全面质量管理中的 "全过程" 特性强调了产品质量管理的连续性和系统性。它要求企业从产品设计到售后服务的每一个环节都进行严格的质量控制，以确保产品质量的稳定和提升。产品质量在设计过程中已初步形成，这一环节决定了产品的基本属性和性能。随后，经过加工装配等制造阶段，产品得以具体实现。最终，通过销售和服务环节，产品传递到用户手中，完成其价值的实现。

（3）管理对象的全面性

管理对象全面性的核心在于对质量的广义理解和全面控制。全面质量管理不仅局限于产品实体质量，更涵盖了全体员工的工作质量。因为产品质量的优劣实质上是对企业内各岗位

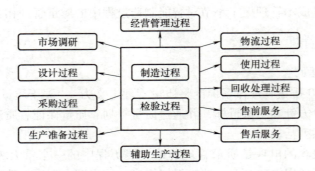

图 5-10　全过程质量管理

员工工作的有效性和协作水平的反映。提升员工的工作质量，不仅是个人职业成长的需求，更是全面质量管理中保障和提升产品和服务质量的关键。管理对象的全面性还体现在对影响产品和服务质量因素的全面控制上。这些因素包括人员、机器、材料、工艺方法、工作环境和检测手段等。每一个因素都可能对最终的产品质量产生直接或间接的影响。因此，全面质量管理要求企业对这些因素进行系统的分析和控制，确保它们处于最佳状态，从而从本质上提升产品质量和工作质量。

（4）管理方法的全面性

全面质量管理中管理方法的全面性，体现在其对多种管理技术手段和不同管理理念的综合运用和融合。为了有效地进行全面质量管理，需要根据不同的情况和因素，灵活地运用各种现代化管理方法和手段。这些方法和手段可能包括质量设计技术、工艺过程的反馈控制技术、最优化技术、网络评审技术、预测和决策技术以及计算机质量管理技术等。通过这些方法的综合运用，企业可以将众多影响因素系统地控制起来，实现统筹管理，进而提升产品和服务的质量。

（5）经济效益的全面性

全面质量管理中的经济效益的全面性，不仅体现在企业自身经济利益的最大化，更在于从社会和产品全生命周期的角度出发，实现更为广泛的经济效益。作为市场经济中的主体，企业的核心目标无疑是追求最大的经济效益。然而，在全面质量管理的理念下，这种经济效益的追求被赋予了更为丰富的内涵，不再局限于企业内部的成本控制和利润增长，而是扩展到整个社会层面，以及产品从设计、生产、销售到报废处理的全生命周期。经济效益的全面性，是一种超越企业个体、涵盖社会和全生命周期的效益追求。

3. 全面质量管理的核心观点

（1）用户至上

全面质量管理中的用户至上观点，是确保企业满足用户需求，提升产品与服务质量的核心理念。全面质量管理的用户包括企业内用户和企业外用户两大类。

在全面质量管理的框架下，用户的需求被置于至关重要的位置，不仅影响着企业的生产流程，更是企业持续发展的根本动力。在企业内部，用户至上观点体现为"为下道工序服务"的思想。每一道工序都视为前一道工序的用户，需要确保自己的工作质量经得起下一道工序的检验。这种内部用户的概念，强化了企业内各部门、各工序之间的协作与沟通，确保了整个生产流程的顺畅与高效。对于企业外部用户，他们是企业生存与发展的生命线。满足企业外用户的需求，是企业赢得市场、获取利润的关键。全面质量管理强调对用户需求的深入了解和精准把握，不仅关注最终用户的需求，还注重公共用户的需求，如环境保护、资源优化配置等。随着"绿色营销"等概念的兴起，企业越来越注重生产绿色产品，以满足用户对环境保护的期望。

（2）一切凭数据说话

这一观点强调在质量管理的各个环节中，应以事实为依据，以数据为支撑，确保质量管理的科学性和有效性。数据作为客观事物的定量化反映，具有极强的可比性和直观性。在全面质量管理中，数据成为判断问题、分析原因、制定措施和评估效果的重要依据。通过收集生产过程中产生的各种数据，如生产量、合格率、不良率、设备故障率等，可以全面了解生产现场的情况，及时发现存在的问题。应用数理统计方法对数据进行加工整理，可以进一步揭示数据的内在规律和关联性。通过对数据的分析，可以找出影响产品质量、成本和交货期的关键因素，为制定改进措施提供科学依据。ISO 9000 强调以顾客为关注焦点、领导作用、全员参与、过程方法、管理的系统方法、持续改进和基于事实的决策方法。其中，"基于事实的决策方法"与"一切凭数据说话"的观点不谋而合，都强调以事实和数据为依据进行决策和管理，确保质量管理的有效性和可靠性。

（3）以预防为主

这一观点的核心思想是，优质的产品质量并非仅仅通过检验来确保，而是应该在设计和制造阶段就得到充分的考虑和保障。"以预防为主"的观点强调在质量问题出现之前，就通过科学的方法和手段进行预防和控制。这意味着在设计和制造阶段，就要充分考虑产品的性能、可靠性和安全性等方面，通过合理的工艺设计、严格的原材料控制以及精准的生产过程管理，确保产品从一开始就具备高质量的特性。全面质量管理提倡将质量管理工作的重点从"事后把关"转移到"事先预防"上来。这意味着质量管理要从仅仅关注结果，转变为更加关注影响结果的因素和过程。通过对这些因素和过程进行深入的分析和控制，可以及时发现潜在的质量问题，并采取相应的措施进行改进和优化，从而将产品质量问题消灭在萌芽状态。

（4）以质量求效益

"以质量求效益"的观点深刻揭示了产品质量与企业经济效益之间的紧密联系。这一观点强调，提高经济效益的巨大潜力就蕴藏在产品质量之中，通过不断提升产品质量，企业能够获得巨大的额外收益，实现可持续的长足发展。以 IBM 公司为例，该公司在某年因产品和服务不符合标准或未达到质量标准而损失了巨额资金，这一案例警示我们，质量问题不仅会导致企业经济损失，还可能影响企业的声誉和市场地位。相反，通过质量改进，企业能够降低不良品率，减少返工和维修成本，提高生产效率，从而以较低的成本获得可观的经济效益。

5.5.2　过程质量控制

在生产线上，无论是原材料的微小差别、机器设备的精度波动，还是操作人员的技能差异，都可能导致产品之间的质量差异，这样的质量波动是客观存在且不可避免和消除的。质量这种波动性，也被称为变异性，是质量变异的固有特性。

质量变异的原因可以从来源和性质两个不同的角度加以分析。从质量变异来源的角度考虑，引起质量变异的原因广泛存在于整个生产制造过程，可以概括为 4M1E，即材料（Materials）、设备（Machines）、方法（Methods）、操作者（Man）和环境（Environment）。从引起质量变异因素的性质来划分，可以分为偶然性因素和系统性因素两类：偶然性因素是导致质量变异性的原因之一，由于偶然性因素具有随机性，由其引起的质量变异是难以测量和消除的，偶然性因素在生产制造过程中的存在非常普遍，如同批材料内部结构的不均匀性、设备的振动、操作者的不稳定性、刀具在加工过程中的正常磨损以及环境的细微变化等，显然，在实际生产中想要保证生产环境完全一致是无法实现的，因此偶然因素导致的质量波动不可避免；系统性因素则是一类可以避免的因素，系统性因素的出现实质上表明整个生产过程已经处于失控状态，如刀具严重磨损、操作者违规操作、原材料不符合标准等，系统性因素导致的质量变异是非随机的，具有一定的趋势，因此系统性因素具有可避免性和可检测性，是生产过程中必须进行识别和处理的一类因素。

1. 典型质量变异规律及其度量

（1）质量数据的类型

质量数据，作为定量描述质量特性值的关键元素，是质量管理活动中不可或缺的部分。任何质量管理活动，如果缺乏数据的支撑和量化分析，那么其科学性和有效性都将大打折扣。企业的质量管理活动实际上是一种以质量数据为基础的经营活动，这些数据为质量管理和决策提供了坚实的依据。

质量数据主要分为两大类：计数值和计量值。计数值是以整数形式呈现在数轴上的数据，它是离散的质量特性值。在实际应用中，常见的计数值有产品的合格品与不合格品的数量，在概率论中，它被称为离散型随机变量。计量值则表现为数轴上所有点的形式，它具有连续性，能够反映质量特性值的连续变化。在需要高精度测量的情况下，计量值的应用尤其广泛。

（2）计数值的变异规律及度量

1）超几何分布（hypergeometric distribution）。超几何分布是统计学上一种离散概率分布，描述了从有限 N 个物件（其中包含 M 个指定种类的物件）中抽出 n 个物件，成功抽出该指定种类的物件的次数（不放回）。超几何分布适用于离散型随机变量，特别是当总体容量有限且成功次数为非负整数时。它可用于描述从有限总体中抽取样本的情况。当总体容量 N 很大，且 $M \approx N$ 时，超几何分布可以近似为二项分布。

超几何分布概率计算公式为

$$P(d) = \frac{C_D^d C_{N-D}^{n-d}}{C_N^n} \tag{5-9}$$

式中，N 为产品批量；D 为一批次产品中的不合格品数；n 为从 N 中随机抽取的样本大小；d 为抽取的 n 个产品中的不合格品数；$P(d)$ 为在 n 个样本中恰含有 d 件不合格品的概率。

2）二项分布（binomial probability distribution）。二项分布描述了在一系列独立且只有两种可能结果的伯努利试验中，成功次数的概率分布。具体来说，每次试验只有两种可能的结果，通常被称为 "成功" 和 "失败"，且这两种结果互斥且独立，每次试验的成功概率都是相同的，记为 p，失败的概率则是 $1-p$。在 n 次这样的试验中，成功的次数服从二项分布。在生产过程的质量控制中，如果每个产品的不合格率为 p，那么在 n 个产品中不合格品的数量就服从二项分布。

根据伯努利定理，二项分布的概率计算公式为

$$P(d) = C_n^d p^d (1-p)^{n-d} \tag{5-10}$$

式中，n 为抽取的样本大小；d 为 n 中的不合格品数；p 为产品的不合格品率。

3）泊松分布（poisson distribution）。泊松分布用于描述某一时间段内随机事件发生的次数分布。在质量管理问题中，泊松分布常用于研究具有计点特征的质量特性，如布匹上出现瑕疵点的规律、机床发生故障的规律。泊松分布是一种特殊的连续概率分布，它的特征是概率值在所有可能结果之间都是相等的，即在每一个可能结果中概率均相同。因此，它也可以被视为一种均匀概率分布。

泊松分布的概率计算公式为

$$P(d=k) = \frac{\lambda^k e^{-\lambda}}{k!} \tag{5-11}$$

式中，k 为事件发生次数；λ 为泊松分布的均数；e 为自然常数。

（3）计量值的变化规律及度量

在企业生产经营活动中最常用的一种概率分布是正态分布。在机械制造及加工过程中，对于具有计量特性的质量特性数据一般使用正态分布对其变化规律进行研究和控制，正态分布还应用于包括制造公差确定、工序能力分析、产品质量控制等环节，正态分布在质量管理活动中起到非常关键的作用。

正态分布的概率计算公式为

$$F(X) = \frac{1}{\sqrt{2\pi}\,\sigma} \int_{-\infty}^{x} e^{-(x-\mu)^2/2\sigma^2} \mathrm{d}x \tag{5-12}$$

式中，μ 为正态分布的均值；σ 为总体标准差。

若随机变量 X 为计量质量特性值，并服从正态分布，则记作 $X \sim N(\mu, \sigma^2)$。当 $\mu = 0$，$\sigma = 1$ 时，正态分布称为标准正态分布，记作 $X \sim N(0,1)$。用标准正态分布研究实际问题是十分方便的，可以借助标准正态分布表计算分布概率。因此在各类利用正态分布研究的问题中都需要先将实际正态分布变换为标准正态分布。

根据标准正态分布规律可以计算得到

$$\Phi(x) = P(\mu-\sigma<x<\mu+\sigma) = P(-\sigma<x-\mu<\sigma) = P\left(-1<\frac{x-\mu}{\sigma}<1\right) = \Phi(1) - \Phi(-1) \tag{5-13}$$

查标准正态分布表得

$$\Phi(1) - \Phi(-1) = 0.8413 - 0.1587 = 0.6826$$

同理

$$P(\mu-2\sigma<x<\mu+2\sigma) = \Phi(2) - \Phi(-2) = 0.9546$$
$$P(\mu-3\sigma<x<\mu+3\sigma) = \Phi(3) - \Phi(-3) = 0.9973$$

可以发现，对于服从正态分布的质量特性值 x，在 $\pm3\sigma$ 范围内包含了 99.73% 的质量特性值，由此可以得出，在 $\pm3\sigma$ 范围内几乎 100% 地描述了质量特性值的总体分布规律，这就是 "3σ" 原则。

2. 生产过程的质量状态

在实际的质量管理过程中，通常对生产过程整体进行随机抽样，随后使用抽样样本的平

129

均值和标准差作为 μ 和 σ 的估计值。生产过程状态以 μ 和 σ 的情况为依据，可以分为两种表现形式。

（1）控制状态（in control）

控制状态的特点是 μ 和 σ 在质量规格范围内，且不随时间变化，这种状态也称为稳定状态。如图5-11所示，μ_0 和 σ_0 是生产过程的理想状态。从图中可见随时间推移，生产过程抽样得到的质量特性值及其统计量均在上下控制界限之内，且无连续上升或下降趋势，这就是生产过程中理想的稳定状态。

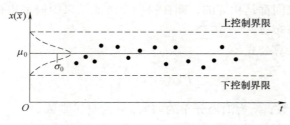

图5-11　生产过程的控制状态

（2）失控状态（out of control）

1）假稳定状态。假稳定状态的特点是 μ 和 σ 不随时间变化，但质量特性或其统计量的分布超出了质量规格范围，如图5-12所示，图中的质量特性值超出了上控制界限，此时虽然 μ 和 σ 是稳定的，但生产过程存在系统性因素，属于失控状态，需要排查原因并对生产过程进行调整控制使其回到理想状态。

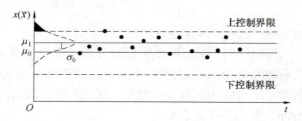

图5-12　生产过程的假稳定状态

2）不稳定状态。不稳定状态的表现是 μ 和 σ 之一或两者均随时间变化，且不符合质量规格范围。图5-13表示的是 μ 逐渐变大的不稳定状态，在实际生产中可能是由于刀具的异常磨损等系统性因素导致的失控。

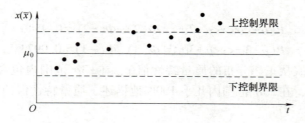

图5-13　生产过程的不稳定状态

3. 过程能力

过程能力，也称为工序能力，是评估过程在加工质量方面表现的一个重要指标。它主要衡量的是过程在稳态下，即只有偶然原因造成的质量变异而无异常原因造成的质量变异的情况下，加工质量的最小波动和内在一致性。这种一致性反映了过程加工质量的稳定性和可靠性，是确保产品质量的关键因素。

过程能力指数是过程能力的评价指标，它是表示过程能力满足产品质量标准（如产品规格、工艺规范、公差等）程度的量化指标。过程能力指数一般用符号 C_p 表示，即

$$C_p = \frac{T}{6\sigma} \tag{5-14}$$

式中，T 为加工过程的公差；σ 为产品总体标准差，有时用样本标准差 S 进行代替。

过程能力指数 C_p 在不同需求的生产过程中有不同的评价和划分标准，表 5-10 是对过程能力指数 C_p 的一般评价准则，在实际应用中，还应当结合特定的生产制造过程对过程能力进行具体分析。

表 5-10　过程能力指数 C_p 的一般评价准则

等级	C_p	不合格品率 p（%）	过程能力评价
特级	$C_p \geqslant 1.67$	$p \leqslant 0.00006$	过程能力过于充足
一级	$1.33 \leqslant C_p < 1.67$	$0.00006 < p \leqslant 0.006$	过程能力充足
二级	$1.00 \leqslant C_p < 1.33$	$0.006 < p \leqslant 0.27$	过程能力尚可
三级	$0.67 \leqslant C_p < 1.00$	$0.27 < p \leqslant 4.55$	过程能力不足
四级	$C_p < 0.67$	$p > 4.55$	过程能力严重不足

4. 过程质量控制图

过程质量控制图是企业在生产过程中用于监控工序状态、确保产品质量的重要工具。它通过对工序过程状态进行深入的分析、预测、判断、监控和改进，帮助企业及时发现并纠正生产过程中的异常波动，确保产品质量的稳定性和可靠性。

如图 5-14 所示的单值控制图就是一般控制图的基本模式，图中横坐标通常代表按照时间顺序抽样的样本编号，而纵坐标则表示质量特性值或这些特性值的统计量。控制图的核心要素包括中心线和上、下控制界限。中心线通常表示质量特性值的长期平均水平，而上、下控制界限则根据历史数据或工艺规范设定，用于判断工序过程状态是否正常。当样本点落在控制界限内时，通常认为工序处于受控状态；而当样本点超出控制界限时，则可能意味着工序出现了异常波动，需要采取措施进行调查和改进。

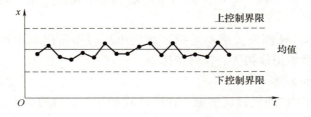

图 5-14　单值控制图

5.5.3 质量成本管理

质量成本管理是一种将产品质量与企业的经济效益紧密结合的管理方法。在20世纪50年代，美国的质量管理专家朱兰和费根堡姆等人首次提出了质量成本的概念，使得人们开始深刻认识到产品质量与企业经济效益之间的紧密关系。质量成本管理强调从经营的角度去衡量质量体系的有效性。其核心理念在于，企业不仅要关注产品的制造和质量控制，更要关注这些活动所产生的成本。通过识别、计量和控制与质量相关的成本，企业能够更准确地评估其质量管理体系的效率和效果。

质量成本管理的主要目的是为评定质量体系的有效性提供手段，并为企业制定内部质量改进计划、降低成本提供重要依据。通过详细分析质量成本，企业可以发现质量改进的关键领域，制定针对性的改进措施，进而提升产品质量，降低不良品率，减少质量损失，最终提高经济效益。

1. 质量成本的含义及组成

质量成本也称为质量费用，目前对于质量成本的理解有两个视角，从产品生产过程视角，质量成本是保证产品具有符合要求的质量所需要付出的成本，从产品应用的视角看，质量成本是由于不良质量对企业、用户和社会造成的损失，在本节中对质量成本倾向于后一种理解。在企业的实践中发现，从这个意义上对质量成本进行管理评估可以显著降低整体成本，提升企业经济效益。

一般认为，质量成本是由运行质量成本和外部质量保证成本两部分构成的。其中，运行质量成本是指企业为保证和提高产品质量而支付的一切费用，以及因质量故障所造成的损失费用之和，外部质量保证成本则主要关注为了满足用户或外部标准的要求，提供客观证据所支付的费用。

（1）运行质量成本

1）预防成本。预防成本是为了预防不良产品或服务发生所产生的成本，包括质量计划工作费用、质量教育培训费用、质量改进措施费用等。这些成本一般发生在生产之前，目的是通过提高产品质量来降低后续可能出现的故障成本。

2）鉴定成本。鉴定成本是用于评定产品是否满足规定的质量水平所需的费用，如检验、测试和验证产品质量的成本，一般包括：进货检验费、工序检验费、成品检验费、检测试验设备的校准维护费、试验材料及劳务费、检测试验设备折旧费、因为检测和试验发生的办公费、专职人员工资及附加费等。

3）内部损失成本。内部损失成本是指产品在出厂前因不满足规定的质量要求而造成的损失，包括废品损失、返工损失、停工损失等，这些成本是由于生产过程中的质量问题导致的。

4）外部损失成本。外部损失成本是指产品售出后因质量问题而产生的一切损失和费用，如索赔损失、退货或退换损失、保修费用等。

（2）外部质量保证成本

1）为提供特殊附加的质量保证措施、程序、数据等所支付的费用，如特定的质量认证或检验流程。

2）产品的验证实验和评定的费用，如由第三方机构进行的产品测试或安全性能检测。

3）为满足用户要求，进行质量体系认证所发生的费用等，如 ISO 9001 质量管理体系认证等。

2. 质量成本的分类

质量的成本费用项目种类很多，为了进行合理的管理和有效的控制，对其进行科学的分类是十分必要的。质量费用的分类有不同的标准，通常可按下列方法进行分类。

（1）控制成本和损失成本

按照质量成本的作用可以分为控制成本和损失成本。

控制成本是对产品质量进行控制、管理和监督所必需的费用，主要包括预防成本和鉴定成本。预防成本是为了预防不良产品或服务的发生而投入的费用，它涉及质量计划工作、质量教育培训、质量改进措施等方面，旨在通过提升产品质量来降低未来可能发生的损失成本。鉴定成本则是用于确定产品是否符合规定的质量要求所需的费用，包括检验、测试和验证产品质量的成本。

损失成本也称为控制失效成本，是指由于控制不力导致的不合格品或故障出现而发生的损失费用。损失成本包括内部损失和外部损失两部分。内部损失成本发生在产品出厂前，由于产品不满足规定的质量要求而造成的损失，如废品损失、返工损失等。这些损失直接影响了企业的生产效率和成本控制。外部损失成本则发生在产品售出后，由于质量问题而引发的损失和费用，如索赔损失、退货损失、保修费用等。

（2）显式成本和隐含成本

按照质量成本的存在形式可以划分为显式成本和隐含成本。

显式成本也称为显性质量成本，是指在企业的生产经营活动过程中实际支付的、需要在再生产过程中计入产品成本而得到补偿的那部分有形损失。这些成本是可以直接衡量和记录的，通常包括废品损失、废品修复费用、质量培训费用、索赔费用、退货损失等。显式成本是企业在进行质量成本控制时可以明确看到和管理的部分，它们通常被纳入成本核算体系，可以通过记录、数据计算和编制报表来体现。

隐含成本也称为隐性质量成本，是因产品或服务质量问题而造成的损失、使经营利润减少的部分。这些成本并不是通过实际货币支出产生的，而是由于质量问题导致的潜在或无形的经济损失。例如，产品因质量不达标而降价、销量减少、企业声誉受损等都属于隐性成本的范畴。由于隐性成本具有隐蔽性和难以量化的特点，它们在传统的成本核算中往往被忽视，但却是影响企业经济效益的重要因素。

（3）直接成本和间接成本

按质量成本与产品的联系可分为直接成本与间接成本。

直接成本主要包括与产品或服务的制造和销售过程直接相关的费用，如原材料费用、直接人工费用以及与销售活动直接相关的费用等。这些成本能够直接追溯到产品或服务的生产过程，对于评估和控制特定产品或服务的质量成本至关重要。

间接成本是指那些与产品或服务的制造和销售过程间接相关的费用，它们不能直接追溯到某一特定产品或服务，而是需要通过一定的分配标准分摊到各个成本计算对象中。例如，间接质量成本中的无形质量成本、顾客质量成本、供应商质量成本以及设备质量成本等都属于这一范畴。

（4）阶段成本

按照质量成本费用的形成过程可分为设计、采购、制造和销售等各不同阶段的成本类型。按形成过程进行质量成本分类，有利于实行分阶段的质量成本控制，即在不同的阶段分别制订计划和进行监督，以达到全过程的整体质量成本优化目标。

3. 质量成本管理的关键环节

（1）质量成本预测

质量成本预测是根据历史资料和有关经济信息，分析研究影响质量成本的因素与质量成本的依存关系，结合质量成本目标，利用大量的观察数据和一定的预测方法，对未来质量成本变动趋势所做的定量描述和逻辑判断。它是质量成本计划的基础工作，是制定计划的前提和首要条件，也是企业有关质量问题的重要决策依据。质量成本预测常用的方法包括经验判断法、计算分析法和比例测算法。

（2）质量成本计划

质量成本计划是指在质量成本预测的基础上，针对质量与成本的依存关系，用货币形式确定生产符合性产品质量要求时，在质量上所需的费用计划。它是企业质量管理中的关键步骤之一，有助于企业实现质量、成本和经济效益之间的平衡。

（3）质量成本分析

质量成本分析是质量成本管理中至关重要的环节，它基于质量成本核算的数据，深入剖析质量成本的形成原因和变动趋势，进而揭示影响质量成本的关键因素和管理上的薄弱环节。质量成本分析包括对于质量成本总额、质量成本构成、质量成本与比较基数的分析。

（4）质量成本报告

质量成本报告是一种衡量和控制质量成本的管理工具。它通过对质量成本的收集、分类、分析和报告，为企业优化产品和服务质量、降低质量成本提供决策依据。

（5）质量成本控制

质量成本控制是指在质量控制和成本控制之间达到有效的平衡，以实现组织预期的水平，并达到其安全、有效和可靠的目标。它是企业为节约成本、提高产品质量，利用适当的控制方法，监控各项质量成本，以便在合理的费用范围内维持产品质量的一种管理手段。

（6）质量成本考核

质量成本考核就是定期对质量成本责任单位和个人考核其质量成本指标完成情况评价其质量成本管理的成效，并与奖惩挂钩以达到鼓励鞭策、共同提高的目的。因此，质量成本考核是实行质量成本管理的关键之一。

5.6　本章小结

本章对智能制造过程中的监测与质量管理相关内容进行了系统梳理。从加工工艺技术、加工在线监测、工艺质量关联分析、工艺优化和质量管理多个方面，对智能制造中从产品加工制造、产品的加工质量监测到整个生产制造过程以及智能制造产品全生命周期的质量管理内容进行了详细的阐述。通过学习本章内容，读者能够全面了解智能制造过程监测与质量管理各个阶段所需的关键技术和方法。

5.7　项目单元

本章的项目单元实践主题为"基于 YoloV5 的工件表面缺陷检测"。精准且自动化的质量检测系统有助于提升质量管理效果，机器视觉在如今的制造系统中广泛应用于质量检测问题。本实践环节基于经典深度学习机器视觉模型——YoloV5 模型，实现工件表面缺陷的自动检测与定位。

具体实践指导请扫描二维码查看。

第 5 章项目单元

本章习题

5-1　按照材料成型原理可以将加工工艺分为哪几类？

5-2　先进加工工艺与经典加工工艺相比有哪些优势和缺点？

5-3　磁粉检测技术的在无损检测中的应用场景有哪些？

5-4　简述机器视觉系统的基本处理流程和主要设备构成及作用。

5-5　关联规则挖掘中常用的量化属性离散化方法有哪些？它们的优缺点分别是什么？

5-6　为什么要对拉丁超立方采样引入约束配对算法？

5-7　简述稳健设计的两个目标以及实现方法。

5-8　多目标优化问题与单目标优化问题的区别是什么？

5-9　生产过程中的不稳定状态有哪些表现形式？

5-10　控制图的两类错误分别是什么？

第 6 章　设备故障预测和健康管理

导读

　　本章首先从设备健康管理的概念出发，分析故障预测和健康管理对于现代化设备的重要作用，引出智能故障诊断、状态监测、剩余寿命预测以及运维决策的概念。然后介绍在信息化革命的推动下及产业变革的需求牵引下，基于大数据的智能设备产生的时代背景，分析智能设备的状态监测、故障诊断和健康管理方法的发展过程、内涵与特性、任务目标以及应用价值，并简述后续章节的主要内容。

本章知识点

- 设备健康管理基础概念与背景意义
- 设备故障诊断与预测技术
- 设备状态监测技术
- 设备剩余寿命预测技术

6.1　设备健康管理概述

6.1.1　设备健康管理背景

　　随着测试技术、信息技术和决策理论的快速发展，在航空、航天、通信和工业等领域，工程系统变得越来越复杂。系统综合化和智能化程度不断提高，这导致研制、生产以及维护保障成本不断上升。同时，由于影响因素增多，故障和功能失效的概率也逐渐增大，因此高端装备的智能运维和健康管理成为研究者关注的焦点。基于对复杂系统可靠性、安全性和经济性的考量，故障预测和健康管理（PHM）策略逐渐受到重视和应用，并已发展为自主后勤保障系统的重要基础。PHM 作为一门新兴的、多学科交叉的综合性技术，正在引领全球范围内制造装备维修保障体制的变革。其作为实现装备视情维修、自主保障等新理念的关键技术，受到了军事强国的高度重视。根据 PHM 产生的重要信息，制定合理的运营计划、维修计划和保障计划，以最大限度地减少维修事件和财物损失，降低系统费用效益比，具有迫切的现实需求和重大的工程价值。

故障预测与健康管理最早由英国民用航空局（CAA）在 20 世纪 80 年代开始推行，旨在降低直升机事故率。随后，该技术在 20 世纪 90 年代进一步发展，应用于监测直升机的健康状态和性能，取得了显著效果，事故率降低了超过 50%。在美国国家航空航天局（NASA）的推动下，飞行器故障监测的概念被引入航空航天研究中。然而，这一术语很快被更通用的术语"综合飞行器故障监测"取代，纳入了各种空间系统的故障预测。

21 世纪初，美国国防高级研究计划局（DARPA）开发了结构完整性故障预测系统（SIPS）和增强型故障预测与健康管理系统，这两者具有相同的目的。故障预测与健康管理这一名称首次被用在联合攻击战斗机（JSF）开发项目中。

从 2003 年开始，故障预测与健康管理技术在多个方面经历了快速发展，包括故障物理学的基础研究、传感器技术、特征提取、故障诊断（故障检测和分类）以及故障预测。这些技术已经被广泛应用于各个行业。例如，美国国家科学基金会资助了工业/大学合作研究中心的独立经济影响研究，并调查了智能维修系统中心的五个工业成员，通过成功实施的预测性监测和故障预测与健康管理解决方案，这些成员实现了超过 8.55 亿美元的成本缩减。随后，相关的技术协会陆续成立，以收集各个研究领域的知识，并出版了《国际故障预测与健康管理》期刊。IEEE 可靠性学会自 2011 年开始每年召开故障预测与健康管理国际学术会议。目前，故障预测与健康管理研究由不同的机构主导开展。

《中国制造 2025》部署了全面推进实施制造强国战略，确立了"质量为先"的发展理念，并明确指出"坚持把质量作为建设制造强国的生命线"。实施基于故障预测的 PHM 技术是国产设备实现质量升级的一个重要方向。在我国装备产业亟待转型升级的背景下，开展 PHM 与智能运维等相关研究的迫切性与重要性已经越发明显。近年来，我国相继颁布了一系列的国家战略计划和文件，其中包括在先进制造领域设立了"重大产品重大设施预测技术专题"，以及在多个学部设立了可靠性及故障预测的相关方向。这些举措旨在提高我国重大装备、设施、工程的安全可靠运行能力，预防重大事故，增强高技术产业的国际竞争力，提供寿命预测与可靠性分析的关键技术、方法和手段。

6.1.2　设备健康管理概念

在设备使用和维护方面，一直以来都采用定期维修策略来维持设备可靠性和预防重大事故。然而，由于机械设备存在个体差异和难以发现的潜在缺陷，即使设计和制造标准极高，也难以避免个体设备的故障。同时，由于机械设备在使用过程中受到多样化的运行工况、外部环境和突发因素的影响，导致运行时间与故障发生的相关性逐渐减小。因此，定期维修策略无法高效维护设备健康，呈现出"欠维修"与"过维修"问题。因此，对关键大型设备进行基于维修和实时退化数据建模的可靠性动态评估和实时故障预测，以及基于评估和预测信息制定科学有效的健康管理策略成为重要研究方向。

PHM 技术起源于 20 世纪 70 年代中期，从基于传感器的诊断逐渐演变为基于智能系统的预测，并展现出蓬勃的发展态势。20 世纪 90 年代末，为实现装备自主保障，美军提出在联合攻击战斗机（JSF）项目中应用 PHM 系统。PHM 技术包括故障预测（Prognostics）和健康管理（Health Management）两方面内容。故障预测通过系统历史和当前监测数据，诊断和预测当前及将来的健康状态、性能衰退和故障发生。而健康管理通过诊断、评估、预测等信息，考虑可用维修资源和设备使用要求等知识，对任务、维修和保障等活动做出适当规划、决策、计划和协调。

PHM 技术代表了一种装备管理理念的演变，从事后处置、被动维护转向定期检查主动防护，再到事先预测、综合管理的深入发展。其目标是实现从基于传感器的诊断到基于智能系统的预测的过渡，从不考虑对象性能退化到考虑对象性能退化的控制调节的变革，从静态任务规划到动态任务规划的进步，从定期维修到视情维修的改变，从被动保障到自主保障的过渡。故障预测提供参数调整时机，为中期任务规划提供信息，是提高装备可靠性和降低全寿命周期费用的核心，也是实现装备两化（信息化和工业化）融合的关键。

近年来，PHM 技术备受学术和工业界关注，广泛应用于机械、电子、航空、航天、船舶、汽车、石化、冶金和电力等多个行业领域。在故障预测与故障诊断的关系中，故障预测为短期协调控制提供参数调整时机，为中期任务规划提供参考信息，同时为维护决策提供依据信息。故障预测是控制调参、任务规划和视情维修的前提，是提高装备可靠性、安全性、维修性、测试性、保障性、环境适应性和降低全寿命周期费用的核心，也是实现装备两化融合的关键。

故障是一个涵盖状态和过程的概念，从形成到发生的退化过程经历多个状态，期间的转换具有随机性。高端装备通常处于极端复杂的运行环境中，这种复杂环境增加了状态转换的随机性，使得机理建模变得困难。而状态转换是有条件的，这些条件随时间变化，而这种变化则反映在数据中。因此，基于数据的多状态退化过程建模是实现装备健康状态评估和性能衰退预测的理论基础和关键问题。

与故障诊断相比，故障预测能够估计装备的当前健康状态，并提供维修前时间段的预计。当前健康状态的估计为及时调整控制器参数提供依据，并为规划中期任务提供重要参考。根据预计的时间段，可以优化远期维护时机和维护地点的决策，更科学合理地制定维护计划，为保障备件的调度提供充足时间，避免较长的停机时间。

对于运行中的机械设备，随着服役年限的增加，故障或失效是不可避免的。基于失效时间的可靠性评估难以获得满足大样本条件的失效样本，并且通常只考虑失效时刻的信息而难以考虑时变过程参量对失效的影响。因此，基于失效时间的模型难以将可靠性评估结果推广到实际多变的工况和环境中。为了克服这些问题，当前发展了基于退化的剩余寿命预测方法，包括基于失效物理的模型、基于数据驱动的模型和融合方法。其中，基于失效物理的模型需要深入了解产品的失效机理、完整的失效路径、材料特性以及工作环境等；而基于数据驱动的模型则根据传感器信息数据特征进行预测。

6.1.3 PHM 经典架构

经典的 PHM 架构通常包括以下几个关键组成部分。

1）健康状态监测：这一部分涉及实时监测设备的运行状态，包括传感器数据的采集、数据处理和分析，以便及时发现设备的异常或故障。

2）故障诊断：一旦发现设备存在问题，故障诊断模块会利用监测数据和故障特征识别技术来确定故障的原因和类型。PHM 经典架构流程如图 6-1 所示。

3）剩余寿命预测：基于设备的历史数据和当前状态，剩余寿命预测模块会预测设备在未来运行中剩余的可用寿命。

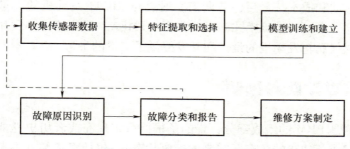

图 6-1　PHM 经典架构流程

4）决策支持：根据健康状态监测、故障诊断和剩余寿命预测的结果，决策支持模块可以提供维修建议、维护计划或设备更换建议，帮助优化设备的运行和维护策略。

5）健康管理：整合健康状态监测、故障诊断、剩余寿命预测和决策支持等功能，实现对设备健康状态的全面管理和优化。

这些组成部分共同构成了 PHM 的经典架构，旨在帮助企业提高设备的可靠性、降低维护成本和减少停机时间。通过有效的 PHM 实践，企业可以实现设备的智能化管理和预防性维护，提升生产效率和设备利用率。

6.1.4　设备健康管理应用

故障预测与健康管理技术的发展源自航空航天和国防工业，其开发过程需考虑关键的安全性和高维修成本，同时还需考虑其发展历史。随着多年的发展，这一技术已在业界得到广泛应用，并逐渐成熟。例如，在航空航天和国防系统中，健康与使用监测系统是旋翼飞行器故障预测与健康管理解决方案的代表，能够检测从轴不平衡到齿轮和轴承退化等问题。在重工业和能源领域，故障预测与健康管理技术应用于燃气涡轮发动机，如劳斯莱斯工业的案例。小松（Komatsu）公司和卡特彼勒（Caterpillar）公司也研发了先进的数据分析算法，可在早期阶段发现车辆问题。在可再生能源领域，故障预测与健康管理技术在风力涡轮机传动系统中取得显著效果。

以劳斯莱斯工业（Rolls-Royce Industrial）为例，故障预测与健康管理技术应用于确保设备的可靠性和优化维护策略，保证了燃气涡轮发动机的高效运行及整个系统的稳定性和经济性。劳斯莱斯在 Trent 系列燃气涡轮发动机上密集布置了大量的传感器，这些传感器能够实时采集温度、压力、振动、转速等关键参数。通过无线网络，这些数据被实时传输到 Engine Health Management（EHM）系统远程监控中心。劳斯莱斯对采集到的 Trent 1000 发动机的振动信号进行分析，通过大数据平台进行存储和处理，能够提前检测到轴承磨损或叶片裂纹等故障相关的特征和模式。通过应用支持向量机（SVM）和神经网络等算法，劳斯莱斯基于大量的历史运行数据和故障案例建立了精确的故障预测模型，成功预测了 Trent XWB 发动机的剩余使用寿命（RUL），从而指导预防性维护。劳斯莱斯的 EHM 系统能够对燃气涡轮发动机进行实时监控，在监测到 Trent 700 发动机的异常振动后，及时发出预警，避免了可能发生的故障。劳斯莱斯利用 EHM 系统的数据可视化工具，将复杂的分析结果以直观的图标和仪表盘形式展示给运维人员，使得运维人员能够迅速做出反应。当系统检测到 Trent 900 发动机即将发生的故障时，EHM 系统能够自动生成维护建议，甚至自动安排维护计划，这

139

大大减少了维护时间和成本。最后，劳斯莱斯通过对 RB211 发动机的大量历史故障案例的分析和总结，建立了全面的故障模式和影响分析（FMEA）数据库，不仅用于当前系统的维护，还为新型号燃气涡轮发动机的设计和开发提供了宝贵的参考。

6.2　设备故障诊断与预测

设备故障预测是 PHM 的组成部分，指的是根据系统现在或者历史性能状态预测性地诊断部件或者系统完成其功能的状态（未来的健康状态），包括确定部件或者系统的剩余寿命或者正常工作的时间长度。

随着新一代互联网、物联网等信息技术的迅猛发展，现代社会已经进入信息高速流通、交互日益密切的时代，而"大数据"就是这个时代的产物。数据是信息、知识的载体，利用数据分析方法可以辅助决策、与各行业交叉融合。在机械领域，新工业革命迎面扑来。智能故障诊断就是大数据与机械设备融合的产物，也是制造业快速发展、工业大数据相融合的重要研究方向。因此，以工业数据分析为基础，对机械设备进行智能故障诊断实时掌握机械设备的健康状态信息，为机械设备的智能运行维护提供依据，最终保障机械设备的安全高效服役，具有愈加重要的地位。

本节以数据驱动的机械设备智能故障诊断为主题，首先介绍工业数据和故障诊断的概念以及主要的故障类型，然后分别介绍大数据质量改善、健康监测和智能诊断等方面的内容，最后展示大数据健康管理的案例。

6.2.1　数据分析与智能故障诊断

大数据时代的兴起改变了事件之间因果关系的固定模式，凸显了相关关系的重要性。快速准确的相关关系使得数据挖掘在工业大数据中更为实用。例如，在汽车发动机上安装传感器用于测量机箱温度、承压、振幅和发声频率，将传感器收集的数据传输至微型电脑进行分析。通常，发动机在发生故障前会出现异常情况，如机箱过热、引擎发出异常声音等。通过将传感器收集到的相关数据与历史正常数据进行对比，可以预测发动机可能发生的故障。工业大数据的智能故障诊断正是一种基于大数据相关关系分析的方法。工业大数据驱动下智能故障诊断框架主要由以下三方面构成。

1. 数据质量改善

鉴于机械数据的规模庞大、信号来源分散、采样形式多变以及随机因素的干扰等因素，监测大数据呈现出"碎片化"的特点。因此，有必要根据一定的性能标准对数据进行筛选，去除冗余和噪声数据。

2. 数据健康监测

利用时域分析、频域分析和时频域分析等方法，提取监测信号的多域特征，以展现监测设备的健康状态信息。结合历史的健康状态信息，通过设定特征值的自适应故障阈值，实现对机械设备健康状态的判定。另一方面，也可以采用智能模型方法，对提取的多域特征信号进行融合映射，从而实现对设备健康状态的定量评估。

3. 数据智能诊断

将智能算法如分类和聚类引入机械设备的故障诊断中，通过对设备故障信息进行知识挖掘，获取与故障相关的诊断规则，以准确识别设备的故障状态，从而制订维修策略，确保设备健康运行。智能故障诊断系统如图 6-2 所示。

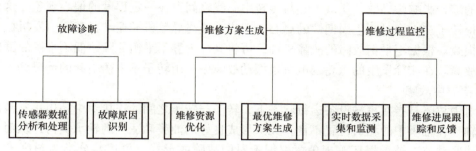

图 6-2　智能故障诊断系统

6.2.2　典型故障类型

故障可以根据载荷的性质（机械、热、电、辐射或化学）进行分类，此类载荷应能够触发或加速故障机制的发展。不同的载荷可能触发或加速不同的故障机制。例如，机械故障可由弹性或塑性变形、屈曲、脆性或延性断裂、界面分离、疲劳裂纹萌生和扩展、蠕变和蠕变破裂等引起。当产品的工作温度超过临界温度（如玻璃化转变温度、熔点或闪点）或温度发生剧烈变化而超出产品的热性能规格时，就会出现热失效。造成电子产品电气故障的原因包括静电放电、介电击穿、结击穿、热电子注入、表面俘获和体俘获、表面击穿和电迁移。辐射失效主要是由铀和钍污染物，以及次级宇宙射线造成的。化学失效主要发生在加速腐蚀、氧化和离子表面枝晶生长环境中。下面介绍典型故障类型。

1. 磨损故障

在重大装备的使用过程中，磨损故障是指由于摩擦、冲击、振动、疲劳、腐蚀和变形等因素导致相应零部件形态发生变化，逐渐或突然降低功能甚至完全失效的现象。发动机大部分的空中停车故障以及导致提前换发的事件，都是由于发动机齿轮、轴承等部件的异常磨损故障引起的。

2. 裂纹故障

裂纹故障指的是在零部件受到应力或环境作用下，其表面或内部的完整性或连续性被破坏，从而产生裂纹的现象。这些裂纹在持续受到应力和环境影响下会逐渐扩展，最终达到一定程度，导致零部件的断裂。根据裂纹的形态，裂纹可以分为闭合裂纹、开放裂纹和混合裂纹。2003 年，"哥伦比亚"号航天飞机失事就是由于左翼产生的两条裂纹扩展导致飞机解体。

3. 碰摩故障

碰摩故障的产生是因为转子某处的变形量和预期振动量之和大于预留的动静间隙，导致转子和定子发生摩擦以及间隙增大，进而导致密封件、转轴、叶片等部件发生弯曲和变形，严重时引发大幅度、高频率的振动。碰摩故障通常在汽轮发动机、涡轮发动机、压缩机和离心机等大型旋转机械转子系统中发生，是引起重大装备故障的主要原因之一。根据机组发生碰摩故障的碰摩方向进行分类，可将其分为径向碰摩、轴向碰摩和组合碰摩。据统计，在国内 200MW 汽轮机组事故中，大约 80% 的弯曲轴事故都是由转轴碰摩故障引起的。

4. 不平衡故障

不平衡故障指的是在大型旋转装备中，转子受到材料、质量、加工、装配以及运行等多种因素的综合影响，导致其质量中心与旋转中心线之间存在一定程度的偏心现象。这种偏心现象使得转子在工作时产生周期性的离心力干扰，最终导致机械振动，甚至引发机械设备的停工和损毁。根据不平衡故障的故障机理，可将其分为静不平衡故障、偶不平衡故障以及动不平衡故障。在实际发生的汽轮发电机组振动故障中，由转子不平衡引起的情况约占 80%。

5. 不对中故障

不对中故障是指在机械设备运行状态下，转子与转子之间的连接对中超出正常范围，或者转子轴颈在轴承中的相对位置不良，无法形成良好的油膜和适当的轴承负荷，从而引发机器振动或联轴节、轴承损坏等现象。根据不对中故障的形式，可将其分类为角度不对中故障、平行不对中故障和综合不对中故障。据统计，约有 60% 的旋转机械故障是由转子不对中引起的。

6.2.3　基于可靠性模型的故障诊断与预测

整个 PHM 方法体系中，预测是实现设备性能退化状态和剩余寿命预测的核心方法，故障预测方法的分类按照主流技术和应用研究有如下三类：基于可靠性模型的方法、基于物理模型的方法、基于数据驱动的方法，如图 6-3 所示。

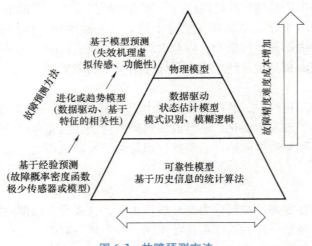

图 6-3　故障预测方法

通常基于可靠性模型或基于概率的 PHM 方法用于从过去的故障历史数据的统计特性角度进行故障预测，相比于其他两类方法，这种方法需要更少的细节信息，因为预测所需要的信息包含在一系列常用的概率密度函数（Probability Density Functions，PDF，如指数分布、正态分布、威布尔分布）中，不需要特定的数据或数据模型表述形式。优势在于上述概率密度函数可以通过对统计数据进行分析获得，从而对预测提供足够支持；另外该方法给出的预测结果含有置信度，该参数可以很好地表征预测结果的准确度。

典型的基于统计可靠性的故障概率曲线是著名的"浴盆曲线"，该模型分为初始故障期、偶发故障期、耗损故障期三个阶段，如图 6-4 所示，它具有如下特点：①在设备或系统运行之初，故障率相对较高；②经过一段时间稳定运行后故障率可以保持在相对较低的水准；③而后再经过一段时间运转，故障率又开始增加，直到所有部件或设备出现故障或失效。浴盆曲线模型一般表示为

$$\lambda(t) = \begin{cases} \lambda_0 e^{-\alpha t} & 0 \leq t < t_1 \\ \lambda_c & t_1 \leq t < t_2 \\ \lambda_f e^{\beta(t-t_2)} & t_2 \leq t \end{cases} \tag{6-1}$$

式中，t 是时间，t_1 和 t_2 分别是初期和随机故障期结束的时间点，单位为 s；$\lambda(t)$ 是时间 t 时的故障率；λ_0 是初始故障率；λ_c 是恒定的故障率；λ_f 是开始耗损期时的故障率，单位为次/h；α 是故障率下降的速率常数；β 是故障率上升的速率常数。

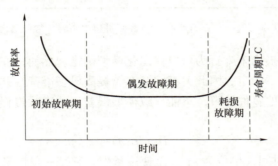

图 6-4　浴盆曲线

基于可靠性的故障预测方法应用领域非常广泛，例如，预测汽车的可靠性，对整车的故障间隔里程进行预测，分析各零部件实效的分布规律，采用威布尔分布（一般产品或系统的失效随时间数据的变化趋势很好地符合威布尔分布）来预测汽车部件的寿命。其概率密度函数可以表示为

$$f(t; \lambda, k) = \frac{k}{\lambda} \left(\frac{t}{\lambda}\right)^{k-1} e^{-(t/\lambda)^k} \tag{6-2}$$

式中，t 是时间，单位为 s；λ 是尺度参数，单位为 h；k 是形状参数。

这种分布适用于描述设备或系统的寿命分布。在具体应用中，可以通过对历史故障数据进行分析，拟合出最适合的概率密度函数，并据此进行故障预测和可靠性分析。

6.2.4　基于物理模型的故障诊断与预测

在实际应用中，可以使用失效物理模型对产品可靠性进行预测。使用的失效物理模型应具备以下功能：①能够提供可重复的结果；②能够反映引起故障的变量和相互作用；③能够预测产品在其整个应用条件范围内的可靠性。在失效物理模型中，应考虑应力和各种应力参数，以及其与材料、几何形状和产品使用寿命的关系。

以电子产品的故障分析为例，有许多失效物理模型能够描述元件的行为，如印制电路板互连和金属化在各种条件下（如温度循环、振动、湿度和腐蚀）的行为。图 6-5 总结了用于计算温度和振动载荷引起损伤的失效物理模型。

基于物理模型的故障预测方法的基本假设是存在描述损伤或退化演化的物理模型，因此通常称为退化模型。如果有一个准确的物理模型能够将损伤退化描述为时间函数，那么故障

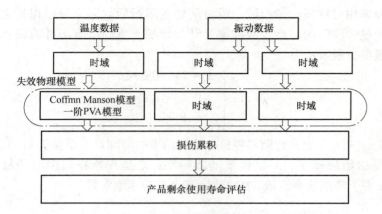

图 6-5 用于计算温度和振动载荷引起损伤的失效物理模型

预测就基本完成，因为损伤未来行为可以由退化模型确定。然而，在实际应用中，退化模型不完备且未来使用条件不确定，因此关键问题在于提高模型准确性并考虑未来不确定性。所有部件尺寸有限且受其他零件约束，可能导致模型误差，故决策过程应基于保守估计。退化模型表示为以下函数

$$D(t, L; \theta) \tag{6-3}$$

式中，t 是经历循环或时间，单位为 s；L 是使用条件，它是一个广义变量，可能包含多物理量（如温度、电压、电流等）；θ 是模型参数，可能包括时间相关参数、比例参数或无量纲参数。

基于模型的故障预测技术一般要求对象系统的数学模型是已知的。该方法的典型例子是电池的容量预测，根据已有的历史数据建立容量预测模型，输入是电池的循环充放电周期，训练目标值是电池的容量，剩余寿命根据设定的失效阈值（电池的某个容量值）推算出电池还能有效充放电的周期数。锂离子电池容量退化模型可以表示为

$$D(t; \theta) = C_0 - \theta_1 t - \theta_2 t^2 \tag{6-4}$$

式中，$D(t; \theta)$ 是时间 t 时的电池容量，单位为 Ah；C_0 是电池的初始容量，单位为 Ah；t 是充放电循环次数，无单位；θ_1 和 θ_2 是模型参数，表示线性和二次退化系数，单位为容量单位/循环数。

此外，采用这种方法还可以通过对功能损伤的计算来评估关键零部件的损耗程度，实现设备的寿命预测，笔记本电脑的电池就是采用这种方式进行预测的。该方法与预测对象的物理、电气等属性密切相关，不同的对象部件或单元物理模型差异很大，对物理设备更有效，对复杂的电子系统而言效果很差。因此该方法用在具有相对比较成熟的物理模型的对象包括机械材料、旋转机械部件、锂离子电池、大功率电子元器件等。

尽管未来使用条件的不确定是主要不确定性来源，但通常假设使用条件和经历循环或时间是确定的，重点在于识别模型参数和预测退化行为。即使实验室测试可以获得物理模型参数，与实际使用的参数可能存在差异，例如，不同批次的材料性能不同。因此，识别实际材料性能对准确故障预测至关重要，特别是某些模型参数的不确定性会显著影响预测准确性。物理模型参数的不确定性主要来自认知的不确定性。

在结构健康监测中，使用搭载式传感器和执行器来测量损伤增长，基于物理模型的故障

预测方法利用测量数据来降低退化模型参数的不确定性。通常，可以利用贝叶斯框架基于测量数据降低参数不确定性，大多数方法都以贝叶斯推断为基础。

整体贝叶斯方法（BM）估计模型参数的概率密度函数（PDF），即使用目前为止的所有测量数据，当前参数的后验分布由一个公式给出，该公式将当前步之前的测量数据的所有似然函数相乘。最有效的抽样方法之一是马尔可夫链蒙特卡罗法，一旦从后验分布中获得参数样本，就可以将其代入退化模型中以预测退化行为，并计算退化水平达到阈值的时间，从而确定剩余使用寿命。马尔可夫链蒙特卡罗抽样方法是基于随机游走（Random Walk）马尔可夫链模型开发的，其从任意初始样本（旧样本）开始，从以旧样本为中心的任意建议分布中提取新样本。两个连续样本根据接受准则（Acceptance Criterion）进行相互比较，然后从中选择新样本或再次选择旧样本。根据需要，重复此过程多次，直至获得足够数量的样本。

为了生成样本，使用了 Metropolis-Hastings（M-H）算法，步骤如下。

1）生成初始样本 θ°。

2）对于 $i=1, \cdots, n_s$，有

① 从建议分布 $\theta^* \sim g(\theta^* | \theta^{i-1})$ 生成样本；

② 一般接受抽样：$u \sim U(0, 1)$

$$u < Q(\theta^{i-1}, \theta^*) = \min\left\{1, \frac{f(\theta^* | y) g(\theta^{i-1} | \theta^*)}{f(\theta^{i-1} | y) g(\theta^* | \theta^{i-1})}\right\} \tag{6-5}$$

则

$$\theta^i = \theta^*$$

否则

$$\theta^i = \theta^{i-1} \tag{6-6}$$

在该算法中，θ° 是待估计未知模型参数的初值向量，n_s 是样本总数，$f(\theta | y)$ 是目标分布，即贝叶斯更新后的后验分布，$g(\theta^* | \theta^{i-1})$ 是一个任意选择的建议分布，在前一样本为 θ^{i-1} 的条件下提取一个新样本 θ^* 时使用。当选择对称分布作为建议分布时，$g(\theta^{i-1} | \theta^*)$ 与 $g(\theta^* | \theta^{i-1})$ 相同。例如，$N(a, s^2)$ 的 b 处的概率密度函数与 $N(b, s^2)$ 的 a 处相同。当建议分布为均匀分布时，情况也是如此。建议分布 g，通常被选择为均匀分布 $U(\theta^* - w, \theta^* + w)$。其中，$w$ 是用于设置抽样间隔的权重向量，其根据经验任意选择。对于对称分布作为建议分布的情况，可将接受准则 $Q(\theta^{i-1}, \theta^*)$ 简化为

$$Q(\theta^{i-1}, \theta^*) = \min\left\{1, \frac{f(\theta^* | y)}{f(\theta^{i-1} | y)}\right\} \tag{6-7}$$

选择过程是指将上述接受准则与随机生成的概率进行比较。如果式（6-7）的结果大于 $U(0,1)$ 中的随机生成值 u，则接受 θ^* 为新样本。可以考虑两种情况，第一种情况是，当新样本处的概率密度函数值大于旧样本处时，总是接受新样本，因为 Q 值为 1。这意味着，如果新样本增大了概率密度函数值，那么新样本总是被接受的。第二种情况是，当新样本处的概率密度函数值小于旧样本处时接受新样本与否取决于随机生成值 u 与两个概率密度函数值的比值之间的大小关系。如果不接受新样本 θ^* 为第 i 个样本，则第 $i-1$ 个样本将成为第 i 个样本，也就是说该样本将被加倍计数。在多次迭代之后，将产生近似于目标分布的样本。

马尔可夫链蒙特卡罗法模拟结果受参数初值和建议分布的影响。如果初始值与真值相差很大，则需要多次迭代（多个样本）才能收敛到目标分布。另外，小权重意味着建议分布较窄，不能完全覆盖目标分布，从而导致抽样结果不稳定；而大权重意味着建议分布较广，会因为不接受新样本而导致抽样结果的大量重复。

基于物理模型的故障预测方法有几个优点。首先，它可以实现长期预测，一旦模型参数准确识别，就能利用物理模型预测剩余使用寿命，直到退化达到设定值。其次，这种方法所需的数据量相对较少。理论上，当数据个数与未知模型参数个数相等时，就可以识别模型参数。然而，在实际中，由于数据中存在噪声及退化形式对参数不敏感，通常需要更多的数据。尽管如此，与数据驱动的方法相比，基于物理模型的故障预测方法所需的数据量仍然较少。另一方面，基于物理模型的故障预测方法面临以下三个重要的现实问题。

1. 模型充分性

模型充分性指的是所选物理模型是否能充分描述系统的退化过程及其影响因素。如果模型过于简化，可能无法准确反映实际的退化行为；如果模型过于复杂，则可能导致难以确定参数和计算成本过高。

2. 参数估计

物理模型中的参数通常需要通过实验数据来估计。如果参数估计不准确，模型预测的可靠性会大大降低。参数估计的难点在于，实验数据中不可避免地存在噪声，会影响参数估计的准确性，而且退化过程可能是非线性的，使得参数估计更加复杂，以及某些参数对模型输出的影响较大，其他参数影响较小，这使得部分参数的估计更加困难。

3. 退化数据质量

退化数据的质量直接影响模型参数的识别和寿命预测的准确性。数据质量问题主要包括数据缺失、数据噪声和数据量不足，影响参数估计的准确性。尽管基于物理模型的方法相对数据驱动方法所需的数据量较少，但如果数据量不足以反映真实模型，就无法保证模型参数估计的准确性。

6.2.5 基于数据驱动的故障诊断与预测

数据驱动的故障预测方法利用观测数据识别退化过程的特征，并预测未来状态，无须依赖物理模型。尽管不涉及物理模型，数据驱动的方法仍需采用特定于监测系统的数学模型。与基于物理模型的方法类似，数据驱动的方法可被视为基于数学函数的预测方法。然而，数据驱动的方法需要额外的训练数据，包括多组截至寿命终点的退化数据和当前系统数据，以识别退化特征。尽管基于物理模型的方法在使用相同数据时通常更准确，因为其拥有更多信息，如物理模型和加载条件，但在实践中，数据驱动的方法更为实用，因为物理模型在实践中很少存在。

数据驱动故障诊断与预测的过程包括信号处理、特征提取、特征降维和模式识别，将高维特征向量降维处理转换为判别性状态标识，再输入模式识别分类器，实现故障状态识别和分类。数据驱动的方法需要大量历史数据和样本特征来训练故障诊断模型，可以通过有监督学习或无监督学习进行训练。按照分析方法的角度不同，可以分为基于定性分析方法的故障诊断、基于模型分析方法的故障诊断和基于定量分析方法的故障诊断三类，如图 6-6 所示。本节主要介绍基于定性分析方法的故障诊断和基于定量分析方法的故障诊断。

基于定性分析方法的故障诊断主要通过对系统运行机理、故障特性以及故障行为与成因之间因果关系等先验信息的分析，然后利用逻辑推理的方法实现与分类。定性分析方法中常见的有专家系统、图搜索（又叫图论方法，包括符号有向图、故障树）、定性仿真。

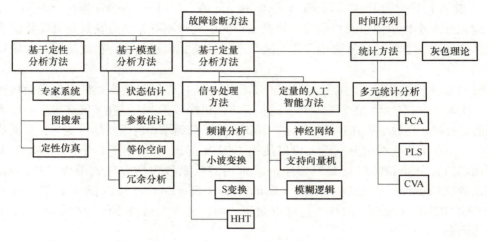

图 6-6　故障诊断方法分类图

1. 专家系统

利用长期积累的专家经验来建立针对某一领域的知识库，基于知识库并结合智能计算机程序模拟专家的推理与决策过程，从而实现故障诊断。专家系统是对实际经验的总结，使用简洁，无须建模，能够得到易于理解的诊断结果，因此被广泛使用，缺陷在于知识库构建比较困难，标准统一性差，对于规则较多的复杂系统会有规则冲突与推理漏洞等问题。

智能故障诊断

147

2. 图论方法

图论方法是利用图来对设备之间的某种特定关系进行描述，符号有向图方法和故障树方法是故障诊断领域中典型图论方法，符号有向图根据图中各节点的因果关系变化来进行系统故障原因的推理；故障树方法则模仿树的根、节点和枝的生长规律，根据因果关系将事件排列成树形图，再利用其确定故障发生的原因、影响程度及其发生概率。图论方法具有建模简单、使用简便的优点，缺点是比较适用于简单系统，对于复杂系统的故障诊断，诊断精度会随着系统复杂度上升而降低。

3. 定性仿真

定性仿真首先通过表征系统物理参数的定性变量以及各变量之间的定性方程构建系统定性模型，再运用仿真手段获得系统在各类状态下的定性行为描述。其优点在于能够对系统的动本行为进行推理，缺点在于无法对未知故障进行准确诊断。

基于定量分析的故障诊断方法可以分为两种，其一是基于分析模型的方法，通过被研究对象的数学模型和可观测输入输出量构造残差信号，在此基础上进行故障诊断。此类方法需要建立在精准数学基础上，进行故障诊断，但是在实际中复杂的系统难以精确建模，因此此类方法在实际应用中有很大局限。其二是基于数据驱动的方法，通过对系统运行过程中的监测数据进行分析，从而在无精准系统数学模型情况下，对系统进行故障诊断，具体方法包括机器学习、统计分析法和信号分析法。基于定量分析的故障诊断方法主要包括以下具体方法：

1. 支持向量机（SVM）

SVM 最早于 1963 年由 VladimirN. Vapnik 和 Alexey Ya. Chervonenkis 提出，利用 VC 维理论与结构风险最小化原则以及核函数，将低维空间中线性不可分的点映射到可以能够线性可分的高维空间中，非常适合解决小样本与高维非线性模式识别问题，在故障诊断领域具有非常广泛的应用。

SVM 可以实现线性分类，有效解决二分类问题。其核心思想是找到最优分类面将正负样本分开，使得样本到分类面的距离尽可能远；二维图里是一条直线，在多维高维空间里则是一个超平面，通过运用数学规划和优化算法，让正负样本到超平面的距离尽可能远，从而找到最优分类面。而对于非线性可分问题，可以使用 1992 年提出的核函数技巧（Kernel Trick）方法，利用函数把低维特征映射到高维空间。常用的核函数包括多项式函数（Polynomial）、高斯核函数（Gaussian）、径向基函数（Radial Basis Function）、Sigmoid 函数等。在 Python 和 MATLAB 中都有非常成熟的算法包可以调用，而且也可以选择不同的核函数来解决线性不可分的问题。

2. 自组织特征映射（SOM）

SOM 是一类无监督学习模型，一般的用法是将高维的输入数据在低维空间表示，因此 SOM 天然是一种降维方法。除了降维，SOM 还可以用于数据可视化以及聚类等应用。这种神经网络由输入层和竞争层组成，主要完成的任务还是"分类"和"聚类"，聚类的时候也可以看成将目标样本分类，只是没有任何先验知识，目的在于将相似的样本聚合在一起，不相似的样本分离。

SOM 的核心机制是竞争学习，首先根据训练数据的样本大小和特征维度来构造初始 SOM 网络的模型结构，上面每一个神经元通过不同的群众向量来表达；之后基于竞争学习的更新策略不断迭代更新，移动神经元的位置形成不同的最佳匹配神经元（Best Matching Unit，BMU），最大程度靠近所属聚类。竞争学习的优点在于能够不断学习训练数据的内在模态和模式，形成神经网络模型，把高维特征矩阵转化为二维蜂窝状映射图，实现整个故障的分类。SOM 在进行故障诊断和健康评估时并非完全相同，区别如下。

1）在进行故障诊断时，把状态样本放到训练好的 SOM 模型中计算出 BMU，找到所属类别则认为是当前状态的故障类别。

2）在健康评估时，需要在上述基础进一步计算当前状态和 BMU 之间的距离，作为健康状态的评价指标。SOM 的数据可视化效果非常好，可以把高维数据转化为一个蜂窝状的映射图，映射图是 *U-matix*，在图 6-7 中不同颜色表示相邻神经元之间的距离，灰度越深表示距离越近，越浅表示距离越远。x、y、z 分量平面中的数值越大，表示该维度在某个节点上的重要性越高；数值越少，表示该维度的重要性越低。在实际应用中通常采用 Hitmap，将测试数据放到训练好的 *U-matrix* 中，找到 Hit Point 所在位置，从而确定故障诊断的分类。

3. 贝叶斯网络

无论是利用专家经验和统计形成条件概率，描述事件间因果关系，还是通过图模型结构化表达复杂系统的所有可能情况，都是从数据本身出发，无须任何数据先验知识，而工业领域专家们的经验是非常重要的一部分，在贝叶斯网络中可以把专家经验统计起来，形成条件概率来描述不同事件之间的因果关系。贝叶斯网络是用图模型的结构，把整个复杂系统中所有可能情况结构化地表达出来。在有向无环图中用节点表示随机变量，箭头表示条件依赖，有向边给出因果关系，通过统计所有依赖关系得出条件概率分布图。

　　基于数据驱动的故障诊断与预测虽然在大样本数据集中能够取得良好的效果，但仍然存在以下问题。

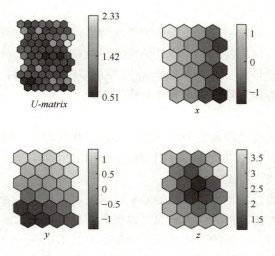

图 6-7　SOM 的 U 矩阵和分量平面

　　1）在神经网络模型的定义中，需要确定隐藏节点数、隐藏层数和输入节点数。虽然没有通用的隐藏节点数选择方法，但在数据驱动的故障预测中，考虑到诸如时间、加载条件和退化数据等所有可用信息，确定输入节点数一直是一个挑战。

　　2）数据退化是故障预测中一个重要问题，无论采用何种方法，数据中偏差和噪声都会导致不确定性，影响预测结果。数据驱动的方法无法有效处理这些偏差，因为缺乏相关参数。大量训练数据通常能提高预测精度，但对于高斯过程并非总是如此。解决这个问题的一种方法是使用部分数据集，或者采用稀疏协方差矩阵或协方差函数近似方法。

　　3）在神经网络预测中，由于受到诸如测量噪声、数据量相对较小和损伤增长复杂性等因素的影响，很难找到参数的全局最优解，导致预测结果出现较大误差。

6.3　设备状态监测

　　为满足现代设备工程的需求，适应"工业 4.0""中国制造 2025"等趋势，我国提出了以下技术要求与发展方向：持续创新并整合光机电一体化、信息化、计算机、智能化等技术，同时结合"互联网+"、大数据和云计算等新兴技术，不断开发和应用信息化、程序化的现代设备工程管理技术，以及安全可靠的监测检验技术，数字化和智能化的故障诊断及预警技术，设备绿色润滑技术，高级设备修复技术，以及高效、节能、环保的更新改造技术，以确保设备高效、安全、可靠、绿色运行，并实现设备科学维护，加强设备安全智能监控。

6.3.1　设备状态智能监控

安全智能检测监控是先进安全监控技术和新一代人工智能检测技术的融合，通过在线实时监控设备运行状态参数和生成工艺流程，利用云计算进行智能分析，实现动态检测和智能预测设备的运行状态发展趋势，及时发现早期故障并提出相应维修对策，实现设备安全、可靠、高效运行的目标。

随着现代工业智能化的发展，设备安全智能检测监控技术在设备安全信息化管理、仪器仪表安全检测、工业智能检测监控和风险评估监控检验技术等方面持续取得进步。

设备安全信息化管理是开展设备安全智能监控重要的基础条件，主要包括设备点检管理、作业工艺管理、设备软件管理和信息化管理四方面。

1. 设备点检管理

设备点检管理是确保现代设备安全可靠运行和信息化管理的关键要素。它涉及正确处理操作人员与设备之间的关系，以及生产部门与设备部门之间的关系。操作人员正确运用设备点检管理可有效提升现代设备工程水平。

对于技术含量较高的设备，操作人员的素质要求更高，只有二者相匹配，设备才能发挥应有的技术优势。提高操作人员的技能不仅可以提升产品产量和质量，还可以延长设备的使用寿命。随着高端设备与自动线的不断增长，设备点检技术也在进一步发展，分为岗位点检和专业点检两种形式。岗位点检由操作人员完成，主要负责设备的日常巡检；而专业点检则由专业人员完成，这有助于体现设备全寿命周期管理的特征。

2. 作业工艺管理

确立设备安全信息化管理旨在充分发挥设备的整体效益和提升其技术功能。目前，管理人员普遍认识到提升设备综合效益不仅限于设备管理，还包括生产、质量、现场安全等多个方面。特别是将设备管理与生产、质量、现场安全等有机结合，才能实现现代设备工程安全信息化管理体系的持续改进。持续改进的重点在于推动作业工艺综合管理，具体体现在作业工艺表的制定、正确运用和不断改进。

（1）作业工艺 QC 表是将生产零部件及设备作业的各道工序用图表与数据表示出来，使生产员工明确了解工艺要求、品质要求、设备运行和安全维护要求等，确保现场生产的安全可靠进行。

（2）作业工艺 QC 表是用来指导作业人员具体操作设备的一种综合作业工艺管理技术文件，在表内要明确设备现场作业的各项技术要求，让操作人员理解设备运行中的核心技术要素，在操作时严格按作业工艺表的操作规程要求执行。为了使操作人员更好地理解设备运行重点和要领，在表内"示意图"栏目里专门配备了加工设备的图片、操作时的细节和显示仪器仪表的图片等。

（3）为了确保每道工序的加工品质，表内设立了设备作业程序栏目，规定了使用设备作业前、作业中和作业结束三阶段操作者必须执行的具体规程；也可以设立设备工序作业指导栏目，规定设备使用、刀具使用、品质检验等方面必须执行的内容。

（4）对重点工序，要在"管理重点"栏目里填写清楚。作业工艺 QC 表详见表 6-1。

表 6-1　作业工艺 QC 表

作业工艺			完成日期：　年　月　日		修订日期	批准	审核	编制
			批准	审核	编制			
图号	名称	工序名称	设备名称	作业标准时间	工具、检具名称		其他	
材质	规格	其他	安全管理		制造条件管理			
			口罩、手套、袖套					
			保护眼镜					
			工作服					
			工作帽					
			其他					

示意图

设备作业程序		
作业前	作业中	作业后
1.	1.	1.
2.	2.	2.

管理重点

1.

2.

3.

3. 设备软件管理

通过深入了解企业设备管理现状及需求，建立以设备状态监测数据和信息化软件技术为支撑的设备管理系统，有助于企业建立全寿命周期的现代设备工程平台。该系统直接支持各种离线及在线监测仪器，包括点检仪、频谱分析仪、在线监测站及最新的智能监测仪器，并与企业 ERP、MES 等管理信息化和自动化系统实现数据交换。通过人工点检或在线智能点检收集设备状态数据，记录并管理设备运行的历史数据。通过对设备状态数据的分析给出状态报警信息及异常状态记录，并结合设备故障数据及其他相关运行数据指导设备可靠性维护与检修工作的实施，以及相关备品配件的优化采购。通过不断强化设备软件管理，可以在保证机组安全、稳定和可靠运行的基础上，最大限度地降低设备的运行维护成本，设备软件管理应用达到最优运行的流程图如图 6-8 所示。

4. 信息化管理

1）开发设备软件管理，实现设备状态管理的信息化。将设备点检与在线监测的信息纳入计算机管理，且设备管理系统可与 ERP 等软件技术信息化系统实现信息的交换与共享，解决了信息化系统缺少基础状态数据的难题。

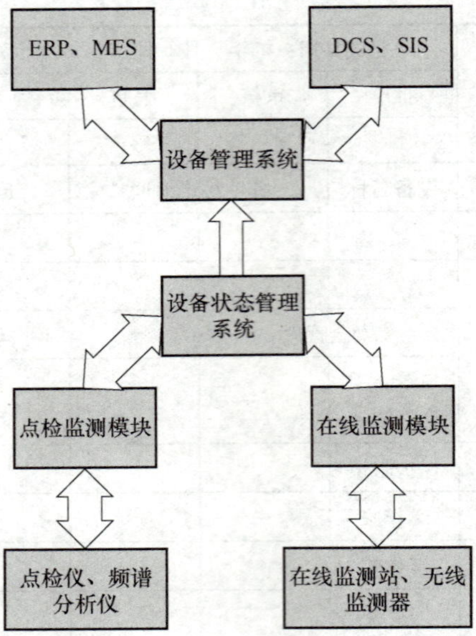

图 6-8　设备软件管理应用达到最优运行流程图

2）实现设备的智能点检和预知维修。可以最有效地实现设备状态受控，实现状态预知维修。

3）实现设备管理的标准化和规范化。借助系统提供的综合点检仪，可以使现场工作标准化和程序化，解决现场工作管理难的问题。

4）强化数据分析。借助软件技术系统提供的丰富的状态分析工具和智能辅助诊断功能，对设备状态进行精密分析和诊断，实施对设备状态的准确掌握，为实现优化检修提供技术支撑。

5）规范异常处理。根据设备状态数据产生的报警及异常信息，通过软件技术系统对设备进行相应处理，并对处理结果进行跟踪监测，进行技术积累，以提高整体的设备检修技术水平和管理水平。

6）规范维修作业流程。从检修计划编制、审核、检修结果记录、备件更换和材料消耗等方面，实现软件技术系统的规范管理。

6.3.2　智能工业监控管理

目前，企业已将主要生产设备转移到流水线、自动线等，其价值和维护费用不断上升，因此实施智能工业检测监控管理升级至关重要。自动监测、报警和智能诊断可以有效控制设备状态，在人员分流和费用减少的情况下确保设备高效、安全运行。在以下三个方面分析智能工业监控管理起到的作用。

1. 为企业带来的改变

预知维修重要设备，延长检修间隔时间；提高设备可靠性与安全性，减少人为安全风险；结合智能点检与 EAM，推动设备技术管理升级，促进智能维修、检修优化；基于互联网、大数据、云计算和云存储技术，应用智能工业监测技术全面分析设备运行状态信息，提供科学、标准化的故障预测、控制，为专家系统提供准确性和效能性的科学支持。

2. 智能工业检测监控技术的发展方向

智能工业检测监控技术，主要从智能采集、智能分析、智能报警与预测方向进行发展，具体包括：①应用设备安全信息化技术优化设备管理各个流程，使设备运行负荷、效率等在最佳范围内；②开发和实施现场设备运行趋势预测及故障预测预估技术，使操作人员及时对设备运行参数调整；③建立设备状态全息图。

3. 未来智能工业检测监控技术的发展路径

未来智能工业检测监控技术，主要逐步延伸到感知技术、智能服务技术和流程智能服务技术等三方面进行研发，具体包括：①大力发展及应用服务状态感知技术；②大力发展及应用设备智能服务技术；③大力发展生产流程智能服务技术。实施途径智能工业检测监控技术将重点围绕建立大机组在线智能工业监测站推进设备状态综合监控系统、持续改进高速旋转大设备智能工业监测以及强化设备状态监控及故障预警的信息化技术等方面展开。

6.3.3　远程综合监控系统

通过积极推广设备综合监控技术，特别是针对远程设备的瞬时转速和频谱进行分析，提取设备故障参数并进行判断和定位，以便及时调整或修复设备在运行状态恶化初期出现的问题，从而有效地预防故障发生，确保生产安全可靠。例如，远程设备在线故障诊断系统包括上止点传感器、转速传感器和监测仪，具有状态检测、故障报警显示记录、数据存储和查询等功能。多个电转速传感器的设置为远程设备故障诊断系统提供了详细依据。

1）利用智能工业检测监控技术实现智能采集、分析和报警预警，通过设备信息化和智能化管理优化各项管理流程，逐步实现设备现场运行趋势预测和故障预测。同时，利用不断发展的服务感知技术、设备智能服务技术和生产智能服务技术实现智能感知和智能服务。

2）先进的网络功能满足了企业对网络化设备状态管理的需求，通过企业的 Internet 采用 B/S 结构，软件安装在企业服务器或云服务器上，支持多用户访问。用户通过浏览器输入服务器 IP 地址即可进入系统，便于远程设备诊断，同时减少系统维护工作。网络化设备状态监测整体方案采用 B/S 结构，支持离线、在线和无线监测方式，兼容所有 RH 系列监测仪器，实现设备状态数据的智能采集、分析和报警，并对设备故障进行早期诊断和趋势预测，为企业提供统一平台，并为企业 ERP、EAM 系统提供科学的设备状态全息图。

3）完善用户权限管理，根据企业需要设定用户组权限，并提供密码保护功能，保障系统安全有序运行。根据企业实际情况建立清晰的树型数据库结构，显示报警等级指示在各结构层次的图标上；设备智能监测系统提供强大的报警设置功能和设备状态模块，使用户对设备状态一目了然，并快速识别问题区域。数据采集点检计划的建立和下达、数据回收都非常方便，系统同时支持临时任务数据的回收和转移。

6.4　设备剩余寿命预测

6.4.1　设备剩余寿命预测概述

在工业和制造领域，设备是生产力的关键组成部分。随着设备的使用和老化，了解设备的剩余寿命变得至关重要。设备剩余寿命预测是指利用数据分析、统计模型和机器学习等技

153

术，对设备的运行情况进行评估和分析，以预测设备在未来的可靠性和寿命。这项技术不仅可以帮助企业合理安排维护计划和资源，降低维护成本，还可以最大限度地利用设备，提高生产效率和产品质量。

随着工业4.0时代的到来，设备联网和大数据技术的发展，设备剩余寿命预测变得日益重要。传统的定期维护模式已经不再适用，企业需要更加智能和高效的维护策略来应对设备可能出现的故障和损坏。通过对设备剩余寿命进行预测，企业可以及时发现潜在的问题，采取相应的预防性维护措施，避免生产中断和生产损失，提高设备的可靠性和稳定性。

6.4.2　设备剩余寿命预测的方法与技术

当设备性能退化时，性能会缓慢下降，严重时可能导致设备失效无法正常工作。退化是一种化学或物理过程，例如，轴承的功能因长时间摩擦损耗而衰减，电子元件因老化造成性能下降，锂电池性能由于长时间腐蚀而损耗，设备性能退化的过程示意图如图6-9所示。

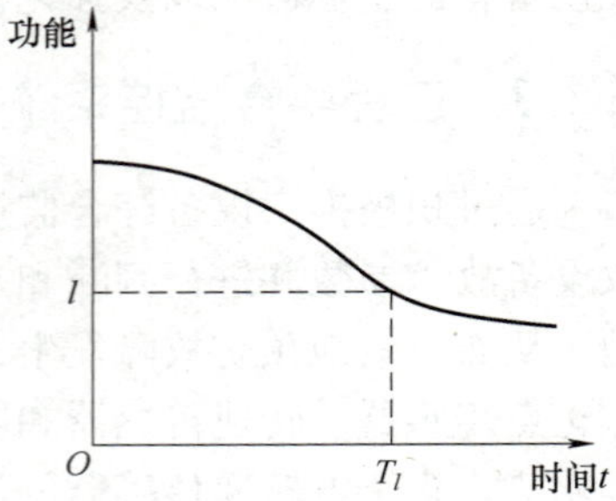

用于寿命预测的方法包含平均寿命预测和剩余寿命预测。平均寿命定义为设备失效前的平均使用时长，是使用寿命 T 的期望，即

图6-9　设备性能退化过程示意图

$$E(t) = \int_0^\infty t\,\mathrm{d}F(t) = \int_0^\infty R(t)\,\mathrm{d}t \qquad (6\text{-}8)$$

式中，t 代表当前时间；$F(t)$ 代表寿命退化的函数。剩余寿命是设备的 PHM 中的核心问题，是设备从当前或某一时刻到设备最后失效时刻的差值。用 X 表示设备退化过程函数，该函数为单调递减函数，记 $X(t)$ 为设备在 t 时刻的退化量，当 $X(t)$ 达到失效的阈值，寿命 T 可表示为

$$T = \inf\{t : X(t) \geq \omega \mid X(0) < \omega\} \qquad (6\text{-}9)$$

当前时刻 t 的剩余寿命可以表示为式（6-10），该时刻剩余寿命的分布表示为式（6-11）。

$$L_t = \{l_i : T - t ; T > t\} \qquad (6\text{-}10)$$

$$F_L(l) = P(T \leq l + t \mid T > t) = \frac{F(l+t) - F(t)}{l - F(t)} \qquad (6\text{-}11)$$

在数据驱动的设备剩余寿命预测中，用于预测的数据往往是来自安装在设备上的传感器的监测数据。对于工作方式、复杂程度不同的设备，传感器采集到的数据类型和数据维度都不相同，预测方式也不同。因此，针对不同工业场景工业设备，需要有针对性地设计其适用的剩余寿命预测模型。对于机械设备如轴承，能够用于剩余寿命预测的数据往往只有机械振动数据、温度数据等信息；对于精密复杂的设备如航空发动机，通常会在不同设备上安装多种传感器，从而能够在同一时间内获得多个不同维度的监测信息。基于深度学习与数据驱动的设备剩余寿命预测的主要流程如下。

1. 数据采集与处理

首先需收集设备大量的运行数据，如温度、压力、振动、电流等，可通过传感器、监控系统或设备本身记录功能实现。随后，利用数据处理技术对数据进行清洗、转换和标准化，以备后续分析和建模之用。

2. 特征提取与选择

经数据预处理后，从原始数据中提取有意义特征，反映设备运行状态和性能。常见特征包括统计、频域和时频域等。为降低模型复杂度和提高预测准确性，采用相关性分析、主成分分析等方法进行特征选择。

对于多维监测设备，多个维度的监测数据中包含了丰富的时序信息、频率信息以及传感器之间的相互关联信息。利用多通道信号进行剩余寿命预测的关键是提取时序特征以及多维数据间空间的特征。卷积神经网络常被用来捕获多个传感器的数据之间存在相互关联的空间关系，由于多维时序数据是二维时序数据，可以用一维卷积进行特征提取。图 6-10 是用一维卷积进行特征提取的结构。

然而仅依靠卷积神经网络不能捕获到时间序列的关系，循环神经网络由于其记忆的特点，可以被用来捕获振动信号中的时序特征。本章介绍卷积神经网络和长短时记忆网络（LSTM）的混合网络，通过并行提取空间特征和时序特征开展寿命预测，其结构如图 6-11 所示。

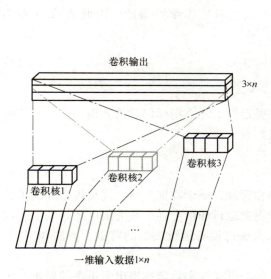

图 6-10　用一维卷积进行特征提取的结构

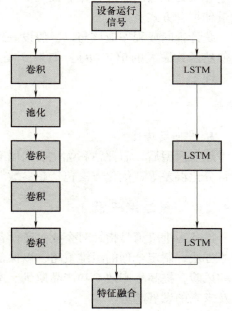

图 6-11　卷积神经网络和长短时记忆网络的混合网络结构

3. 建模与预测

建模是设备剩余寿命预测的核心环节，常用方法有统计模型、机器学习和深度学习。统计模型如回归分析、生存分析适用于小数据和简单特征。机器学习模型如支持向量机、随机森林适用于中等规模和复杂度数据。深度学习模型如循环神经网络、长短期记忆网络适用于大规模和高维度数据。本节以参数统计方法为例进行介绍。

参数统计方法首先假设数据符合某种类型的分布（如高斯分布），并且该分布的参数（如均值和标准差）能够通过数据计算得出。数据由参数表示，对数据进行分类测试是基于参数的。

（1）似然比检验

似然比检验是对两个模型之间拟合度的统计检验，其目的是使用另一种假设来对无效假设进行检验。该方法需要将备选假设下的最大似然与原假设下的最大似然进行比较。检验统计量可以表示为

$$r = \frac{P(x_i \mid H_{\text{null}})}{P(x_i \mid H_{\text{alt}})} \tag{6-12}$$

式中，x 是观测数据；$P(x \mid H)$ 是条件概率，假设 H 为真。被检验的假设是原假设（无效假设）和备选假设。如果 H_{null} 为真，则 r 值集中在 1 附近。如果统计值太小，则拒绝原假设。似然比检验可以作为假设检验的一部分在机器学习中使用，并且可用于提取数据特征，从而做出系统健康决策。

（2）最大似然估计

最大似然估计指出，期望概率分布是观察到的数据最有可能的分布，即参数向量的值使给定分布的似然函数最大化。最大似然估计是一种统计方法，一般用来计算数学模型与数据的最佳拟合方式。

统计推断或程序应该与以下假设一致，即对一组数据的最佳解释是由 θ 提供的一个能够使似然函数最大的值 $L(\theta)$。如果 θ 是单个实参数，则是连续可微的，因此 L' 在 θ 处为零，即

$$\frac{\partial}{\partial \theta} \ln L(\theta) = 0 \tag{6-13}$$

4. 评估与优化

建立模型后，需评估和优化以确保准确性和稳定性。评估指标包括均方根误差、平均绝对百分比误差等，优化方法包括超参数调优、模型融合等。

6.4.3 设备运维决策

设备运维决策是指针对企业生产设备的维护和管理，基于数据分析、优化模型和决策算法等方法，制定合理的运维策略，以保证设备的正常运行和稳定性，最大限度地降低生产成本和风险，提高生产效率和产品质量。本节将深入探讨设备运维决策的背景、方法和应用，以及未来的发展趋势。

随着工业化和数字化的不断深入，企业对设备的可靠性和稳定性提出了更高的要求。传统的定期维护模式已不再适用，企业需要更智能、更高效的运维策略来解决设备可能出现的故障和损坏问题。设备运维决策的重要性主要表现在以下几个方面。

1）降低生产成本：通过合理的维护计划和资源配置，可以降低设备维护和修理成本，提高资产利用率和经济效益。

2）提高生产效率：及时发现设备问题并采取相应措施，可减少生产中断和停机时间，提高生产效率和产能利用率。

3）保障产品质量：稳定的设备运行状态可确保产品一致性和质量稳定性，提升企业品牌形象和市场竞争力。

设备运维的操作步骤如下：

1）数据采集与监测：首先，需通过传感器、监控系统或设备记录功能采集各项运行数

据，如温度、压力、振动和电流等。然后，利用数据监测技术实时监测设备运行状态，及时发现任何异常情况。

2）故障诊断与预测：基于监测数据和历史故障记录，运用数据分析和统计模型对设备潜在故障进行诊断和预测。这涉及根据设备运行情况和特征，预测设备的剩余寿命和故障可能性。

3）维护优化与调度：结合故障预测结果和维护成本，制定合理的维护策略和调度计划。这包括确定维护时机、方式和频率，以及优化维护资源的分配和利用。

4）决策支持与优化：建立设备运维决策模型，综合考虑设备状态、维护成本和生产需求等因素，提供决策支持和优化方案。常用的决策方法包括优化模型、多目标决策和风险分析等。

6.4.4　基于大数据技术的智能运维

实现设备的智能运维和健康监控具有重要的应用和研究意义。现代高效率自动化生产的需求，要求各种设备，如城市道路网络、工厂生产线、卫星及卫星星座、城市污水处理系统等长时间稳定的运行。这要求这些设备必须具备自动运维和健康监控的能力，能够抵抗干扰工作的因素。具体的，这需要设备具备自动发现内部的异常现象，定位并快速排除出现的故障的功能。因此需要设计设备智能运维算法，检测运行中出现的异常，诊断异常对应发生的故障。设备的智能运维包含多个环节，异常检测和故障诊断是其中的两个重要环节。首先，设备运行时采集多种数据，包括传感器监测数据、设备状态信息和控制信号数据等。设备出现故障会导致这些数据中部分出现异常的数据特征。然后，设备通过异常检测环节，使用数据处理技术发现并定位设备数据中的异常，生成异常标签等信息。设备通过故障诊断环节，根据异常信息判断导致设备数据异常的设备故障，并确定故障的具体类型和位置等信息。最后，设备或运维人员可根据故障信息完成对故障的排除。

智能运维的最终目标是减少对人员因素的依赖，逐步信任机器，实现机器的自判、自断和自决。智能运维技术已经成为新运维演化的一个开端，随着在更高效和更多的平台上的实践，智能运维将为整个设备管理领域注入更多新鲜活力。从根本上，智能运维离不开大数据技术的紧密支持，主要体现在数据采集与集成、数据处理与分析、机器学习与人工智能、实时监控与预警、数据可视化、自动化运维决策以及案例学习与经验积累等方面。

大数据技术能够从各种来源采集海量数据，并对其进行集成和存储，为智能运维提供基础。利用大数据分析工具，可以对数据进行高效处理和分析，提取有价值的信息和模式，帮助监控系统状态、预测故障和优化性能。机器学习算法可以基于这些数据进行训练，构建出准确的预测模型和决策模型，支持智能运维实现自动化和智能化。实时数据处理和分析技术使得系统运行状态能够被实时监控，及时发出预警并采取措施。数据可视化工具将复杂的分析结果以图表和仪表盘等形式展示，提升运维效率。此外，智能运维系统可以基于大数据分析和机器学习的结果自动生成运维决策，减轻运维人员的工作负担，提高运维效率和准确性。通过对大量历史运维案例的分析和总结，还可以积累知识和经验，形成知识库，指导未来的运维工作，提高运维决策的科学性和有效性。大数据技术是智能运维的基础和核心支撑，帮助实现系统的高效监控、故障预测、性能优化和自动化决策，从而提高系统的可靠性、稳定性和运行效率。

大数据技术最基本的三个方面如下。

（1）数据挖掘

数据挖掘是通过大数据分析技术实现智能运维的关键手段，数据挖掘可以通过不同的方法来实现，本节主要介绍采用动态数据挖掘法和层次分析法相结合的方法。

动态数据挖掘也就是时间序列分析，其本质反映的是某个采样标本随着时间的延续出现相应变化的趋势，主要是研究数据的发展趋势。每 40ms 或更短的时间周期内运维系统会采集设备运行数据，每组运行数据都能反映出设备的运行状态。运维系统采集的数据会随着时间的推移进行不断积累并存储。系统设备的工作状态不断变化并且与每个时间状态不一致，每个时间序列都能反馈出系统中设备的不同工作状态。依据此特点，可以实现对设备的工作状态进行实时维护管理。系统采集的数据根据设备工作状态是否正常分为在线数据和下线数据。在线数据就是设备正常工作的状态，系统将采集到的实时数据同设备正常工作的在线数据进行比对，两个数据一致，那么设备的实时工作状态是正常的。当设备发生故障时，系统采集到下线数据，同设备正常工作的在线数据进行比对后不一致，就会判断出设备工作状态异常，进而对下线数据进行深入分析，判断出设备故障原因。

在相同的采样时间内对不同的动态数据进行采样，那么时间的采样值与动态数据的幅度是相对应的，工作正常设备的采样数据曲线随时间的变化趋势就是一致的。此时使用线性密度方法。线性密度定义为每单位长度分布在线段上的有效点数。在运维系统采取的动态数据中，定义线性密度如下：设有动态数据 $X = X_1, X_2, \cdots, X_n$ 和 $X_p = X_{p1}, X_{p2}, \cdots, X_{pn}$。其中 $X_{p1}, X_{p2}, \cdots, X_{pn} \in X$，且 $1 < p_1 < \cdots < p_n < n, X_{qp}(q = 1, 2, \cdots, n)$，在设备 t_p 的运行时间里采取了 n 组数据，他们均匀分布在直线 $t = -t_p$ 上的。f 个线段是 X_{qp} 将 X_{p1} 到 X_{pn} 的间隔划分而成，也就是 f 个间隔，定义分布密度 δ_{pq}，取从 p 到 q 连续 u 个线段，计算采样数据的平均值和分布密度，其中采样数据是指分布在 u 个线段上的有效数据。分布密度的计算公式如下：

$$\delta_{pq} = \frac{\sum\limits_{z=p}^{q} N_z}{\sum\limits_{z=p}^{z} f_{lz}} \quad (p = q - u, 0 < q \leqslant l - u) \tag{6-14}$$

式中，f_{lz} 为线段 l_z 的长度；N_z 为线段 l_z 上的有效点数。正常状态的确定：通过以均匀分布的最大密度间隔对线性最大密度采样的所有有效密度采样平均系数进行密度综合分析和计算，可以得出估计的密度正常值因子，从而可以得出密度正常值系数。将 $\sum_p X_s$ 定义为有效样本值的总和，以最大线性密度 $\delta_{pq\max}$ 的相应间隔提取这些有效样本值以估算正常值。

$$X_0 = \frac{1}{v} \left(\sum_{P=P_0}^{P_0+U} \sum_p X_s \right) \tag{6-15}$$

其中 U 指最大线性密度下的时间间隔内有效采样点的平均值，它并不是某个采样点的值，是采样的所有有效点的平均值。该过程可以获取正常值 X_0 进行估计，但不是实际样本值。X_0 和实际样本值之间存在一定误差，该误差定义为 θ_0。对 θ_0 在最大线密度 $\delta_{ij\max}$ 的相应间隔中的采样值计算统计误差，则有 $X_0 - X_p < \theta_0$。上述算法使得运维系统能够提炼出设备正常工作的数据，运维系统将其与系统实时采集到的设备数据进行对比，判断是否一致，当设备出现故障时能够快速判断出故障点及原因。

（2）层次分析法

层次分析法是一种定量分析方法，用于全面评估多个指标。它可以对具有一定定性的因素进行量化，在一定程度上可以检验和降低其主观作用，使得评价工作更加科学。目前，它在我国越来越受到高度重视，并在实践中得到了应用。层次分析方法的具体工作流程及其内容列表如下：①通过分析系统元素之间的交互作用来建立系统层次结构；②将相同层的每个元素的必要性与前一层的标准进行比较，并创建一个判断矩阵来进行比较判定；③判别矩阵用于计算比较元素所占据的相对参考值的相对权重；④通过计算和全面分类需要在整个系统中实现的质量目标和质量要素每一层的权重。可变权重综合分析层次结构的主要内容如下：首先选定评估目标，确定目标之间的层次关系，其次根据层次分析层次确定权重，最后使用平衡函数确定权重。该系统是拟通过利用基于多维度层次分析的可变权重综合评价方法建立一个综合性的评价体系。根据上述评价体系的研究，层次结构模型在取得评价之后，根据各评价指标进行运算，得出各评价指标模型的权重；同时，对评价数据较低的指标，经过标准化处理后进行评价，可使用以下公式确定底层的总体评估值。

$$W_p = \sum_{q=1}^{n} v_q(y_1, \cdots, y_n, v_q^{(0)}, \cdots, v_n^{(0)}) y_q \qquad (6\text{-}16)$$

式中，W_p 为第 p 层的评估值；$v_q^{(0)}$ 为第 q 个指标的权重；v_q 为变权后的权重；y_q 为第 q 个指标的评估值。根据式（6-16）对各层进行计分，获得健全性的整体评价值 W。经过以上的数据分析处理，计算出各层的评价值百分比，最后算出系统总体评价值。

（3）数据可视化

计算机图形学是数据可视化诞生的根源。运维系统通过采集数据并经过一系列复杂的数据处理后以直观的方式向运维人员展示数据背后有价值的信息。数据的可视化实现主要有三个步骤：第一步是控制系统各设备运行的各种数据进行收集，第二步是将收集到的海量数据利用大数据平台进行分析处理，第三步是生成。大数据平台通过各种复杂技术将转换后的数据转换成用户易于识别的应用状态曲线，帮助运维人员了解采集的海量数据隐含的有用信息，实现设备的智能化维护。数据可视化流程如图 6-12 所示。

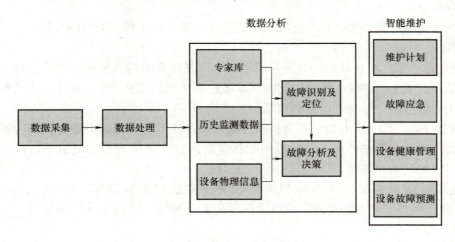

图 6-12　数据可视化流程

159

6.4.5　未来基于人工智能的运维决策

新一代人工智能代表了人工智能在互联网、大数据和深度学习等新理论和新技术推动下的新阶段。将其应用于高端装备的智能运维与健康管理已成为新时代发展的迫切需求和必然趋势。然而，如何有效利用新一代人工智能技术实现智能运维与健康管理呢？首先需要了解其技术特点，然后运用典型的深度学习模型和迁移学习方法来实现这一目标。

当前，重大装备故障诊断存在着精度与准确性不高的问题，主要受到结构复杂和信号微弱等因素的影响。新一代人工智能技术在特征挖掘、知识学习和智能程度等方面展现出显著优势，为智能诊断运维提供了新的途径。这种技术不仅能提高装备的安全性、可用性和可靠性，还有助于制造企业的智能化升级和企业效益的提升，因此受到了国际学术界和商业组织的密切关注和重点投入。例如，美国 PHM 协会长期致力于基于人工智能技术的状态监测与预测研究，并组织了数控机床刀具全寿命周期振动、温度等多元异构数据实时监测实验。另外，美国国家航空航天局（NASA）也在密切关注机械基础部件的服役安全性，并开展了全寿命周期多源数据监测实验，以开发航空发动机等重大装备的智能诊断与预测技术。此外，新一代人工智能技术也是国际先进航空发动机制造业长期关注的焦点，例如，美国普惠（Pra&Whitney Group，P&W）公司在超过 15 年的持续专项研究后，建立了"先进诊断与发动机管理"系统，实现了发动机设计制造数据、运行监测数据与维修保障数据的深度分析，从而具备了发动机在线诊断预测和地面维护保障关键功能。2017 年，英国罗罗（Rolls Royce，罗尔斯-罗伊斯）公司提出了"智能航空发动机"项目，旨在通过专项研究实现发动机整寿命周期内大数据的有效监测与深度分析，以提升发动机的运行安全性与维护保障性。此外，2018 年罗罗公司提出了智能发动机的技术体系架构，并指出基于先进机器人技术的智能检测与预知、自愈维护是智能发动机的核心技术内涵。

然而，如何将新一代人工智能技术融入重大装备实现运行安全保障仍然是一个挑战难题。针对机械装备检测数据特点，构建有针对性的智能诊断模型；对于装备制造业监测数据的高维度、多源异构和流数据等大数据特性，需要探索多源数据融合、深度特征提取和流数据处理等新一代人工智能技术，以研发基于大数据分析的智能处理框架和技术体系，这是未来的重点发展方向。

设备剩余寿命预测技术已被广泛应用于制造业、能源行业和交通运输等领域。以下是一些典型案例。

1）制造业：工厂设备剩余寿命预测帮助企业预测设备的剩余使用寿命，合理安排维护计划，降低生产成本和风险。例如，德国汽车制造商宝马利用机器学习算法对生产线上的设备进行剩余寿命预测，提高了设备利用率和生产效率。

2）能源行业：风力发电机组寿命预测优化风电场的运行和维护策略，提高能源利用效率。例如，丹麦风力发电公司 Vestas 利用数据驱动的方法对风力发电机组进行剩余寿命预测，降低了维护成本和风险。

3）交通运输：列车轴承寿命预测确保交通安全和运行稳定。例如，德国铁路公司（DB）利用机器学习算法对列车轴承进行剩余寿命预测，提高了列车的运行安全性和可靠性。

4）航空航天领域：飞机发动机寿命预测确保航班的安全性和可靠性。例如，通用电气（GE）的 Predix 平台利用大数据技术和机器学习算法对飞机发动机进行实时监测和预测，提高了发动机的可用性和性能。

　　尽管设备剩余寿命预测技术已经取得了显著的进展，但仍然面临一些挑战。如数据质量不高、模型复杂度过高、决策不确定性、领域知识不足等。未来，随着人工智能和大数据技术的不断发展，设备剩余寿命预测技术将会更加智能化和精准化，为企业提供更加可靠和高效的设备维护方案，推动工业生产的持续发展和进步。

6.5　本章小结

　　随着现代工程系统的复杂化和智能化，系统的研发、生产和维护成本不断上升，故障和功能失效的概率也逐步增大。为了提高系统的可靠性、安全性和经济性，故障预测和健康管理（PHM）逐渐受到重视和应用，成为实现自主后勤保障的重要基础。

　　PHM 核心技术内容包括故障预测和健康管理两个方面。故障预测涉及故障物理学基础研究、传感器技术、特征提取、故障诊断（故障检测和分类）以及故障预测等内容。健康管理则是基于故障预测信息制定科学有效的运营计划、维修计划和保障计划，以最大限度地减少维修事件和财物损失，降低系统费用效益比。

　　故障预测是 PHM 的核心。通过对设备运行和退化数据的监测和分析，结合故障物理学知识，可以识别设备的故障机理和潜在失效模式，建立故障预测模型，实现对未来故障的预测，这为健康管理提供关键信息支撑。

　　健康管理则是基于故障预测信息制定相应的维修计划和保障措施。合理的维修计划能够提高设备的可靠性，减少意外故障的发生。同时，结合故障预测信息，可以有针对性地制定保障计划，提高保障效率，降低系统运行成本。

　　随着人工智能、大数据、物联网等新兴技术的快速发展，PHM 技术也不断发展和创新。具体表现在以下几个方面。

　　1）基础理论研究方面：针对复杂系统的故障机理和失效模式开展深入研究，制定更精确的维修计划，延长设备的使用寿命，提高整体系统的可靠性。

　　2）传感技术方面：利用新型传感器和信号处理算法，实现对设备状态的精准感知和监测，提高监测的精度，减少维护成本，防止重大事故的发生。

　　3）数据分析方法方面：结合大数据和人工智能技术，开发新的特征提取、故障诊断和预测算法，提高数据处理的速度和准确性，使预测结果更为可靠。

　　4）系统集成方面：将 PHM 技术与设备控制、维修管理等系统深度融合，构建面向未来的智能运维体系，更有效地管理设备状态，优化维护计划，并降低运行成本。

　　5）应用领域拓展方面：PHM 技术逐步应用于更多重要装备和基础设施的健康管理，为提高系统的安全性和可靠性发挥重要作用，为各行各业的设备运维提供智能化解决方案。

　　总之，PHM 技术作为实现装备自主保障的关键，正在引领全球制造业维修保障体制的变革，并将不断创新发展，为提高重大装备和系统的可靠性、安全性和经济性做出重要贡献。

6.6　项目单元

本章项目单元实践主题为"盾构机运行数据处理"。对机械设备进行健康监测的前提是将其有效运行工作时段的数据进行识别与筛选，由此才能基于这些数据进行智能健康管理算法的研究与实践。盾构机作为一种典型的重型装备，其工作条件复杂、运行环境恶劣，可能面临着设备故障等问题，其健康监测任务十分重要。盾构机上现存的传感器可采集数百个信号，对这些信号数据开展有效的信息挖掘的前提是判别其工作状态。本项目单元将尝试进行盾构机有效工作状态识别的数据预处理实践。

第 6 章项目单元

具体实践指导请扫描二维码查看。

本章习题

6-1　试概述 PHM 技术的发展历程及重要意义。

6-2　故障诊断与故障预测的异同点是什么？

6-3　与传统故障诊断相比，智能故障诊断有什么优势？

6-4　除了支持向量机，试分析还有哪些算法能够用于故障诊断。

6-5　试分析在设备状态智能监控中，操作人员与监控设备如何交互。

6-6　试举例说明设备运维决策的重要性。

6-7　试分析将大数据技术运用到设备运维中的优势。

6-8　随着智能运维技术的发展，系统是否还需要人工干预？

6-9　试详述数据可视化的流程及方法。

6-10　数据可视化在设备健康管理中的应用方法是什么？

6-11　为什么设备运维决策对于生产企业至关重要？

6-12　智能工业监控管理系统如何提高生产效率和安全性？

第7章　制造资源优化技术

📖 **导读**

制造系统需要面向有限的生产资源（如人、机、料等），以高质量且高效的方式完成生产任务。因此，高效的制造资源优化技术是实现该过程的关键技术，也是感知、分析与决策体系中决策环节的核心问题。本章将从制造资源优化的基本问题与原则入手，介绍制造资源优化的基本概念，并进而结合厂内物流优化、柔性作业车间的排产和制造资源重调度三类核心调度问题分别进行介绍。通过对这些技术的系统学习，读者将能够掌握在智能制造过程中如何利用智能优化技术实现高效的制造过程管理，以做出科学决策。

📄 **本章知识点**

- 制造资源优化基础概念
- 厂内物流优化的关键技术
- 柔性作业车间排产问题及优化方法
- 制造系统重调度技术与应用

7.1　制造资源优化概述

制造资源一般指制造过程中使用的设备、物料等，其状态会随着生产的进行而不断变化更新。制造资源的动态变化增加了对其进行合理配置的难度，配置过多则增加成本，配置过少则影响生产效率。接下来将对制造资源优化的目标和基本原则、制造资源优化的重要性、制造资源的分类、制造资源优化技术和制造资源智能优化进行概述。

7.1.1　制造资源优化的目标和基本原则

在探讨制造资源优化的目标和基本原则时，首先需要明确优化的最终目的：提高生产效率，降低成本，确保产品质量，同时提高资源利用率和生产的灵活性。实现这些目标的过程中，需要遵循几个基本原则，见表7-1。

表 7-1 制造资源优化的基本原则

基本原则	说明
目标明确性	制造资源优化的首要目标是确保每一项资源都能发挥其最大的效能，不仅仅是提高生产线上的直接生产效率，也包括资源的综合利用效率，如能源使用效率、原材料利用率、设备使用率等。明确的目标是指导所有优化活动的基石，只有知道要达到的目的，才能更有效地规划和执行
整体性原则	在进行资源优化时，不能仅考虑单个环节或者单个资源的优化，而应当从整个制造过程的角度出发，进行全面考虑和规划。具体包括对生产线布局、物料流动、信息流动以及工作流程等各个方面的综合优化，确保资源配置的最优化不仅仅局限于单个环节
动态调整原则	制造资源的状态是动态变化的，其相应要求优化过程同样需要具备动态调整的能力。随着市场需求、生产技术、原材料供应等因素的变化，优化策略也需要及时调整，以适应新的生产条件和需求。这种动态调整能力是保持制造资源优化效果持续性的关键
效益最大化原则	在资源优化的过程中，追求的是成本与效益之间的最佳平衡点。这不仅仅是追求成本的最小化，更重要的是在成本可接受的情况下，最大化生产效率和产品质量。这要求在优化过程中，需要进行细致的成本效益分析，确保每一项资源的配置都能带来最大的回报
可持续发展原则	在进行制造资源优化时，需要考虑到环境保护和可持续发展的要求。在提高资源利用效率和生产效率的同时，还要确保生产过程的环境友好性，减少废物产生和能源消耗，保证优化活动符合绿色制造和可持续发展的目标
创新驱动原则	随着新技术的不断涌现，制造资源优化也需要不断地吸收和应用新技术、新方法。例如，利用先进的信息技术和自动化技术，可以大大提高资源配置的精准度和效率。因此，保持开放和创新的态度，积极探索新技术在资源优化中的应用，是提高优化效果的重要途径

7.1.2 制造资源优化的重要性

制造资源优化对于任何一个制造企业来说，都是其核心竞争力的重要组成部分。随着全球化竞争的加剧和消费者需求的日趋多样化，企业面临的挑战越来越大。在这种背景下，有效地优化和配置制造资源能够提高生产效率和降低生产成本，增强企业的市场竞争力。制造资源优化的意义包括以下几个方面。

1）提高生产效率。通过优化制造资源的配置，可以减少生产过程中的浪费，提高生产线的运行效率。这包括减少原材料的浪费、缩短生产周期、提高设备使用率等。提高生产效率意味着可以在更短的时间内生产出更多的产品，满足市场需求，同时降低单位产品的生产成本。

2）降低生产成本。成本控制是制造企业持续盈利的关键。通过有效地优化资源配置，可以在生产过程中节约大量成本，包括原材料成本、能源成本、人力成本等。成本的降低可以提供更有竞争力的产品价格，从而在激烈的市场竞争中占据优势。

3）提高资源利用率。资源优化更关注对企业资源的整体管理和配置。在资源日益紧张的今天，提高资源利用率是企业可持续发展的需要。

4）增强市场响应速度。在快速变化的市场环境中，能够迅速响应市场变化的企业往往能够获得更多的机会。制造资源的优化可以提高生产的灵活性，使企业能够更快地调整生产计划，迅速适应市场需求的变化。

5）创新和技术进步的驱动力。制造资源优化是推动企业技术创新和进步的重要力量。

通过优化过程，企业能够识别出生产中的瓶颈和技术缺陷，进而促使企业寻找和应用新技术、新工艺来提升生产效率和产品质量。例如，引入自动化和智能化技术能提高产品的一致性和可靠性。这种通过资源优化驱动的技术革新，是企业持续竞争力提升的关键。

总的来说，制造资源优化的重要性远远超出了单纯提高生产效率和降低成本的层面，它关乎企业的长远发展、市场竞争力、环境责任以及客户满意度。在当前这个快速变化的市场环境中，只有不断优化和提升资源利用效率的企业，才能保持竞争优势，实现持续增长和成功。

7.1.3　制造资源分类

在深入探讨制造资源优化的过程中，对常见的制造资源进行分类和特点分析显得尤为重要。这不仅有助于精确识别生产过程中的关键环节，还能为资源优化提供明确的方向和策略。常见的制造资源可以分为机器设备、人力资源和原材料这三大类资源，接下来将单独详细展开介绍。

1. 机器设备

机器设备作为制造过程中的核心物理资产，其种类和功能的多样性决定了其在生产活动中的关键作用。这些设备涵盖质量控制、物料搬运以及环境控制等多个方面。

（1）生产设备。生产设备是制造过程的心脏，其性能直接关系到生产效率和产品质量。在不同的行业中，生产设备的种类和应用有所不同。例如，在汽车制造业中，高度自动化的装配线和机器人臂是生产的主力，如图7-1所示；而在半导体行业，精密的光刻机和清洗设备则是不可或缺的，如图7-2所示。

图7-1　汽车制造业中的机器人臂

图7-2　半导体行业中的电子束光刻机

（2）检测设备。检测设备主要用于保证产品质量。从简单的尺寸测量工具到复杂的自动化检测系统，检测设备能够对生产过程中的产品进行全面的质量控制，及时发现并纠正问题，以确保最终产品符合标准。

（3）物料搬运设备。物料搬运设备解决了生产过程中的物流问题，包括原材料的输入、半成品的转运以及成品的输出。有效的物料搬运系统能减少因手工搬运造成的损失和伤害，如图7-3所示为物流仓库中的智能搬运机器人。

（4）环境控制设备。环境控制设备为生产过程提供了必要的环境条件，这对于一些对环境要求极高的生产活动尤为重要。例如，在制药或食品加工行业中，洁净室和温湿度控制

165

系统能够确保产品的安全和卫生。

2. 人力资源

人力资源是制造活动中的动力源泉。不同层次和技能的人员协同工作，确保了生产活动的顺利进行。

（1）直接生产人员。直接生产人员是生产第一线的工作者，他们的操作直接关系到生产效率和产品质量。提高这一群体的技能和效率是提升生产能力的关键。

（2）技术人员。技术人员提供了生产过程中所需的技术支持和创新。他们负责工艺设计、产品开发、质量控制等关键环节，是提升生产技术水平和产品竞争力的重要力量。

（3）管理人员。管理人员负责协调各个生产环节，确保生产计划的实施和生产资源的有效配置。他们的管理能力直接影响到生产的顺畅和效率。

（4）服务与支持人员。服务与支持人员提供生产过程中必要的后勤支持，包括设备维修、物流管理、行政后勤等，是保障生产活动能够顺利进行的基础。

图 7-3　物流仓库中的智能搬运机器人

3. 原材料

原材料是转化为最终产品的关键物质基础。原材料的质量、成本和供应状况对生产有着直接和深远的影响。

（1）金属材料。金属材料以其优良的机械性能和加工性能，广泛应用于各个制造行业。对金属材料的选择和使用，直接关系到产品的性能和成本。

（2）非金属材料。非金属材料如塑料、橡胶等，以其独特的性能在许多领域发挥着重要作用。例如，电子和包装行业对非金属材料的需求尤为显著。

（3）电子元件。在电子制造业中，电子元件是构成各种电子产品的基本单元。它们的性能和可靠性直接决定了电子产品的品质。

（4）化学物质。化学物质在化工、制药等行业中是生产的基础。这些物质的稳定供应和质量控制对保证产品质量和生产效率具有重要意义。

通过对机器设备、人力资源和原材料的详细分类和特点分析，除了能更深入地理解各类制造资源在生产过程中的作用之外，还能够有针对性地制定优化策略，以提高生产效率，降低成本和保证产品质量。

7.1.4　制造资源优化技术

制造资源优化是指在制造过程中通过各种技术和方法提高资源使用效率，降低成本，确保产品质量，并实现可持续发展。本节将深入探讨精益生产管理、自动化与机器人技术、数字化转型与智能制造等技术在制造资源优化中的应用。

1. 精益生产管理

精益生产管理是一种旨在消除生产过程中所有形式的浪费、提高生产效率和质量、降低成本的管理哲学和实践方法。其起源于丰田生产系统（Toyota Production System，TPS），由此发展而来的精益生产理念已广泛应用于全球各种规模和类型的制造业中。

精益生产的核心在于持续的改进和消除浪费，包括过度的生产、等待时间、不必要的运输、过度的加工、过多的库存、不必要的人员移动和缺陷七大浪费。此外，还有一个通常被认为是第八种浪费的类型——未利用的人才和创新能力。这些原则指导企业重新思考和设计他们的生产过程，以更高效、更节约地使用资源。

在精益生产的实施中，几种关键策略和工具起着重要的作用，包括 5S 方法论、价值流分析（Value Stream Mapping，VSM）、准时制（Just In Time，JIT）等。这些工具和策略不仅帮助企业识别和减少浪费，还促进了生产流程的持续改进。

（1）5S 方法论

5S 方法论的实施是精益生产管理中最基本的步骤。5S 代表整理（Seiri）、整顿（Seiton）、清扫（Seiso）、清洁（Seiketsu）和素养（Shitsuke），它们共同构成了创建和维护有序、高效、安全工作环境的基础。在实践中，5S 方法论要求团队识别并去除工作区域内不必要的物品，确保所有工具和材料都有其指定位置，定期清理工作空间以防止污染和故障，维护高标准的工作区域卫生，并通过持续教育和纪律来培养员工的良好工作习惯。通过这种方式，5S 不仅提高了生产效率，还增强了员工的安全意识和团队协作。

（2）价值流分析

价值流分析（VSM）提供了一种可视化工具，帮助企业绘制出生产过程中的物料和信息流动图。通过绘制当前状态的价值流图，企业能够清楚地识别流程中的浪费点，如不必要的库存、过度处理或等待时间。然后，企业可以设计未来状态的价值流图，规划出消除这些浪费的策略，图 7-4 所示为价值流图的基本框架，相应的说明见表 7-2。

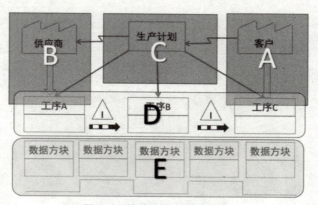

图 7-4　价值流图的基本框架

表 7-2　价值流图的框架内容说明

编号	区域类型	内容
A	客户区域	需要了解客户需求量、交货频次、运输方式等
B	供应商区域	需要了解供应商供货方式、交货频次、运输方式等

（续）

编号	区域类型	内容
C	信息流区域	需要了解信息从客户到企业生产计划部门，从计划部门到供应商和内部各厂之间的电子/手工信息传送方式、控制点控制方式、交货需求等信息
D	作业流、物流区域	需要了解原料从供应商开始，经历企业内部各主要生产环节，直到做成成品交货的作业流、物流流动的全部步骤，物流停止区域，各WIP、仓库的分布
E	数据及时间框	记录A、B、D各区域的相关重要KPI数据，并对于整个生产物流、信息流的运作效率、平衡性、浪费藏匿点做出评价，便于在此基础上进行改善

价值流分析促进了从当前状态向更加精益和高效的生产流程的过渡，使企业能够更接近于实现零浪费的目标。

（3）准时制

准时制（JIT）策略进一步推动了精益生产的实践。JIT的核心是生产恰好满足需求的产品，既不多生产也不少生产，以减少过度生产带来的库存成本和空间浪费。实施JIT需要企业拥有灵活的生产系统，能够快速响应市场变化以及与供应商和客户之间紧密的协作关系。JIT生产的成功依赖于准确的需求预测、流程的可靠性和高效的物料流动。

看板系统是实现JIT生产的一种实用工具，它使用视觉信号（如卡片或电子显示板）来指示生产和供应过程中的需求。看板卡片在生产线上循环使用，指导生产的起止，确保在正确的时间生产正确数量的产品。看板系统不仅减少了过度生产和库存，还提高了生产的灵活性和适应性，使企业能够更加灵敏地响应客户需求的变化，如图7-5所示为一个车间看板系统示例。

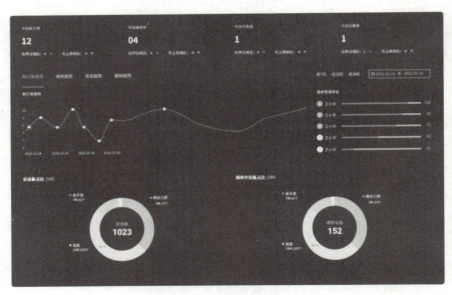

图7-5　车间看板系统示例

这些策略和工具共同构成了精益生产管理的核心，它们相互支持，共同为企业提供了一套全面的框架，以实现生产过程的持续优化和改进。通过有效实施这些精益生产工具，制造

168

资源可以得到有效优化，实现降本增效，最终在激烈的市场竞争中获得优势。

2. 自动化与机器人技术

在当今的制造业中，自动化与机器人技术已成为推动生产效率、降低成本、提高产品质量及实现资源优化的关键因素。这些技术的应用范围从简单的机械臂到复杂的自动化生产线，再到智能机器人系统，覆盖了制造过程中的各个环节，包括装配、搬运、检测、包装等。

（1）自动化技术在制造资源优化中的应用

自动化技术指利用控制系统、信息技术及机器设备自动执行工作任务的技术，其目标是提高生产效率、减少人为错误、降低劳动强度并优化资源配置。在制造业中，自动化可以分为固定自动化、可编程自动化和灵活自动化三大类，它们分别适用于高量产、中等变化的生产和频繁变化的生产环境。

1）固定自动化，也称为硬自动化，通常设计用于大批量、单一产品的生产。通过专用的设备和工艺路线，实现生产过程的高效率和低成本。然而，这种自动化方式的灵活性较低，适应产品变更的能力有限。

2）可编程自动化允许通过编程来适应不同产品和任务的生产需求。机器人系统和数控机床就属于这一类，它们通过编程可快速适应新的生产任务，适用于中小批量、多样化的产品生产。

3）灵活自动化集固定自动化的高效率和可编程自动化的灵活性于一体，是通过集成的制造系统实现的，如柔性制造系统（Flexible Manufacturing System，FMS）和计算机集成制造系统（Computer Integrated Manufacturing System，CIMS）。这些系统通过高度的信息化和自动化集成，保证了生产过程的极高灵活性和适应性。

169

（2）机器人技术在制造资源优化中的应用

在制造资源优化技术中，机器人的应用日益广泛，涵盖了从原材料处理到产品成型、再到最终产品的装配和检验的各个环节。特别地，焊接机器人、装配机器人、喷涂机器人以及搬运和堆垛机器人在提高生产效率、减少成本、保证产品质量方面发挥着关键作用。

焊接机器人广泛应用于汽车、重工业和金属加工等领域，能够执行精准、重复的焊接作业，确保焊接质量的一致性。相比人工焊接，机器人焊接具有更高的效率和稳定性，能够在高强度和高精度的要求下工作，同时减少人为错误和提高工作环境的安全性。焊接机器人系统通常包括焊接机械臂、电源、焊枪及其控制系统，可以进行气体保护焊、电弧焊、激光焊等多种焊接方式，如图 7-6 所示。

装配机器人在电子、汽车、消费品等行业中尤为重要，它们能够执行复杂的装配任务，如组装小型零件、精密装配等。这些机器人具有高度的灵活性和精准性，能够通过视觉识别系统和精密的机械手进行准确的位置定位和装配。装配机器人的应用显著提高了装配线的生产效率和产品质量，同时降低了人力成本和生产过程中的错误率，如图 7-7 所示。

喷涂机器人在汽车制造、家具生产、电子设备等行业中进行表面涂装作业，提供均匀、高质量的喷涂效果。这些机器人可以精确控制喷涂速度、量和路径，确保涂层的均匀性同时节省涂料。与手动喷涂相比，喷涂机器人能够在复杂的产品形状上实现一致的喷涂效果，减少涂料的浪费。除此之外，这种做法可以提高作业环境的安全性，减少工人暴露于有害化学物质的风险，如图 7-8 所示。

搬运和堆垛机器人在物料搬运、仓储和物流中发挥着关键作用。它们能够执行重复的搬运、分类和堆垛任务，提高物料处理的效率和准确性。这些机器人特别适用于重物搬运和高架堆垛，可以减轻人工劳动的负担，减少搬运过程中的损伤。通过与仓储管理系统（WMS）的集成，搬运和堆垛机器人能够实现高度自动化的库存管理和优化物流流程，如图 7-9 所示。

图 7-6　焊接机器人

图 7-7　装配机器人

图 7-8　喷涂机器人

图 7-9　搬运和堆垛机器人

这些机器人的应用不仅仅限于单一的作业任务，通过集成高级传感器、人工智能和机器学习技术，它们能够实现更加智能化和自适应的生产操作，如自动调整操作参数、自我诊断和维护、以及实时数据分析等，进一步推动制造资源的优化和生产效率的提升。随着技术的不断进步和成本的降低，预计未来机器人在制造业中的应用将更加广泛和深入。

3. 数字化转型与智能制造

数字化转型与智能制造是当代制造业中最具革命性的发展之一，它们通过引入先进的信息技术和智能系统，实现了生产过程的高度优化和资源配置的最大化效率。这些技术能够增强企业面向市场的响应速度和灵活性，从而在全球竞争中保持领先地位。

数字化转型涉及将传统的制造资源优化的流程和操作转变为以数据和数字技术为核心的智能制造体系。制造资源优化技术中的数字化转型是当今制造业提高竞争力、优化资源配置和提升生产效率的关键。数字化转型的核心要素主要包括"互联网+制造""大数据分析"和"云计算",它们共同构建了智能制造的基础架构,使制造业能够迈入一个全新的生产时代。

"互联网+制造"的概念是指将互联网技术深度融合到制造业各个环节中,实现制造资源的高效配置和优化管理。这一核心要素主要依托物联网技术,通过将生产线、仓储系统、物流配送等制造资源连接到互联网上,收集和传输实时数据,实现设备状态、生产进度和物流信息的实时监控和分析。通过实时数据分析,能够有效帮助决策者及时调整生产计划和提高资源使用效率。

随着"互联网+制造"的推进,制造过程中产生的数据量呈爆炸式增长。这些数据包括但不限于生产数据、设备状态数据、质量控制数据和市场需求数据。大数据分析技术的应用使得企业能够从这些庞大的数据集中提取有价值的信息和洞察,用于优化生产流程、提高产品质量、减少能耗和原材料消耗,以及预测市场趋势。

云计算提供了一种灵活、高效、可扩展的计算资源管理方式,为数字化转型提供了强大的支持。它允许企业将数据存储、处理和分析任务部署在远程服务器上,从而减轻了企业自身 IT 基础设施的负担,降低了成本,提高了数据处理的效率和灵活性。

这三个核心要素共同构成了制造业数字化转型的基石,它们相互促进,共同推动制造业向着更加智能、高效、环保的方向发展。这些技术的深入实施能够为企业带来长远的发展潜力。

171

7.1.5　制造资源智能优化

制造资源智能优化通过集成先进的信息技术、自动化技术和智能系统,极大地提高了制造业的生产效率和资源利用率,如故障预测监控系统、生产流程优化、智能定制生产和智能物流等。

（1）故障预测监控系统

故障预测监控系统是通过对设备进行实时监控和数据分析,预测设备可能出现的故障和维护需求,从而提前进行维护和修理,避免生产中断和降低维护成本。这一过程依赖于物联网技术和大数据分析,通过收集设备的运行数据（如温度、振动、功耗等）,并利用机器学习算法分析数据模式并预测设备故障。预测性维护能够优化维护资源的分配,减少计划外停机时间,最终实现生产效率的提高。例如,GE 利用其 Predix 平台,通过分析涡轮机等重要设备的数据,能够预测设备的潜在故障,提前进行维修,显著减少了停机时间和维护成本,如图 7-10 所示为 Predix 平台的架构。

（2）生产流程优化

通过对生产过程中的各种参数进行实时监控和分析,如原料质量、环境条件、设备状态等,智能算法能够自动调整生产参数,确保生产过程的最优化。例如,西门子在其电子组件制造工厂中应用人工智能技术,通过分析生产数据实时调整生产参数,成功提高了生产效率和产品质量,如图 7-11 所示为西门子工业自动化产品成都生产及研发基地中的 HMI 检测工站。

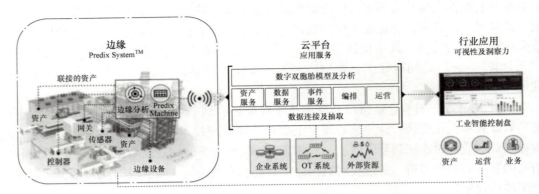

图 7-10 Predix 平台的架构

图 7-11 HMI 检测工站

（3）智能定制生产

智能定制生产指根据消费者的个性化需求生产产品，这要求生产系统具有高度的灵活性和快速响应能力。智能制造技术通过灵活的生产线、先进的设计软件和数字化制造技术（如 3D 打印）实现定制化生产。利用客户数据和偏好进行产品设计，通过自动化和智能化的生产线快速调整生产配置，实现小批量甚至单件的定制生产。定制化生产不仅满足了消费者的个性化需求，还提高了资源利用效率和市场竞争力。

（4）智能物流

在物流领域，人工智能与机器学习技术通过优化仓库管理、货物分拣和配送路线等环节，提高了物流效率和准确性。例如，DHL 公司采用人工智能和机器人技术自动化仓库操作来提高包裹处理速度和准确性，同时减少了人力成本，如图 7-12 所示为 DHL 使用蓝胖子机器人进行包裹分拣。

制造资源智能优化中的应用极大地推动了制造资源的优化，使得企业能够更灵活地应对市场变化，提升了整个制造业的竞争力。随着技术的不断进步和应用的深入，智能制造将持续引领制造业的发展方向。

图 7-12　使用蓝胖子机器人进行包裹分拣

173

7.2　厂内物流优化

7.2.1　厂内物流系统概念

厂内物流定义为工厂内部的物流体系，指将所采购的原材料入库、存储、出库，并将其生产的产存品运送到目的地。物流中心将物品进行入库、存储、出库这一系列的流动称之为厂内物流。厂内物流还包括运输包装、流通加工、生产计划、工艺流程、仓库管理、搬运、信息系统等方面。它要求合理的搬运路线、方法和场地等，以便能够减少停顿和缩短生产周期。

厂内物流的优化原则可以概括如下：第一，优化目标符合实际，建立优化目标不可盲目；第二，优化目标尽可能指标量化，这样才能在后期给予客观的准确评价；第三，优化目标要具有一定的可持续性，因为每次优化都会涉及许多方面，所以优化目标必须具有稳定性；第四，优化适度，要做好与外界的衔接工作；最后，优化结果要有可回报性，回报率越高，风险越少，优化的价值就越体现。

7.2.2　厂内拣选路径规划

根据中国物流与采购联合会公布的《2023 年全国物流运行情况通报》显示，2023 年中国保管费用（即仓储费用）6.1 万亿元，同比增长 1.7%，且近年来呈持续增长状态。中国制造业中原材料及半成品的拣选作业时间占整个运输时间的 30%~40%，拣选作业成本约占仓库运作总成本的 55%。货物拣选是整个仓储作业系统中工作量最多、复杂度最高的环节。因此，提高拣选环节的作业效率是降低仓储成本的有效途径。

厂内拣选作业是指根据订单明细对订单处理，确定拣选策略，准确、高效地拣选货物，并运送到相应位置的过程。从作业类型的角度出发，将作业模式分为单一作业和复合作业两种。单一作业表示仅进行出库作业或进库作业，主要流程如图 7-13 所示。按照研究的复杂程度由简到繁，可以把单一作业分为三种类型：单车辆拣选单货物作业、单车辆拣选多货物作业及多车辆拣选多货物作业。而复合作业是指既进行入库作业又进行出库作业，并且先执行入库作业，然后再进行出库作业，且每次仅运输一个单位的货物，主要流程如图 7-14 所示。复合作业的研究重点是如何将入库作业与出库作业合理搭配，提高货物运输效率。

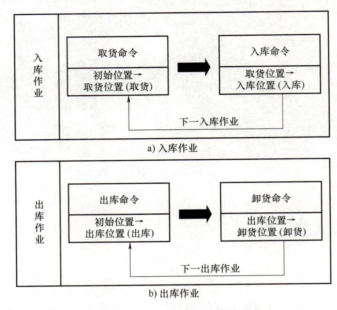

图 7-13　单一作业主要流程

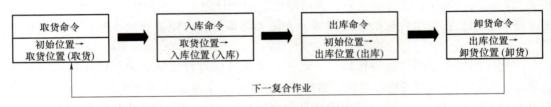

图 7-14　复合作业主要流程

7.2.3　案例：5G 在某钢铁制造厂内物流的应用

厂内物流依托以 5G 为代表的新技术，以新型信息化手段一步解决，实现从"0G"时代到 5G 时代的直接跨越，从而实现厂内物流信息化管理优化。厂内物流运输的需求需要实现海量数据的实时、快速回传与交换，基于 4G 通信技术的传统设备方案已难以满足需求。需要基于 5G 的通信能力，利用 5G 高带宽、低时延特性，在 5G 高性能通道的基础上，发挥大数据、人工智能等新技术的优势。以下为某钢铁制造厂内物流企业应用 5G 新技术的真实案例。

1. 接入 5G 专网

要实现基于 5G 的新技术应用场景，首先就要建设和优化良好的 5G 网络基础。由需求分析可知，钢铁制造厂内物流业务需要上传大量非结构化的图像、视频数据，对 5G 专网的需求以上行需求为主。而当前厂区已覆盖的 5G 公网以下行业务为主，需要进行优化提升，建设适应需求的 5G 行业专网。网络规划建设方面，按照"合理布局、科学组网、风险防控、稳定运行"的原则，综合评估现场情况（如遮挡物、金属构筑物屏蔽）、无线网络信号覆盖要求、并发接入量及访问速度、数据安全、后期扩展、建设成本等因素，进行具体规划设计。全厂区共部署了 90 余个 5G 无线基站，采用 SA 独立组网，提供专用频段。核心网数据通过传输设备与省会城市核心网通信，网管数据通过传输设备与维护网络连接，接入网管中心进行集中运维管理。提高上行容量方面，采用 2.6GHz 与 4.9GHz 异频组网方式，能够扩大和保障上行容量。2.6GHz 用于 5G 公网，时隙配比侧重保障下行容量，与物流业务需求相矛盾，难以调整。因此，利用 4.9GHz 资源，建设 5G 行业专网，时频资源向上行倾斜。建设 2.6GHz 与 4.9GHz 混合组网。统筹考虑物流车辆集中位置与厂区既有 5G 工业视频设备位置，在 5G 终端密集处，部署 4.9GHz 专网，发挥高频段大带宽优势，大幅提升上行容量。在 5G 终端分布稀疏、上行容量需求较低、地理状态开阔的室外空间，优化部署 2.6GHz 公网，充分利用低频段广覆盖特点，完善基本覆盖。

2. 5G 车载终端

目前，5G 手机等消费级 5G 终端设备已逐渐普及。但行业用车载 5G 终端还处于商用的早期阶段，设备类型较少，成本高。因此，采用 5G 用户驻地设备（Customer Premise Equipment, CPE）终端是经济可行的选择。根据车型不同，部署不同类型的车载终端。半挂车车头、重型货车体积大，易发生安全事故，是重点监管对象，因此安装满足交通运输部标准的车载部标终端。搭配多路视频摄像头，实现车内车外全覆盖；配置主动安全监控套件，安装专用人脸识别摄像机，实时监控司机面部；在副驾驶位右侧部署专用摄像机，监测右侧盲区。部标一体机是成熟的传统设备，市场竞争充分，成本较低，内置 4G 和 Wi-Fi 模组。此类车辆安装 5G CPE，部标一体机通过 Wi-Fi 与 CPE 通信，再经由 5G 网络实现高速传输。同时，部标一体机 4G 通道作为备用链路，供车辆在厂外无 5G 覆盖区域运行时使用。

3. 网络系统方案

系统以 5G 专网为核心，通过车载终端+5G 专网+业务平台建立端到端信息化系统。基于 5G 的厂内物流网络系统结构如图 7-15 所示。首期建设优先考虑当前已较为成熟的方案，低成本实现 5G 技术的切入。车载 5G CPE 通过 2.6GHz/4.9GHz 5G 基站接入 5G 专网。根据当地 5G 传送网络演进所处阶段，数据流通过 PTN 或 SPN 各级环网，接入 5G 核心网。再经由互联网，与部署在物流企业内网环境中的信息化综合调度平台通信。行业专网采用网络切片+QoS 优先调度的方式，满足运输监控高带宽需求。位于钢铁企业内网的 MES、ERP、计量系统等生产系统，通过 VPN 专线与物流企业内网的综合调度平台对接。

4. 实际部署应用

（1）5G 高清视频监控

利用运输车辆上部署的部标终端及摄像机，实时获取视频监控画面，通过 5G CPE 回传到平台云端。管理人员可在监控中心大屏侧，观看通过 5G 回传的高清视频监控画面。多路车载摄像机分别监控车前、车内等不同位置，监控中心平台支持实时直播车辆视频画面，支持画面切换、多画面同时监视、图像参数设置、字幕叠加和视频调节功能；平台支持调取车载主机内存储的历史视频录像，支持下载到 PC 端存储，支持录像回放。利用 5G 高带宽低时延的特性，可支撑多路高清晰度视频，同时极大缩短了视频流缓冲加载的时延，提高监控中心监管效率，以便更快更好地处置突发情况。

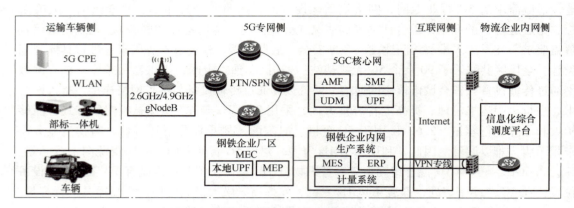

图 7-15　基于 5G 的厂内物流网络系统结构

（2）基于层次化 AI 人脸识别的驾驶安全监测

将 5G 网络优势与 AI 相结合，提供了分层识别体系，将不同的识别任务分拆的车载终端和平台侧分别实现。针对实时性高的安全性监测，如危险驾驶行为监控，由车载终端侧 AI 进行识别。基于车载终端的 AI 视频识别可监控司机状况，准确识别接打电话、抽烟、不目视前方、疲劳驾驶、不在驾驶位等不安全驾驶行为。不安全驾驶行为发生时，平台弹窗提醒管理人员，并记录，形成报表。针对实时性一般、准确性要求高的监测，如人脸打卡身份识别，由平台侧 AI 进行识别。利用同一套车载摄像机连续拍摄司机人脸，人脸照片/视频通过 5G 网络快速回传到平台，平台侧 AI 将回传的照片/视频与后台登记的司机照片/视频比对验证，确认司机是否为行车任务指定的司机，是否存在违规顶班行为。当比对结果多次异常不通过时，平台将异常信息以报警形式推送至管理员，并记录在数据库中。管理人员可通过平台监控中心统一监控不安全驾驶及人脸考勤情况，可按部门、车辆、司机等多维度统计报警报表。

5. 实施效果

该钢铁制造厂内物流企业经过实际部署应用，改变了相对落后的管理经营方式，同时提升了安全监管的水平。企业调度员可在平台上编制、修改年度生产计划，并下达每日生产计划。分公司调度员收到生产计划后，分配车辆和司机，经过分公司经理审批后，公司机关调度员正式下达任务。车载终端和司机手机端会向司机发出任务提醒。司机按照公司要求，执行车辆点检拍照后，驾车执行任务。任务执行中，调度员可通过 5G 高速网络回传的视频监控画面，实时监控任务执行情况，并据此灵活调配任务司机、车辆。指挥中心与钢铁制造厂生产系统实现了数据互通，实时获取生产数据，同步计划和完成情况。利用大数据技术，结合数字、图像、视频等多种数据，最终形成各类生产情况报表，为公司的考核、决策提供有力依据。5G 新技术的应用，为钢铁制造厂内物流运输领域提供了跨时代的经营优势，与传统物流经营方式形成"代差"。

7.2.4　厂内物料搬运系统优化

物料搬运系统的设计与优化应遵循一定原则和方法，以实现智能化、高效化和可持续化的发展。

1. 物料搬运系统设计原则

（1）系统性与集成性

物料搬运系统应充分考虑系统内各环节之间的关联和互动，实现各环节的协同与集成。因此，在设计过程中要运用系统工程方法，以确保物料搬运系统能与生产线、仓储等系统高度集成，形成一个高效且协调的生产体系。

（2）灵活性与可扩展性

物料搬运系统的设计应具有一定的灵活性和可扩展性，以适应生产需求的变化和技术的更新。物料搬运系统应能在不同生产环境和任务下快速调整和重新配置，以满足生产需求的变化。此外，物料搬运系统的设计还应考虑未来技术和设备的升级，以便在技术更新时能够顺利实施扩展和改进。

（3）可靠性与安全性

物料搬运系统的设计应确保系统的可靠性和安全性。在设计过程中，应充分考虑潜在的故障、异常和风险等因素，采取有效措施进行预防和应对。此外，物料搬运系统还应符合相关的安全标准和法规，以保障设备、人员和环境的安全。

2. 厂内物料搬运系统优化

物料搬运系统的优化主要涉及数据驱动优化方法、智能调度与路径规划、物联网（IoT）与实时监控、虚拟仿真与数字孪生技术等内容。

（1）数据驱动优化方法

数据驱动优化方法主要是利用从物料搬运系统实时采集的数据指导优化过程，通过对数据的分析发现物料搬运系统中的潜在问题、改进空间和优化机会，具体优化方法包括数据挖掘、机器学习、优化算法等。

（2）智能调度与路径规划

智能调度与路径规划方法主要关注如何根据生产需求和资源状况对物料搬运任务进行有效的调度和路径规划，从而提高物料搬运系统的效率和灵活性。借助于现代计算技术可以开发如遗传算法、蚁群算法等的智能算法，为物料搬运任务找到最优解。

（3）物联网（Internet of Things，IoT）与实时监控

物联网技术可以实现物料搬运系统内设备和传感器的实时数据收集与通信，利用物联网技术实时监控物料搬运设备的运行状态、能源消耗、故障诊断等，从而实现系统的远程管理和实时优化。此外，实时监控还有助于提高系统的可靠性和安全性，降低故障风险。

（4）虚拟仿真与数字孪生技术

虚拟仿真技术可对搬运系统进行全生命周期管理，掌握实时/准实时数据，将虚拟和现实进行双向数据传递。数字孪生技术可在物料搬运系统运行过程中实时模拟实际设备和流程，为优化决策提供数据支持。在方案设计阶段，数字孪生会对布局进行 BIM 建模，通过对各节点进行数学建模而形成可靠的产品数字模型，并输入未来可能的情况进行仿真测试和验证。在生产运营阶段，模拟方案和设备的运转，为达到全局方案最优对产品数字模型进行参数整，以便更好地适应生产。在保养维护阶段，将物联网设备采集到的大量数据进行智能分析，数字模型将准确预测维护工作的最佳时间点与维修方案，为维修方案提供参考。

3. 案例：某石化企业厂内搬运系统优化

受土地资源、劳动力资源等条件的限制，以及下游客户需求的变化，石化固态产品的物流需求有所变化，固态产品仓储物流由以平面库为核心的人工作业模式向以自动化立体仓库为核心的智能仓储物流加速转变，石化企业仓储物流升级发展进入快车道。石化企业传统的物流管理运营模式越来越难以满足客户对时效、安全、环保与健康的要求，将工业 4.0 背景下的物联网、大数据、云计算等 IT 新技术与炼化生产、经营、智能仓储、物料搬运、物流包装等环节有机结合，在自动化立体仓库中应用堆垛机、环形穿梭车、托盘输送机系统、机器人、自动导引车（Automated Guided Vehicle，AGV）、仓库管理系统（Warehouse Management System，WMS）、园区车辆调度系统（Transportation Management System，TMS）等技术实现并不断提高石化物流仓储的自动化、信息化和系统化水平，打造新时代下的智慧石化物流仓储系统，已成为石化物流仓储升级发展的大趋势。

国内某石化企业建成于 2012 年，初期的聚烯烃产品生产规模为 100 万 t，配套建设有 1.5 万 t PP 产品平面库一套，2 万 t PE 产品平面库一套，两套库房总面积约 $80000m^2$，总库容为 3.5 万 t。随着企业及业绩规模的不断扩大，当前的生产及仓储能力不能满足企业快速增长的需要，故该企业于 2021 年 5 月决定进行扩能改造。新增聚烯烃产品生产规模 60 万 t，配套有 2.7 万 t PP+PE 产品立体库一套，立体库房总面积约 $10000m^2$，采用智能化管理控制，集自动入库、智能化储存管理和自动化出库于一体。

如图 7-16 所示，该智能物料搬运系统主要包括堆垛机、立体库货架、托盘输送系统、环穿系统、WMS 系统、仓库控制系统（Warehouse Control System，WCS）、TMS、无线电射频识别标签系统、辅助设施及电气设备等，可实现包装、入库、储存、出库发货等全流程的自动化。通过 WMS 与上位系统进行对接并下发任务指令至 WCS，配套的 TMS 和电气控制系统完成智能化存储和搬运作业。该项目共设计规划采用进口堆垛机 18 台、进口环形穿梭车 30 台、货架系统（货位数 18576 个，储存 27864t）、托盘输送系统、控制系统、计算机系统等，立体库设备投资总额约 8500 万元，如图 7-16 所示为智能搬运系统现场。

图 7-16　智能搬运系统现场

相对于传统的以人为核心的厂内物料搬运作业模式，该智能物料搬运系统具有以下优势。

（1）占地面积小，库存量大

该企业原平库占地面积约为 80000m^2，库存量约为 3.5 万 t，新建立体仓库占地面积为 10000m^2，库存量为 2.7 万 t，相当于平面库 1/8 的面积，达到了近 3/4 的库容，在同等面积下库容量为原仓库的 6 倍。

（2）节省人工和叉车数量

该企业立体库中作业人员人数与原平面库相比，从原来的 159 人减少到 59 人。主要减少的是库房管理员、叉车驾驶员和叉车数量及装车搬运工，大幅降低了人力成本，提升了企业效益。

（3）提高收发货作业效率

自动化立体仓库设备在正常运行状态下，每车收发货作业时间需 15~20min，而原平面库每车作业时间则需 40~50min。相对于平面库，自动化立体仓库的作业效率提高了 60% 以上。

通过以上案例可以看出，厂内智能物流物料搬运系统优化中的相关技术的实际应用为企业带来了显著的效益。借助这些先进技术，企业可以实现物料搬运过程的高度智能化、高效化和可持续化，从而提高整个生产体系的运行效率和企业竞争力。

7.3　柔性作业车间高级排产系统

7.3.1　高级排产系统概述

在现代制造业中，排产系统是一个重要的组成部分。排产系统负责规划和管理生产活动，确保生产资源的最佳利用，以满足市场需求并实现企业的生产目标。排产系统的有效运作直接影响到生产效率、成本控制以及客户满意度，因此被视为制造企业中的核心管理工具之一。

排产系统的作用可以在以下多个方面体现。首先，排产系统能够确保生产计划的合理性和准确性。通过对订单、库存、资源和交货期等信息进行综合分析和优化，排产系统能够生成可行的生产计划，并及时做出调整以适应市场变化。其次，排产系统能够提高生产效率和资源利用率。通过合理调度生产任务、优化设备利用率以及减少生产中的闲置时间，排产系统可以有效地提高生产效率，降低生产成本。此外，排产系统还能够提高生产过程的可控性和可预测性。通过实时监控生产进度和资源利用情况，排产系统可以及时发现并处理生产中的问题和异常，确保生产进程顺利进行，避免生产中断和延误。

然而，传统排产系统在应对现代制造业的复杂性和变化性时存在一些局限。传统排产系统往往依赖于静态的规则和简单的算法，无法应对快速变化的市场需求和复杂多变的生产环境。因此，迫切需要一种更加智能化、灵活化和高效化的排产系统来应对挑战和机遇。

为了应对现代制造业的挑战和需求，高级排产系统应运而生。高级排产系统利用先进的技术和算法，如人工智能、机器学习和优化算法等，实现对生产过程的智能化管理和优化。相较于传统排产系统，高级排产系统具有以下特点和优势。

（1）智能优化能力：高级排产系统能够利用机器学习和优化算法对大量数据进行分析和处理，自动调整生产计划，使生产资源的利用率最大化。与传统排产系统相比，高级排产系统能够更加灵活地应对生产过程中的不确定性和变化。

（2）实时监控和反馈：高级排产系统能够通过传感器和物联网技术实时监测生产过程中的各种参数，如设备状态、生产进度和质量指标。基于监控数据，系统可以及时发现并处理生产中的问题和异常，确保生产过程的顺利进行。

（3）灵活的排产策略：高级排产系统支持多种排产策略，可以根据不同的生产需求和资源约束条件，自动选择最优的排产方案。例如，可以根据订单优先级、设备能力和工人的技能水平等因素进行动态调整，以最大限度地满足客户需求。

除此之外，柔性作业车间具有生产任务多样化、工艺流程复杂化和资源利用灵活化等特点，对排产系统提出了更高的要求。高级排产系统能够充分发挥其优势，为柔性作业车间提供以下价值。

（1）灵活适应生产变化：柔性作业车间的生产任务常常多样化且变化频繁，传统排产系统往往难以适应这种变化。而高级排产系统能够通过智能优化和实时监控，快速调整生产计划，确保生产过程的灵活性和高效性。

（2）提高生产效率：柔性作业车间中存在大量的工艺流程和生产任务，传统排产系统往往难以有效调度和管理。而高级排产系统能够利用智能优化算法和实时监控技术，最大限度地提高生产效率，减少生产中的闲置时间和浪费。

（3）优化资源利用：柔性作业车间中的资源包括设备、人力和原材料等，如何合理利用这些资源是提高生产效率的关键。高级排产系统能够通过智能调度和优化算法，最大限度地优化资源利用，提高生产效率和经济效益。

7.3.2　车间排产优化

1. 排产问题概述

众多制造型企业均存在排产问题，其研究最早可追溯到 20 世纪中期，当时众多学者提出调度方面的理论，掀起了其研究领域的开端。排产问题的研究通常用来解决企业订单混乱，合理安排调度顺序，让企业能够根据顾客的订单迅速安排生产计划，杜绝闲置或超载，摒除订单超时带来的负收益，以提高客户满意度。由于排产问题在学术方面和实际应用方面都具有较高的价值，许多学者从问题的各个层面研究方法来解决问题，越来越多的方法也在实际运用中得以证实。通过多年的发展，排产问题的研究逐步走向成熟，为越来越多的企业提供提高效率，提升利益的途径。

车间调度优化问题从狭义上来讲就是排产问题，经典的车间调度问题可表示为：有 a 个工件需要加工，车间有 b 台机器，工件包含若干加工流程，其顺序需按照标准，要将工件分配到能完成其工序的机器上以保证机器利用率最大或者总加工时间最小。车间调度问题的基本要素主要有三种。

（1）工件和机器信息

调度过程中所包含的一些相关信息，如需要加工的工件数量、准备时间、工件的完工时间、每个工件的标准加工时间、参与调度的机器数量等。

（2）约束条件

不同的生产对象需要不同的约束，在各类调度中应满足一些要求，如加工中必须按照标准流程顺序进行加工，机器的可用性约束，工序加工时间不可更改性，加工前的准备时间约束，另外还包括材料约束。

（3）性能指标

通常将调度问题中的优化目标作为性能指标，如最小化最大完工时间、最小化延误、最小化能源消耗和最大化瓶颈机器利用率等。

总而言之，车间调度问题就是在某些特定要求下，为达到性能指标最优，对生产过程中的加工顺序进行优化，布置最佳排产计划。

2. 车间排产问题优化模型

对于车间排产优化问题的研究，需要确定相应的优化目标，同一优化问题可采用不同的目标模型，但利用不同模型获取的优化结果在一定程度上会有所差异，这取决于目标模型与目标问题的匹配度，因此，选取目标模型是否合适对于车间排产优化的影响非常大，甚至无法获取较优解，缺失有效性。

车间排产的核心在于产品的生产流程，整个生产过程涉及的主要参数包括：工件数量、工艺数量、工艺时间、机器数量、加工总时长、机器负荷、设备利用率、提前交货时间和延期时间等。根据这些生产周期参数可以建立可优化目标模型。

（1）以加工时间为优化目标

$$(C_{\max}) = \min\{\max(C_{1,m}, C_{2,m}, C_{3,m}, \cdots, C_{n,m})\} \tag{7-1}$$

$$C_{i,j} = S_{i,j} + T_{i,j} \tag{7-2}$$

$$C_{i,j-l} \leqslant S_{i,j} \tag{7-3}$$

$$i \in \{1, 2, \cdots, n\}, j \in \{1, 2, \cdots, m\} \tag{7-4}$$

式中，$C_{\max}$ 为最大完工时间；n 为工件总数；m 为工序总数；$S_{i,j}$ 为加工开始时间；$C_{i,j}$ 为加工结束时间。

（2）以机器利用率为优化目标

$$\min(V_T) = \min\left\{\left(\sum_{i=1}^{n} \sum_{j=1}^{m} V_{i,j}\right)\right\} \tag{7-5}$$

$$\max(P_{\min}) = \max\{\min(P_{i,j})\} \tag{7-6}$$

$$V_{i,j} = X_{i,j} - Y_{i,j} \tag{7-7}$$

$$P_{i,j} = \frac{TE_{i,j} - TS_{i,j}}{TP_{i,j}} \times 100\% \tag{7-8}$$

式中，$V_{i,j}$ 为加工 i 工件的 j 工序的设备负荷；V_T 为设备总负荷；$P_{i,j}$ 为设备利用率；$TE_{i,j}$ 为开机时间；$TS_{i,j}$ 为关机时间；$TP_{i,j}$ 为应开机时间。

（3）以交货提前期为优化目标

$$\min(T_{\max}) = \min\{\max(T_{i,j})\} \tag{7-9}$$

$$T_{i,j} = TD_{i,j} - TR_{i,j} \tag{7-10}$$

式中，$T_{\max}$ 为最大交货延误期；$TD_{i,j}$ 表示第 i 个订单记录中产品 j 的交货日期；$TR_{i,j}$ 表示第 i 个订单记录中产品 j 的计划完工时间。

（4）综合多目标优化

对于需要更精准优化结果的对象，可以采用权重-目标优化函数模型。这种优化模型是将常用的几种模型通过权重组合，考虑生产过程的全方位参数及其影响，建立更全面的优化模型。这种优化模型比较复杂，很少用来作为智能算法调度优化的目标函数模型。

$$F_1 = r_1 C_{max} + r_2 W_{max} + r_3 W_T + r_4 Q_{max} \qquad (7\text{-}11)$$

$$F_2 = r_5 P_{min} + r_6 T_{min} \qquad (7\text{-}12)$$

$$F = \min(F_1) + \max(F_2) \qquad (7\text{-}13)$$

式中，F 为权重优化函数；r 为不同参数的权重系数。

上面的目标函数模型分别是以加工时间、机器利用率、交货提前期为指标建立的，不同目标函数模型都有各自的优点。以最小化最大加工时间建立的目标函数则可清晰反映加工时间的长短，能够以简单的方式显示优化效果；以机器负荷和机器利用率为参数建立的目标函数则从侧面反映生产过程的问题，设备超负荷问题以及利用率过低的问题都能通过此函数进行优化，从而提高生产效率；以交货提前期和理想生产时间为参数建立的目标函数则能反映生产计划与实际情况之间的偏差，通过优化其偏差能够设计出更符合顾客要求的调度方案。

3. 车间排产算法概述

排产优化问题是一种比较复杂的问题，无法通过简单的计算得出结论，因此诞生了许多使用智能算法来解决排产优化问题的研究，而用来解决排产优化问题的智能算法有很多，如蚁群算法、神经网络算法、粒子群算法、遗传算法、免疫算法等。近年来，许多学者研究产生一些新的优化算法，如帝国竞争算法、社会蜘蛛群优化算法、混合蛙跳算法、蜻蜓算法、果蝇优化算法等。不同的算法有不同的优缺点，求得的最优解可能也有少许差异。

4. 应用：使用遗传算法优化车间排产问题

（1）编码和解码

车间生产排产属于一种组合型流水车间调度，针对其生产特性，有基于操作的编码、基于工件的编码、基于工件对应关系的编码、基于完成时间的编码、随机键编码、基于优先权规则的编码、基于先后表的编码、基于析取图的编码和基于机器的编码等。

三工件三机器的加工数据示例见表7-3。

表7-3 三工件三机器的加工数据示例

项目	工件	操作序号		
		1	2	3
操作时间	A1	2	3	1
	A2	3	2	2
	A3	1	3	4
机器顺序	A1	M1	M2	M3
	A2	M1	M2	M3
	A3	M1	M2	M3

1）基于操作的编码。基于操作的编码方式是比较常见的车间调度编码方式，整个种群包含若干个染色体。假设每个染色体由 $a \times b$ 个基因组成，每个基因就是一种操作，其中所有基因表示一个工件完成生产的整个工艺流程，其中 a 代表电机数量，b 代表工序数量。

根据表7-3的数据进行举例，假设染色体为［331221321］，每个工件都会出现三次，用 $S_{i,j,k}$ 表示工件 i 的第 j 道工序在第 k 台机器上加工，结合加工顺序的限制要求，该染色体的操作顺序所对应的简单甘特图如图7-17所示。

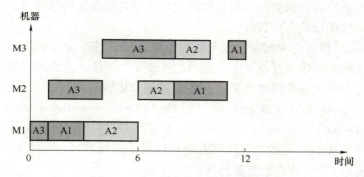

图 7-17　基于操作编码的甘特图

通过甘特图可以看出，当染色体的顺序为 [331221321] 时，安排出来的生产时间为 12s，但这不一定是最优的调度方案，这只是所有解里面的一种可行解。该编码方式的可行调度能够通过任意染色体中的基因排列表示出来，编码长度为 $a \times b$ 的标准长度。

2）基于工件的编码。这种编码方式将每个染色体用一定数量的基因构成，是整个工艺流程的工序组合。这种方式是优先排完某个工序的所有操作再考虑后面工件的工艺调度，例如，有三个工件需要加工，先加工序号为 1 的工件，完成工件 1 号的所有工艺流程，再分别以最早允许加工时间完成后面的工件的调度，直至排完所有的工件。仍以表 7-3 的数据为例，假设染色体为 [123]，即先加工零件 1，然后加工零件 2，最后加工零件 3，所对应的甘特图如图 7-18 所示。排产结果能够通过染色体中的片段组合表示出来，但是只能呈现部分集合，不能确保其中存在最满意的结果。

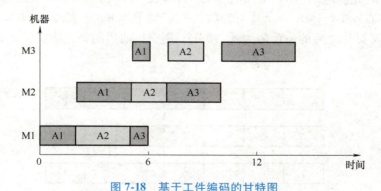

图 7-18　基于工件编码的甘特图

（2）初始化种群

初始化种群是遗传算法的开端，此操作会产生许多不同的个体，每个个体对应一种解。通常情况下都是随机生成的，没有采取可靠的方法获取，因此不能保证算法寻求最优解的速度，有时会局限在一个范围无法跳出。为保证初始种群的层次和有效性，增加搜索满意解的速度，通常会在初始化种群时利用启发式算法生成一个或一些个体，剩下的个体再通过随机生成。

（3）遗传操作

遗传操作包括选择、交叉和变异，是遗传算法的核心所在，体现了生物进化的过程。该过程需要考虑对算法性能的影响，根据具体的优化目标选择合适的选择方法、交叉方法和变异方法，以保证算法优化具有可行性。

1）选择操作。选择也称为复制，复制的对象则需要通过适应度函数来决定。计算出函数值然后选择较优的几个作为复制对象，其目的主要是为了防止优秀基因被淘汰，使具有更优效果的可行解得以更大概率保留下来，基本思想是"优胜劣汰"。

常用的选择方法有比例（或轮盘赌）选择（fitness proportional model）和锦标赛选择（tournament selection）。

比例选择主要是基于适应度值的概率来进行选择。随机产生一个数值 $m \in [0, 1]$，若满足判断式，则对第 j 个个体进行复制操作。

$$\frac{\sum_{j=1}^{i-1} f_j}{\sum_{j=1}^{Pop\text{-}size} f_j} < m \leqslant \frac{\sum_{j=1}^{i} f_j}{\sum_{j=1}^{Pop\text{-}size} f_j} \tag{7-14}$$

式中，f_j 为个体 j 的适应度值；$Pop\text{-}size$ 为种群数。

锦标赛选择是一种比较简单的选择操作，需要随机确定一个小于种群数量的值，假设为 n，然后在父代种群中选取 n 个个体，最后将这 n 个个体基于判断准则进行排序，对满意程度最高的个体进行复制操作。其中 n 的选取对选择操作的影响较大，需结合实际情况设定。

2）交叉操作。交叉操作是一种形成新个体的过程。在父代中随机选择两个染色体，然后通过一定的规则交换其部分片段，有概率组合成更优的可行解。常用的交叉方式包括单点交叉（one-point crossover）和多点交叉（multi-points crossover）等方式。

单点交叉是要先确定染色体中的某个片段的位置，然后随机选择两个染色体交换选定位置之后的片段。假设染色体 A_1 为 [1120213]，染色体 B_1 为 [2213021]，选定的交叉位置为 4，交叉操作之后的染色体为 A_2 和 B_2，则交换前后的染色体如图 7-19 所示。

图 7-19 单点交叉前后对比图

多点交叉是随机确定多个片段的位置，然后互换两个染色体在这些位置之间的片段。假设染色体 A_1 为 [2120113]，染色体 B_1 为 [3113022]，随机选定的交叉位置为 2 和 5，交叉操作之后的染色体为 A_2 和 B_2，则交换前后的染色体如图 7-20 所示。

3）变异操作。当通过前面的交叉操作，后代的适应度值已经无法优化但又没有搜索到满意解，这就表明算法出现了过早收敛的情况，这种情况通常是因为染色体中没有更优秀的片段，因此无法搜索到有效解，但变异操作可以克服这种情况，有概率生成新的有效基因，防止算法过早收敛，使种群更具多样性。

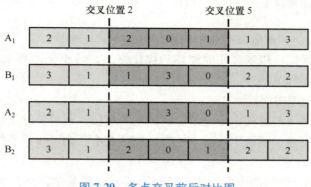

图 7-20　多点交叉前后对比图

不同的编码有不同的变异操作方式，可根据优化目标合理选择。二进制和十进制编码通常采用单位置和多位置替换式变异，就是用其他的基因片段去替换原来位置上的基因片段或者某个基因；实数编码通常采用扰动式变异，需要添加某种扰动机制来实现。车间排产优化的变异操作一般采用互换变异。

互换操作（SWAP），即随机选取一个染色体中的两个基因，然后将其交换，形成新的染色体。例如，染色体为［7 4 2 6 3 5 1］，随机选取交换位为 2 和 5，则变异之后染色体变为［7 3 2 6 4 5 1］。变异前后对比图如图 7-21 所示。

185

图 7-21　互换操作前后对比图

7.3.3　高级排产系统的企业应用场景

1. 制造业

在制造业中，高级排产系统的应用已经成为提高生产效率、降低成本以及增强竞争力的重要手段。无论是离散制造业还是连续制造业，高级排产系统都具有广泛的应用场景和显著的价值。下面将探讨高级排产系统在制造业中的具体应用情况。

（1）离散制造业的应用场景

离散制造业指的是生产过程中以离散单元为基本单位，通过组装或加工来生产成品的制造形式，如汽车制造、电子产品制造等。在离散制造业中，高级排产系统的应用主要体现在以下几个方面。

1）生产调度优化：离散制造业中存在大量的生产任务和资源，如何合理调度这些任务和资源是提高生产效率的关键。高级排产系统通过智能优化算法和实时监控技术，能够实现生产调度的智能化和优化，确保生产任务按时完成并最大限度地提高资源利用率。

2）订单管理和优先级调度：离散制造业往往面临多样化的订单和短交货期的要求，如何合理管理订单和调度生产任务是制造企业的重要挑战。高级排产系统可以根据订单的优先级和截止时间，动态调整生产任务的执行顺序，确保紧急订单能够及时完成，提高客户满意度。

3）库存和物流优化：离散制造业中的库存管理和物流运输对生产效率和成本控制是非常关键的。高级排产系统可以通过实时监控和优化算法，最小化库存水平和减少物流成本，提高供应链的响应速度和灵活性。

（2）连续制造业的应用场景

连续制造业指的是生产过程中以连续流程为基本单位，通过连续运行生产线来生产成品的制造形式，如化工工业、钢铁工业等。在连续制造业中，高级排产系统的应用主要体现在以下几个方面。

1）生产过程优化：连续制造业中的生产过程通常比较复杂，涉及多个工序和设备的协调运作。高级排产系统可以通过实时监控和优化算法，优化生产过程的各个环节，提高生产效率和产品质量。

2）资源调度和能源管理：连续制造业中的资源调度和能源管理对生产成本和环境保护都具有重要意义。高级排产系统可以通过智能调度算法和节能技术，最大限度地优化资源利用和能源消耗，降低生产成本和环境污染。

3）质量控制和故障预测：连续制造业中的质量控制和设备故障对生产过程的稳定性和可靠性有着直接影响。高级排产系统可以通过数据分析和机器学习技术，实时监控生产过程中的质量指标和设备状态，预测潜在故障并及时采取措施，确保生产过程的稳定运行和产品质量的稳定性。

综上所述，高级排产系统在离散制造业和连续制造业中都具有重要的应用价值，能够帮助企业提高生产效率，降低生产成本，增强竞争力，实现可持续发展。随着人工智能和数据技术的不断发展，高级排产系统在制造业中的应用前景将更加广阔。

2. 服务业

（1）物流服务领域

物流行业是服务业中的重要组成部分，涉及货物的运输、仓储、配送等环节。高级排产系统在物流行业中的应用主要体现在以下几个方面。

1）路线规划与调度优化：物流行业需要合理规划货物的运输路线，并对货物的配送进行调度。高级排产系统可以利用实时数据和智能算法，对货物的运输路线进行优化和调度，降低运输成本和时间，提高运输效率。

2）仓储管理优化：物流行业中的仓储管理对货物的存储、分拣、装载等环节有着重要影响。高级排产系统可以通过智能化的仓储管理系统，实现货物的智能分拣和存储，提高仓储效率和准确性。

3）运输车辆调度与维护：物流行业中的运输车辆需要进行合理的调度和维护，以保证货物的及时送达。高级排产系统可以根据货物的量和路线，动态调度运输车辆的运行，同时对车辆的维护和保养进行智能化管理，降低运输成本和风险。

（2）医疗保健领域

医疗保健领域是服务业中的重要组成部分，涉及医院、诊所、药店等机构的运营管理和医疗服务的提供。高级排产系统在医疗保健领域中的应用主要体现在医疗资源调度与排班优化上。医疗机构需要合理安排医生、护士和其他医护人员的工作排班，以满足患者的就诊需求。高级排产系统可以根据患者的预约情况和医护人员的专业特长，实现医疗资源的智能调度和排班优化，缩短患者的等待时间，提高就诊效率。

因此，高级排产系统在服务业中的应用具有广泛的应用前景和重要的意义。通过合理利用高级排产系统，物流行业和医疗保健领域可以实现资源的智能化管理和服务的优化协调，提高企业的竞争力和市场地位，促进行业的健康发展。

7.4　制造资源重调度

7.4.1　重调度概述

1. 概念和定义

在制造领域，资源重调度是一项关键的管理活动，旨在使生产过程更加灵活和适应性更强。它涉及对生产中的人力、设备、原材料等资源的重新调配，以应对生产环境中的变化和不确定性。

制造资源重调度是指在生产过程中对已有的资源调度方案进行修改或重新安排，以适应生产环境的变化和需求的变化的过程。这种变化可能涉及订单的变更、设备的故障、材料的短缺等因素，需要及时调整生产计划和资源分配，以确保生产效率和产品交付的及时性。

2. 重调度的重要性

在现代制造业中，制造资源重调度是一项重要的管理活动。它扮演着调度和规划生产活动的关键角色，确保生产过程能够顺利进行，并有效地满足市场需求。

（1）实现生产的灵活性和敏捷性

制造资源重调度使企业能够实现生产过程的灵活性和敏捷性。它使企业能够快速调整生产计划和资源配置，适应不同的生产需求和市场环境，从而提高企业的应变能力和市场反应速度。

（2）优化生产效率和资源利用率

制造资源重调度可以帮助企业优化生产资源的配置和利用，提高生产效率和资源利用率。通过合理安排生产任务和调度生产设备，可以避免资源闲置和低效率的生产过程，最大限度地提升生产效率和产能利用率。通过优化资源配置和生产计划，降低生产成本是制造资源重调度的重要目标之一。合理安排生产任务和调度生产设备，可以减少资源浪费和生产过程中的不必要成本，提高企业的利润率和经济效益。

（3）应对生产环境的不确定性

制造过程中存在着各种不确定性因素，如设备故障、材料短缺、人力不足等。这些不确定性因素可能对生产计划造成影响，导致生产延误和生产成本的增加。及时进行资源的重调度，可以应对不确定性因素带来的挑战，减少生产风险，保证生产过程的稳定性和可靠性。

综上所述，制造资源重调度对于现代制造业来说是必不可少的。它能够帮助企业应对市场变化和不确定性因素带来的挑战，提高生产效率和资源利用率，最终实现生产过程的灵活性和敏捷性。因此，制造企业应重视资源重调度管理，建立有效的调度系统和机制，以确保生产活动能够顺利进行，实现可持续发展和长期竞争优势。

3. 问题与挑战

在现代制造业中，资源的合理利用和生产计划的顺利执行对企业的发展至关重要。然而，生产环境的不确定性和变化常常给企业带来挑战，如果没有及时进行制造资源重调度，将会导致一系列生产问题与挑战。

（1）生产延误

没有及时进行资源重调度可能导致生产计划无法按时执行。例如，当客户订单量突然增加或生产设备故障时，没有及时调整生产计划和资源配置，可能会导致生产延误，影响产品交付的及时性，进而降低客户满意度。同时，缺乏及时的资源重调度可能导致生产过程的不稳定性。例如，当生产设备发生故障或人力资源不足时，如果未能及时调整生产计划和资源分配，可能会导致生产过程的中断和不稳定，增加生产风险和质量问题的发生率。

（2）库存积压与资源浪费

没有进行资源重调度可能会导致库存积压问题。当生产计划发生变化时，如果未能及时调整原材料的采购和生产进度，可能会导致过多的成品库存积压，增加资金占用和库存管理成本。除此之外，没有合理安排和调度生产资源可能会导致资源浪费。例如，当某些生产线因为产品需求减少而处于闲置状态时，未能及时将资源重新分配到其他生产线，将导致资源的浪费和生产成本的增加。

（3）客户满意度降低

生产延误、质量问题等生产挑战可能会导致客户满意度降低。客户希望按时收到高质量的产品，如果企业未能满足客户的需求，可能会影响客户对企业的信任和忠诚度，从而降低企业的市场竞争力和盈利能力。在竞争激烈的市场环境中，企业需要不断提升生产效率和产品质量，以保持竞争优势。没有及时进行资源重调度可能导致生产效率低下和产品质量下降，使企业失去竞争优势，难以在市场中脱颖而出。

缺乏及时的资源重调度可能导致生产延误、资源浪费、库存积压等问题，降低企业的竞争力和市场表现。因此，企业应该重视资源重调度管理，建立有效的调度机制和灵活的生产计划，以应对生产环境的变化和挑战，提高生产效率和产品质量，实现可持续发展和长期竞争优势。

7.4.2 重调度的触发机制

制造资源重调度的核心在于有效地应对各种触发机制引起的生产变化和不确定性。这些触发机制可以是内部的，如生产设备故障，也可以是外部的，如客户订单变更等。了解和理解这些常见因素和事件，对于制定有效的重调度策略有较大帮助。

（1）订单变更

客户订单的变更是制造资源重调度的常见触发机制之一。客户可能会在订单下达后更改数量、交付日期或产品规格等要求，这将直接影响到生产计划和资源分配，需要及时进行调整和重调度，以满足新的订单要求。

（2）设备故障

生产设备可能会因为故障、维护或修理等原因而暂时无法正常运行，导致生产中断或延迟。这将影响生产进程，需要重新安排生产计划和资源配置，以适应设备维修的时间和资源需求。

（3）材料短缺

原材料供应可能受到供应链问题、交通中断等因素的影响，导致生产中断或延迟。在这种情况下，需要及时调整生产计划和资源分配，以利用现有的资源最大限度地维持生产活动。

（4）人力调整

人力资源是制造过程中不可或缺的一部分，但人力调整可能受到员工请假、劳动力短缺等因素的影响。这可能会影响生产效率和生产进度，需要调整工作安排以确保生产线的正常运行。

（5）市场需求变化

市场需求的不确定性可能导致订单量的波动，从而影响生产计划的稳定性。制造企业需要根据市场的实际情况调整生产资源的配置，以满足变化的需求。

（6）供应链问题

供应链中的问题，如供应商延迟交货、物流中断等，可能会影响生产计划的执行。企业需要及时调整生产计划和资源分配，以应对供应链问题带来的生产挑战。

（7）环境变化

外部环境的变化，如天气条件、政策法规等，可能会影响生产过程。企业需要根据实际情况调整生产计划和资源配置，以适应环境变化带来的生产影响。

（8）竞争压力

竞争对手的行动可能会对企业的生产计划产生影响。企业需要密切关注市场竞争动态，及时调整生产计划和资源配置，以应对竞争压力带来的挑战。

7.4.3　应用：扰动环境下离散车间的资源重调度策略

在制造过程中，面对不确定性因素如紧急插单、设计变更、工人离岗、员工加工效率波动以及设备故障等扰动事件，需要有效的重调度方法进行辅助。这些不确定性因素会显著影响生产计划的执行和企业的运营效率。因此，为降低扰动事件对生产活动的干扰，需根据扰动事件的种类来制定合适的重调度方案，通过对调度方案的调整，来减轻扰动事件带来的不利影响，来确保车间生产的持续性和稳定性。

1. 离散车间扰动事件的界定与分类

预调度方案的编制建立在所有工件及其工序均正常加工以及所有设备均为正常运行，车间处在理想的生产环境中，生产过程连续不可中断。预调度方案一经下达，车间按照方案稳定有效地进行，直到所有工件加工完成。然而实际生产过程中，企业会面临外界和企业内部不确定因素的干扰，如设备故障、紧急插单等，均会导致初始调度方案失效。此时应及时根据扰动事件对生产系统造成的影响程度，及时调整初始调度方案，保证生产加工的顺利进行。

可以将离散车间生产过程中常见的扰动事件归结于以下两种：外部扰动事件和内部扰动事件。

（1）外部扰动事件

在实际生产过程中，由于客户订单的变更和设计的更改，造成企业生产延误的现象时有发生。企业应及时根据客户提出的订单变更需求，及时调整生产调度方案，以此来满足客户的需求。常见的外部扰动事件包括：①工件质量不合格导致客户拒收；②由于某些客观原因，导致订单交货期的变化；③设计变更导致的工件的数量和种类的变化等。

（2）内部扰动事件

除上述由于客户造成的扰动事件外，生产过程中常会出现像设备故障、工序加工时间波动、原材料交付延期以及工人缺勤等扰动事件，这类扰动事件会影响企业按时交货，降低设备利用率以及提升库存的风险。车间中常见的内部扰动事件有以下几类。

1）原材料带来的不确定性：原料不足引起加工停止和原料质量问题等。

2）生产过程中的不确定性：设备故障导致生产过程停止、设备微小问题导致工序加工时间延长以及工件质量检验不合格返工等。

3）工人不确定性：员工离职和员工调动导致制造时间延长等。

通过对加工过程扰动程度大小的分析，可将此类事件归结为显性和隐性扰动事件两种。其中对生产系统造成显著影响的称为显性扰动，如原材料短缺、工人短缺以及设备故障等。而隐形扰动对生产系统造成的扰动相对没那么明显，只能通过不断的累积从而对生产系统造成影响。如员工生产效率变化、设备轻微损伤带来工件制造时间的变化等。离散车间扰动事件的分类如图 7-22 所示。

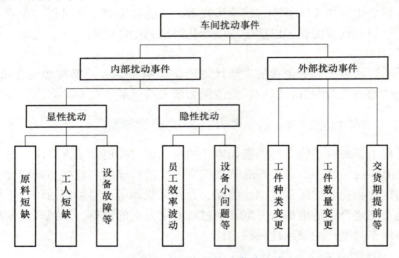

图 7-22　离散车间扰动事件分类

2. 离散车间资源重调度过程

由于离散车间生产环境的多样性以及加工过程的复杂性，车间扰动事件是客观存在且不可避免的。并且车间生产中的扰动会破坏原有的资源调度方案，因此，迫切需要研究扰动环境下离散车间的资源重调度方法。

资源重调度过程可以简单描述为：首先车间按照生产计划进行加工，同时，在加工过程中，不断收集生产过程中的实时加工信息，并同生产计划信息进行比对，当发生扰动信息时，如设备故障、新订单插入以及交货期延期等，根据扰动信息对车间资源进行重新调度，即选择合适的加工资源来组成新的逻辑制造单元，来确保生产的稳定有效进行，具体过程如图 7-23 所示。

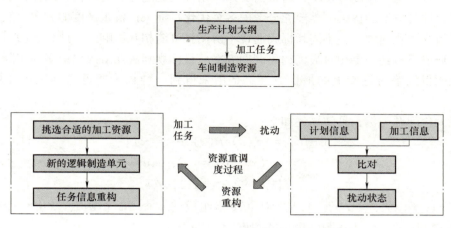

图 7-23　资源重调度过程

对于以物联网驱动的离散制造车间，生产过程状态较容易获取，所以常常采用事件驱动的机制来应对车间发生的扰动事件。当发生紧急事件时，及时调整调度方案来保证生产地稳定有效进行。然而当扰动事件频繁发生时，事件驱动机制会频繁更新调度方案，造成生产系统的紊乱使生产无法正常进行。此外，车间在面临隐形的扰动时，事件驱动机制无法及时做出响应。而混合驱动机制虽在一定程度上缓解了周期驱动和事件驱动的不足，然而在实际生产过中，该机制驱动下的重调度频率要高于扰动事件发生的频率，同样会带来生产系统的紊乱。一个可供参考的离散车间重调度驱动机制流程如图 7-24 所示。

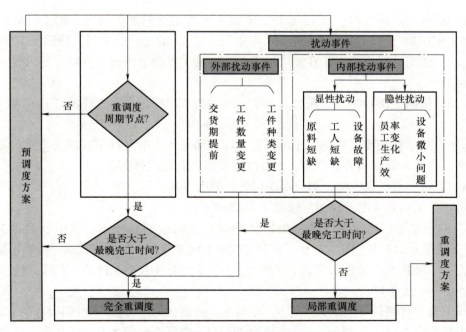

图 7-24　离散车间重调度驱动机制流程

此外，资源在重调度过程中，通常需要兼顾系统的稳定性和有效性，故往往通过一个优化指标难以评价方案的优劣，需要充分考虑多个优化目标来评价重调度的方案。然而在求解多个指标组合优化问题时，不同指标间通常不协调且可能相互影响。因此，迫切需要探索如何在扰动环境下得到一个相对最优的重调度方案。目标规划法在解决离散车间实际调度问题时，不强调得到绝对意义上的最优方案，是用来得到一种较为接近实际生产环境的调度方案。

以最大化问题为例，具体描述如下：

$$\max f(x) = \left[f_1(x), f_2(x), \cdots, f_n(x) \right]^{\mathrm{T}} \tag{7-15}$$

$$s.t. \begin{cases} g_s(x) \leqslant 0, s = 1, 2, \cdots, a \\ h_t(x) \leqslant 0, t = 1, 2, \cdots, b \end{cases} \tag{7-16}$$

式中，$f_1(x)$，$f_2(x)$，$\cdots$，$f_n(x)$ 是由决策变量组成的 n 个子目标函数；x 是一个向量，包含 m 个决策变量；$s.t.$ 为该数学模型的约束。

3. 紧急订单驱动重调度策略研究

企业在实际生产加工过程中，常常需要面对来自客户设计变更带来工件种类和数量的变化，选取紧急插单（工件数量变化）作为外部扰动事件进行分析。在处理新增订单时，将新增订单的工序放入未加工工序集中，以新加入订单的时刻作为重排时间点，将新增工件的工序同当前时刻所有未完工工序合并进行完全重调度。紧急订单驱动重调度的详细流程如下。

Step 1：将新增订单的工序存入"未加工工序集"中。

Step 2：将"未加工工序集"中新订单工序和未加工工序一同放入到"待调度工序集"中。

Step 3：确定重调度时"正在加工工序集"中各工序的加工情况，加工完成的工序从"正在加工工序集"中转移到"已完工工序集"；未完工的工序转移到"待调度工序集"中。

Step 4：依据更新后的"正在加工工序集"中的工序确定当前工件的"正在加工工序的顺序约束"。

Step 5：依据更新后的"正在加工工序集"中的工序确定当前工件的"正在加工占用资源约束"。

Step 6：对"待调度工序集"中的所有工序在动态约束的条件下采用完全重调度的方式重新调度，执行重调度相关的算法，如线性加权法、启发式算法等。

Step 7：输出重调度方案，形成本周期新的调度方案。

紧急订单驱动重调度的详细流程如图 7-25 所示。

图 7-26 是某工厂离散车间的初始最优调度方案对应的甘特图，其中最大完工时间为 18min，总能耗为 217.2J。图 7-26 中不同灰度代表不同工件，工件的加工顺序由矩形块左上角的数字表示：其中"-"前的数字代表工件号，"-"后的数字代表工件的工序号，如"5-1"代表工件 5 的第一道工序。

场景 1 为在时刻 $t = 3$ 时插入工件 9，重调度后的最优调度方案对应的甘特图如图 7-27 所示。其中最大完工时间为 18min，总能耗为 235.8J，总延迟时间为 0，总设备变更次数为 0。插单时刻，工序 6-2 和工序 8-1 正在加工，仍保持在当前设备上加工直至加工完成。相对于初始调度方案，重调度后的结果表明：由于重调度后总延迟时间为 0，说明重调度方法在场景 1 的情景下能很好地保证重调度后生产系统的效率，各工件都能在规定时间内完工；总设备变更次数为 0，说明重调度后各工序仍能保证在原有的设备上进行加工，降低由于设备变更带来的额外的物料搬运的成本，为企业节省成本，同时保证了重调度后生产系统的稳定性。

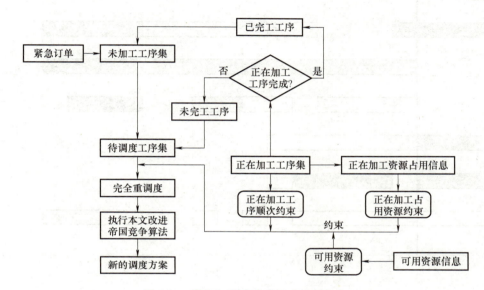

图 7-25 紧急订单驱动重调度详细流程

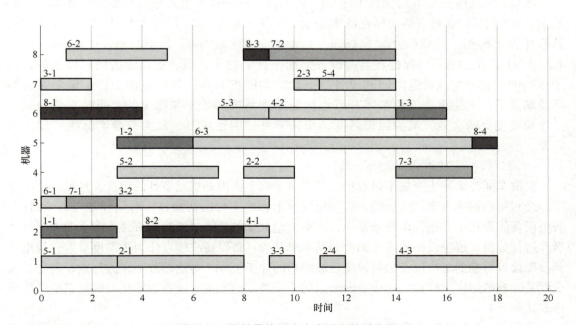

图 7-26 初始最优调度方案对应的甘特图

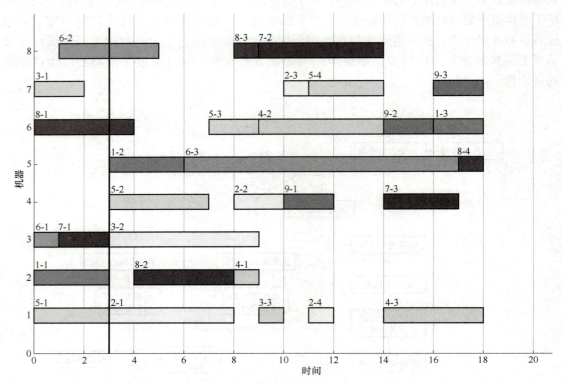

图 7-27 场景 1 重调度方案甘特图

场景 2 为在时刻 $t=6$ 时插入工件 10，重调度后的最优调度方案对应的甘特图如图 7-28 所示，其中工件 10 对应的工序在图中表示为工序 9-1 至 9-4。其中最大完工时间为 19min，总能耗为 236.8J，总延迟时间为 1min，总设备变更次数为 0。插单时刻，工序 5-2、3-2、8-2 和 2-1 正在加工，仍保持在当前设备上加工直至加工完成。重调度后的结果表明，由于重调度方案中的总延迟时间和设备变更次数均能控制在较好的范围之内，说明在此类插单场景下，上述重调度策略能有效地保证生产系统的效率和稳定性，同时有效地减少工序设备变更的次数，减少因设备变动带来额外的搬运成本，较为符合实际生产加工的需要。

4. 设备故障驱动重调度策略研究

离散车间在实际生产加工过程中，常常会受到企业内部扰动事件的干扰，这类事件的存在，会对初始调度方案产生影响，在一定程度上影响工件的初始加工时间和加工持续时间。其中设备故障在生产过程中频繁发生，故本文选取设备故障这类扰动事件作为企业内部扰动事件进行分析。解决设备故障重调度的基本思路为：将设备故障点作为重调度节点，找出受到故障设备影响的工序以及故障设备后续影响的加工工序，对这部分工序进行重新调度，未受设备影响的工序继续加工完成。即采用局部重调度的方案。设备故障驱动的重调度流程具体表达如下。

步骤 1：发生设备故障时，将"未加工工序集"中需要重调度的工序转移到"待调度工序集"中。

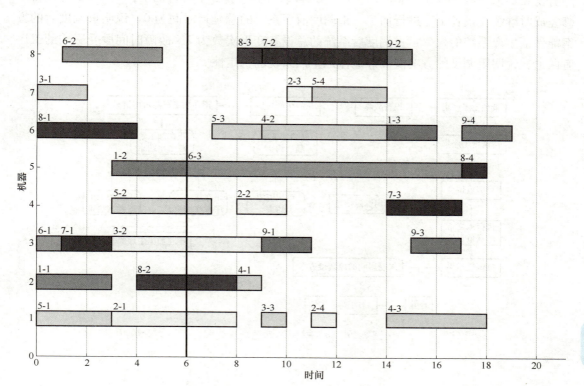

图 7-28　场景 2 重调度方案甘特图

步骤 2：更换车间工作日历与各类动态约束。

步骤 3：找出故障设备上正在加工和等待加工的工序在约束条件下进行局部调整，执行一些重调度算法，如线性规划算法和启发式算法等。

步骤 4：输出重调度的方案，与初始调度为受影响的方案结合，形成本周期新的调度方案。

设备故障驱动重调度流程如图 7-29 所示。

场景 1 为假设在时刻 $t_1 = 8$ 时设备 1 发生故障，且暂时不可修复，重调度后的最优调度方案的甘特图如图 7-30 所示。其中最大完工时间为 18min，总能耗为 223.3J，总延迟时间为 0，总设备变更次数为 3。在设备故障时刻，设备 1 上受影响的工序有工序 3-3、2-4 和 4-3。重调度时刻，后续受影响的工序 3-3 和 2-4 转移到设备 2 上加工，4-3 转移到设备 3 上加工。重调度前后系统的总延迟时间为 0，说明此重调度方案保证生产系统的效率；重调度后的总设备变更次数为 3，其中设备故障影响的工序有 3 道，说明此重调度方案能极好地保证生产系统的稳定性。

场景 2 为假设在时刻 $t_1 = 8$ 时设备 1 发生故障，且在时刻 $t_2 = 14$ 时维修完成，重调度后的最优调度方案对应的甘特图如图 7-31 所示。其中最大完工时间为 18min，总能耗为 231.4J，总延迟时间为 0，总设备变更次数为 2。设备发生故障时，设备 1 上等待加工的工序有工序 3-3、2-4 和 4-3。其中工序 3-3 和 2-4 转移到设备 2 上进行加工，工序 4-3 在设备维修完成时继续在设备 1 上进行加工。重调度前后系统的总延迟时间为 0，说明重调度后的方案能保证生产系统的效率；重调度后系统的总设备变更次数为 2，故障时间段受影响的工序有两道，说明重调度的方案能极好地保证生产系统的稳定性。

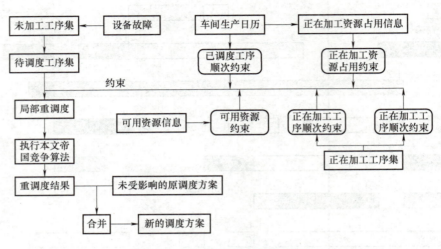

图 7-29　设备故障驱动重调度流程

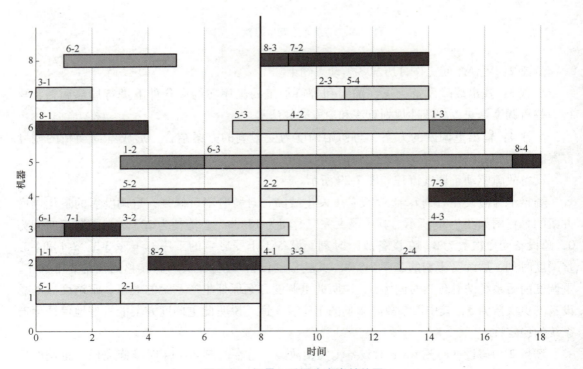

图 7-30　场景 1 重调度方案甘特图

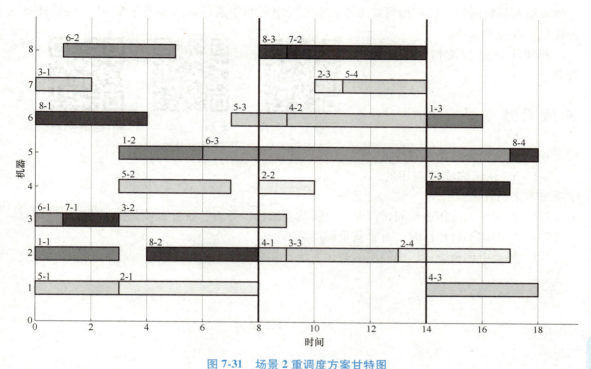

图 7-31　场景 2 重调度方案甘特图

7.5　本章小结

在当今快速发展的制造行业，优化资源和调度过程是提升效率和生产力的关键，也是确保竞争力和可持续性的基础。本章简要介绍了制造资源优化的背景和意义，并系统地探讨了从基本原则到高级应用的各个方面，提供了一个全面理解和实现卓越制造操作的框架。

本章主要围绕降低成本、提高效率和质量，以及增强市场响应能力等目标，介绍了预测监控和持续改进的重要性。一些新兴技术如精益生产管理、自动化与机器人技术、数字化转型等是实现这些目标的关键工具。除此之外，本章还探讨了厂内物流系统的优化、柔性作业车间的高级排产系统，以及制造资源重调度的策略，旨在帮助企业在不稳定和不可预测的市场环境中维持流程的连续性和效率。

综上所述，本章不仅深入解析了制造资源优化与调度的理论与实践，还展示了如何通过技术和系统的应用来满足现代制造业的需求。通过对这些概念的综合理解和实际应用，企业能够更好地适应市场变化，提升生产能力，并在激烈的全球竞争中保持领先地位。未来，这些跨学科的知识和技能将变得愈加重要，支撑企业的创新和转型。

7.6　项目单元

本章的项目单元实践主题为"多 AGV 运输任务调度分配问题"。本实践环节面向厂内物流场景，对多台 AGV 进行运输任务分配，本质上属于多约束的组合优化问题，旨在实现总体运输的最短时间，具有相当复杂性。本实践单元基于遗传算法实现了多 AGV 运输任务的优化调度分配应用。

　　具体实践过程请扫描二维码查看。

本章习题

单 AGV 多运输
任务排序　　　务调度分配　　　第7章项目单元

多 AGV 运输任务调度分配

7-1　制造资源分类有哪些？

7-2　5G 在厂内物流应用的网络系统方案是什么？

7-3　在进行柔性作业车间排产时，有哪些算法可以考虑？各自有什么优劣势？

7-4　当考虑不确定性时，有哪些重调度策略？

7-5　如果由你来设计厂内物流的搬运系统，你会如何设计？

第 8 章　制造过程安全管控

导读

　　本章首先从制造业中的实际安全管理出发，通过介绍安全生产的相关政策和标准法规，引出工业制造安全管理的概念。然后说明了以安全要素为基准的工作环境和流程审查，可用于确定对员工健康或安全构成威胁的因素，使企业能够系统地分析工作场所的潜在危害并做出有效的风险评估。最后介绍了在新技术革命的推动下及产业变革的需求牵引下，AI 技术与生产安全管控相结合产生的时代背景，并分析了新一代安全管理的系统框架。

本章知识点

- 安全管理要素概念
- 安全管理过程中的危害识别与风险评估方法
- 安全管理标准
- 安全管理系统的实施

8.1　安全管理概述

8.1.1　安全管理的定义与重要性

　　在制造业中，安全管理是确保生产活动安全高效进行的关键。通过一系列策略和措施，减少工作场所事故，保护员工健康与安全，保障设备和资产完整，这是法律和道德上的要求，也是企业可持续发展的基础。

　　安全管理的核心在于系统地识别、评估并控制可能导致伤害、财产损失或环境影响的风险。有效的安全管理使得企业能遵守工业安全法规和标准，减少事故发生的频率和严重性，显著降低与事故相关的成本。良好的安全管理还能增强员工的安全意识，促进安全文化的建立，提高员工的工作满意度和生产效率。制造业的安全管理尤为重要，因为该行业常常涉及使用重型机械、危险化学品以及复杂的生产流程。在这种环境下，任何安全管理上的疏忽都可能导致严重的人员伤害或死亡事故，以及巨大的经济损失。因此，企业必须采取积极的措施，确保所有操作符合最高的安全标准。随着技术的发展，特别是数字化和自动化技术在行业中的广泛应用，安全管理的挑战也在不断增加。新技术的引入虽然提高了生产效率和灵活性，但也带来了新的安全风险。这要求企业在实施相关技术时，必须重新评估其安全管理策略和程序，以应对新的挑战。

在全球化的市场环境下，企业的安全管理也需要符合国际安全标准和最佳实践，这有助于企业在国际市场中保持竞争力，确保其在不同国家和地区的运营符合当地法律法规要求。通过全面和系统的安全管理，制造企业可以保护员工，减少生产中断，提高整体运营效率和声誉。这是企业的法律责任，也是其社会责任和商业成功的重要组成部分。在制造业中，安全事故可能导致严重后果，影响企业的经济状况和市场声誉，理解这些成本和风险是制定有效安全政策的关键。

直接成本主要包括医疗费用、赔偿金、修复或更换设备的费用以及可能的法律和合规罚款。例如，机械故障引起的事故会导致员工受伤，需要昂贵的设备更换和修复费用，承担由于生产中断导致的直接经济损失。间接成本则可能影响更为重大，包括生产效率的下降、员工士气和忠诚度的损害、客户信任的丧失以及品牌形象的负面影响。安全事故还可能导致经验丰富的员工流失，增加新员工招聘和培训的成本。长期而言，间接成本可能对企业的财务健康和市场位置产生深远的影响。此外，安全事故还可能暴露企业在安全管理和内部控制方面的缺陷，引发监管机构的审查和客户的质疑。在某些情况下，严重的安全事故甚至可能导致企业因未能遵守行业标准而面临诉讼或监管处罚。

因此，投资于预防措施和提升安全管理水平可以减少安全事故的发生，避免因事故产生的高昂成本和潜在的负面后果。通过持续的风险评估、员工培训和安全改进措施，制造企业可以建立更加安全的工作环境，提高员工的安全意识，最终实现减少事故和提升生产效率的目标。

8.1.2 安全文化的建设

在企业中建立和维护一种强有力的安全文化是确保生产安全、提高员工安全意识、减少工伤事故的关键。安全文化体现了一个组织中关于安全的价值观和信念，这些价值观和信念凭借员工的日常行为和决策来体现。

首先，领导承诺在安全文化的构建中起着关键的作用。领导层的行为和态度直接影响到整个组织对安全的重视程度。当领导者利用自己的行为示范安全的重要性时，例如，亲自参与安全培训和活动，为安全计划提供必要的资源，他们便为整个组织树立了安全优先的榜样。领导者应公开讨论安全问题和成果，确保安全政策得到实施，并持续推动安全文化的深入。

员工的全面参与是构建安全文化的关键。在一个健全的安全文化中，每位员工都应认识到自己在维护工作场所安全中的角色，并积极参与安全活动，如参与安全会议、风险评估和事故调查等。增加员工在安全管理中的声音和责任，可以显著提高他们的安全意识和行为。此外，管理者应鼓励员工提供安全改进建议，并将他们的反馈视为改进安全措施的重要资源。持续的教育和培训是维护有效安全文化的另一重要组成部分。通过定期的安全培训，员工可以不断更新安全知识和技能，这有助于他们识别和应对潜在危险。

依靠上述措施，制造企业可以建立一个支持安全行为的环境，不断通过员工的参与和领导的支持来维护和强化这一环境。这种安全文化的强化最终将导致更少的事故和更高的员工满意度，从而提升整个组织的表现。

8.1.3　安全政策与目标

1. 安全政策的制定与实施

为了确保工作场所的安全符合行业标准，需要制定和实施有效的安全政策。安全政策反映了企业对员工福祉的承诺，是管理层在安全管理方面的具体行动指南。为了达到这些目的，安全政策的制定必须是一个详尽和全面的过程，涵盖从风险识别到政策执行的每一个步骤。

首先，策略的制定需要从全面评估当前工作环境和操作流程中的风险开始。包括识别所有潜在的物理、化学和生物危害。对于每一种危害，企业需要评估其可能导致的伤害程度和发生的可能性。这一过程通常涉及跨部门的合作，包括安全专家、工程师和现场操作员工的知识和经验。政策文档应详细描述每项安全措施，如个人防护装备的使用、定期的安全培训计划以及紧急情况响应程序。每项措施都应具体到足以被员工理解和执行，同时也需具有灵活性，以适应不断变化的工作条件和技术发展。安全政策的有效性在很大程度上依赖于其如何被传达给所有员工。企业应使用多种沟通渠道，确保每位员工都能够接触并理解这些政策。此外，安全政策应成为新员工入职培训的重要内容，确保从第一天开始，员工就明确自己的安全责任和企业的期望。

为了确保政策的执行，企业还需要建立一套严格的监督和审核机制，包括定期的安全审计、事故和差错报告系统，以及对政策执行情况的持续评估。这些措施帮助管理层监控安全政策的有效性，及时发现问题并做出调整。此外，应鼓励员工参与安全监督，建立匿名报告系统或安全委员会，让员工能够安全地报告未遂事故和潜在危险。最后，为了强化安全政策的实施，企业可以设立激励机制，表彰那些在安全实践中表现优异的个人或团队，以提高员工的参与感和满意度，并促进整个组织的安全文化发展。

2. 安全目标的设定与监控

设定和监控安全目标是确保工作环境安全的重要措施。通过精心设计安全目标和细致监控，企业能够明确安全改进的方向和速度，确保所有操作符合行业安全标准，持续提升安全管理有效性的同时还能预防潜在风险，保障员工的健康和安全。定期评估和调整安全目标，企业可以及时发现并解决安全隐患，营造一个更加安全可靠的生产环境。

安全目标的设定始于对企业当前安全状况的全面评估。这一评估包括识别各种潜在风险和可能的安全漏洞。设定的目标应具体明确，可以量化，并且与企业的业务战略紧密结合，以便于实施和跟踪。例如，企业可以设定将机械事故减少 20% 作为年度安全目标，这一目标是企业对提高机械操作安全的承诺，同时提供了一个具体的、可追踪的绩效指标。制定目标后，接下来需要实施一系列监控措施来跟踪目标的达成情况。这通常包括定期的内部安全审计和事故报告分析，这些活动帮助管理层评估现有安全政策和程序的有效性，并及时调整以应对新的挑战。例如，通过分析事故报告，企业可以识别安全培训中的不足，从而调整培训内容以覆盖这些缺陷。此外，一个有效的监控系统还应包括对安全措施执行情况的持续反馈。这种反馈机制包括管理层的正式评审和员工对安全环境的日常观察和体验。依靠这种双向沟通，企业能够确保每项安全措施都能得到有效执行，并根据员工的实际体验进行必要的调整。

201

这些安全目标和监控措施能够形成一个持续改进的循环以提升企业的安全标准，还能增强员工的安全意识和参与度。积极的安全管理文化将有助于减少工作场所事故，提高生产效率，并维护企业的良好声誉。

8.1.4　法规与合规性

1. 安全法规和标准的概述

在全球化的制造业环境中，制造企业必须遵循一系列复杂的安全法规和标准，这些规定旨在保护工人的健康与安全，同时防止工作环境中的事故和伤害。遵守相关法规是法律要求，更是企业社会责任的重要组成部分，是企业保持市场竞争力和品牌信誉的关键。

美国职业安全与健康管理局制定了广泛的安全和健康规程，涵盖从化学品处理到机械操作的各个方面。这些规定要求企业实施具体的安全措施，如适当的员工培训、安全设备的使用以及工作场所的危害识别和控制，以确保员工的安全与健康。欧盟凭借其工作场所健康与安全指令，为 EU 内所有成员国提供了工作场所安全的最低标准，确保雇主采取必要措施保护员工的安全与健康。这些指令要求企业进行风险评估，管理工作场所的潜在风险，并向员工提供必要的安全培训和信息。在我国，安全生产法规定了企业在安全生产方面的责任和义务，强调预防为主和综合治理的安全管理策略。企业必须建立和完善职业健康安全管理体系，定期进行风险评估，并开展职业健康安全教育和培训，确保员工能够了解和遵守安全生产的法律法规。

制造企业采用这些国际和国家层面的安全法规和标准，能够有效防止工作场所的事故和伤害，提升整体的业务运营效率和员工满意度。遵守这些规定是企业维护良好公共形象和避免法律风险的必要条件，同时也是提高生产效率和可持续发展的关键因素。

2. 企业合规性

现如今全球化的商业环境中，制造企业面临着不断变化的法规挑战，这些挑战要求企业遵守现有的安全法规和标准，具备预见未来变化并迅速适应的能力。成功的合规性策略依赖于企业能够在内部建立一套全面而灵活的管理系统，以确保法规遵从同时促进业务的持续增长和创新。

企业需要设立一个专门负责合规的部门或团队，任务是持续监控国内外法规的变化，评估这些变化对企业操作的影响，并及时更新内部政策和程序。定期进行风险评估是确保企业合规性的关键环节，这种评估涵盖从物理安全到信息安全的所有可能的风险因素，帮助企业识别和优先处理可能对员工安全或企业声誉造成重大影响的问题。凭借这些评估，企业能够针对当前的安全和法规要求制定防范措施，为可能的法规变化提前做好准备。向员工提供关于最新安全法规的定期培训，企业能提高员工的法规意识，加强他们在日常工作中实际遵循这些法规的能力。这种教育包括对新员工的入职培训和对现有员工的持续教育。

为了确保企业内部的合规措施得到有效执行，定期的监控和审计是必不可少的。内部审计团队应定期检查各部门的操作是否符合最新的法规要求，识别合规性缺口，并推荐改进措施。外部审计也可以提供独立的视角，验证内部控制的有效性，并确保企业对外部法规要求的透明度和可靠性。最后，为了保持灵活性和适应能力，企业应与行业协会和监管机构保持积极的沟通和合作。这种关系有助于企业及时获得有关法规变动的信息，同时也可能对法规的制定过程产生影响。

实施这些措施后，企业能确保当前业务操作符合所有相关法规的要求，增强适应未来法规变化的能力。这是维护企业合法运营的必要条件，也是实现长期可持续发展和保护员工福祉的关键因素。

8.1.5　安全管理的现代挑战

随着技术的快速发展，尤其是智能制造和工业互联网的应用，制造业的安全管理面临着前所未有的挑战。这些技术带来了提高效率和自动化水平的巨大机会，但同时也引入了新的安全风险，需要企业在安全管理策略上进行相应的调整和创新。

引入先进的自动化设备和数据分析技术极大地提升了企业的生产效率，然而，这些复杂系统也带来了新的安全问题。机器人和自动化机械的应用增加了操作的复杂性，对操作员的技能和知识提出了更高的要求。此外，自动化设备的故障可能导致突发的生产中断，甚至引发安全事故。因此，企业必须采取相应措施，确保自动化系统的安全和稳定运行。

信息安全在智能制造中同样是一个关键问题。随着生产设备和系统的互联互通，网络安全漏洞可能被利用来干扰生产操作，甚至造成物理损害。因此，企业需要加强传统的物理安全管理，强化网络安全防护，以确保数据安全和设备的正常运行。这就要求企业在安全管理中，注重信息技术的应用和整合。为了应对这些挑战，安全管理需要与信息技术紧密结合。使用数据分析和人工智能技术，企业可以更有效地预测和预防安全风险，提高安全监控的效率和准确性。例如，企业能够分析历史事故数据和实时监控数据识别潜在的危险因素，提前采取措施避免事故发生。信息技术还可以在员工培训和教育中发挥重要作用。利用虚拟现实（VR）和增强现实（AR）技术，企业可以为员工提供更加真实和互动的安全培训体验。这种培训提高了员工的安全意识，并在模拟环境中训练他们应对各种紧急情况的能力。生产安全标准化体系如图 8-1 所示。

203

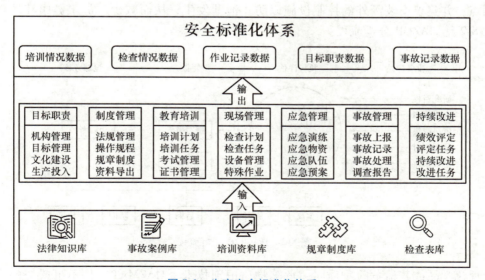

图 8-1　生产安全标准化体系

随着技术的发展和应用，企业的安全管理政策和程序需要不断更新。企业应跟踪技术发展趋势，定期评估和调整安全管理措施，确保能有效应对新的安全挑战。例如，针对自动化设备故障和网络安全威胁，企业应制定详细的应急预案和恢复计划，确保在突发事件发生时能够迅速响应，减少损失和影响。此外，企业应加强对员工的持续教育和培训，确保他们掌握最新的安全知识和技能。定期的安全培训能够提高员工的安全意识，帮助他们应对生产过程中可能遇到的各种安全问题。经过不断更新和改进安全管理措施，企业能更好地保障生产安全，提高整体的生产效率和竞争力。智能制造在提升生产效率的同时，也引发了新的安全挑战，企业必须在传统安全管理的基础上，结合信息技术，全面提升安全管理水平。

8.2　安全管理要素

8.2.1　安全要素识别

制造业中，安全要素的识别是确保生产环境安全的关键步骤。这个过程涉及全面地分析工作环境和操作流程，以识别可能对员工安全或生产设备构成威胁的各种风险。这种识别过程需要技术上的严谨和对工作流程的深入理解，以确保从物理、化学、生物到人为因素的每一种潜在危害都被系统地识别和评估。

进行安全要素识别时，企业通常采用多种方法来确保全面性。例如，企业可以使用作业安全分析详细检查特定工作任务中的每个步骤，包括直接的操作和与操作相关的潜在危害。这种分析通常需要跨部门合作，涉及安全专家、工程技术人员及实际操作员工的共同努力，以确保每个操作步骤的风险都被考虑和控制。另一种常用的技术是危害与可操作性研究（HAZOP）。这种技术专门用于识别在设计和操作过程中可能出现的偏差，以及这些偏差可能带来的风险。HAZOP 会系统地评估工艺系统的每个部分，帮助团队预见潜在问题并采取预防措施，从而避免事故的发生。例如，在化学品处理工艺中，HAZOP 能够识别出可能的泄漏点，并建议安装额外的控制设施以防止泄漏发生，从而减少对员工健康和环境的危害。图 8-2 是 HAZOP 分析流程。

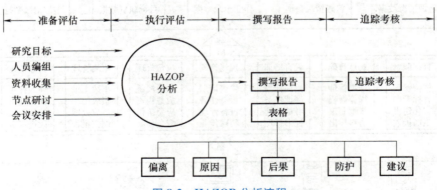

图 8-2　HAZOP 分析流程

处理化学品或其他危险物质时，危险物质识别技术（HAZMAT）是不可或缺的。该技术能够全面分析化学品的物理和化学特性，评估与这些物质接触可能对员工健康产生的影响。HAZMAT 提供了关于如何安全处理这些物质的详细指导，帮助企业制定应对潜在化学风险的策略，其防护服如图 8-3 所示。例如，处理易燃易爆物质时，HAZMAT 会建议采取哪些防护措施，以确保操作过程的安全性，避免爆炸或火灾等事故的发生。这些方法的有效实施是建立在企业文化基础之上的，一个将安全视为核心价值的企业文化是成功实施这些安全识别方法的关键。企业文化中对安全的重视程度，直接影响到员工对安全程序的遵守情况和参与度。在建立一个重视安全的企业文化后，企业能够确保员工在日常工作中时刻保持警觉，积极参与安全管理工作，从而降低事故发生的可能性。此外，先进的技术手段也在安全要素识别中发挥着越来越重要的作用。例如，利用大数据分析和人工智能技术，企业可以对大量的生产数据进行分析，识别出潜在的安全隐患和风险趋势。这些技术能够实时监控生产过程中的各种参数，一旦发现异常情况，立即发出预警，帮助企业及时采取应对措施，防止事故的发生。采用这些方法的企业能够系统地识别和管理那些可能导致伤害或事故的危险因素，从而创建一个更安全的工作环境。识别安全要素是防止事故发生的第一步，也是构建安全管理体系的重要组成部分。只有经由全面的风险识别和评估，企业才能制定出有效的安全管理措施，确保生产过程的安全和顺利进行。

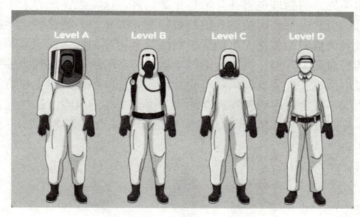

图 8-3　HAZMAT 防护服

205

　　安全要素的识别关系到员工的安全，直接影响到整个生产流程的效率和可靠性。企业经过一系列综合的技术和策略，系统地识别工作场所的潜在风险，并采取措施防范这些风险。定期进行安全审查是企业识别潜在危害的一种有效方法，企业可以以此评估现有安全措施的执行情况，并发现新出现的危害。这种定期检查确保了企业的安全策略可以及时调整，以应对生产环境或操作方式的变化。例如，企业在对生产线的详细检查后可以发现由于设备老化或操作失误而引发的潜在风险，并及时采取维修或改进措施。

　　随着技术的发展，许多企业开始利用先进的监测设备和数据分析工具来进一步加强安全风险的识别。例如，使用传感器监测设备的运行状态可以提前发现潜在的机械故障，而数据分析则能帮助识别操作过程中的非标准行为。这些技术的应用极大地提高了安全管理的精确性和效率。经过实时的监控和数据分析，企业可以更早地识别出生产过程中的异常情况，从而预防可能的事故。例如，在一条自动化生产线上，传感器可以监测机器的温度、压力等参数，一旦发现异常情况，系统会自动发出警报，提醒操作员采取必要的防范措施。员工的安全培训和参与也是识别安全要素的关键组成部分，对员工进行全面的安全教育可以提高他们对潜在危害的认识，教授他们如何在日常工作中采取预防措施。例如，定期的安全培训可以帮助员工熟悉最新的安全标准和操作规范，从而减少人为操作失误带来的风险。此外，培养一种强有力的安全文化，鼓励开放的沟通和报告潜在的危险，是提高安全识别效率的重要策略。在一个良好的安全文化氛围中，员工会更加主动地发现和报告安全隐患，从而帮助企业及时采取纠正措施。

8.2.2 安全要素管控

1. 安全要素

安全要素的种类繁多，涉及从物理、化学到生物和人为因素的各种风险。这些要素每一类都需要企业经过专门的方法进行管理，以防止可能的健康问题或事故。

物理危害是制造环境中最常见的安全问题之一，通常涉及与机械设备、工具和工作场所布局相关的风险。例如，未加防护的移动机械部件可能造成割伤或挤压伤，而不良的照明条件则可能导致视力问题或增加事故风险。高噪声环境更是一个严重的物理危害，长期暴露可能导致永久性听力损失。与物理危害并存的是化学危害，这类危害来源于工作场所使用或生产的化学物质，可能引起中毒、腐蚀或其他健康问题。因此，了解这些化学物质的特性和潜在危害是制定有效安全措施的关键。生物危害则涉及生物源如细菌、病毒和真菌的风险，这在食品加工或制药行业尤为重要。员工可能因接触受污染的物体或空气而感染疾病，或对某些生物材料产生过敏反应。控制这类风险需要特别注意工作环境的卫生和清洁。最后，人为危害包括由操作错误、安全程序的忽视或其他人为因素引起的风险。这些危害的控制通常涉及加强员工培训、提高安全意识和建设支持安全的企业文化。图 8-4 展示了安全管理八大要素。

图 8-4 安全管理八大要素

全面识别并理解这些不同类型的安全要素是企业能够制定出更有效的风险管理策略的关键，包括采取物理和技术上的控制措施，培训员工识别和应对这些风险，使得企业能够确保生产环境的安全，保护员工免受伤害。

2. 监测和维护

确保安全措施持续有效是防止事故和保护员工安全的关键。这要求在初始阶段采取适当的控制措施，同时需要一个持续的监测和维护系统来应对随时间可能出现的新挑战和磨损问题。

有效的安全管理依赖于对工作环境和设备状况的持续监测，包括定期检查安全设备和防护措施，确保安全栏杆、紧急停机按钮等设施处于良好状态，并在需要时发挥作用。企业可以使用传感器和实时监控技术对关键设备进行持续跟踪，及时发现可能导致故障或事故的迹象。此外，凭借收集和分析安全相关的数据，如事故率、安全隐患报告以及员工的安全意识反馈，管理层能够评估现有安全措施的效果，识别需要加强的领域。这种信息的积累对于预防未来的安全问题是必不可少的，能够帮助企业不断调整和改进其安全策略。定期的维护是确保安全设备和措施长期有效的关键。这包括对所有安全相关设备进行预防性维护，按照制造商的指导和行业最佳实践对设备进行检查、清洁、润滑和必要的更换。当设备出现故障时，快速响应和修复是防止小问题演变为大事故的关键。同时，企业还应确保所有操作员和安全人员都接受定期培训，了解最新的安全规范和操作技能。随着新技术和标准的引入，更新培训内容是保持团队效能和安全意识的重要部分。

8.2.3　危害识别和风险评估

危害识别和风险评估是安全管理流程中的核心步骤，目的是系统地识别出可能导致工伤或健康问题的各种因素，并评估这些因素可能造成伤害的严重性和发生的可能性。这一过程帮助企业制定优先级和采取相应的预防措施，以减轻或消除这些风险。

1. 危害识别的过程

危害识别是制造业安全管理中极为关键的步骤，涉及全面审查工作环境和流程以确定可能对员工健康或安全构成威胁的因素。危害识别的首步是对工作场所进行全面检查，涉及物理布局和机械设备，也包括操作流程和员工行为。物理危害可能包括未加防护的机械部件、电气安全问题或高处作业的风险，化学危害通常涉及有害化学品的使用和存储，而生物危害则可能来自微生物的暴露，企业可以采用职业健康评估和环境监测更准确地识别和量化这些危害。使用专业的风险评估工具和环境监测设备，如空气质量分析仪，可以帮助安全专家获取关于工作场所危害的详细数据。员工是识别潜在危害的宝贵资源。定期与员工沟通，鼓励他们报告任何感觉不安全或潜在危险的情况，是危害识别过程中不可或缺的一部分。此外，分析历史事故和未遂事故记录也提供了宝贵的意见，有助于揭示那些可能未被及时注意到的危害。

企业使用这些系统性的方法能够识别出所有潜在的危害，并基于实际数据和员工反馈进行有效的风险评估。这种方法确保了危害识别过程的全面性和准确性，为后续的风险控制措施提供了坚实的基础。这种综合和流畅的危害识别过程既有助于预防工伤事故，还关系到企业的合规性和运营效率。持续的努力和正确的技术应用使得企业可以显著降低工作场所的安全风险，为所有员工创造一个更安全的工作环境。图8-5是关于生产过程中危害识别到风险控制的过程。

2. 风险评估的方法

风险评估是安全管理中不可或缺的一步，使企业能够系统地分析工作场所的潜在危害，并据此采取适当的控制措施。这个过程开始于深入的风险识别，接着是对每个识别出的危害进行详细的风险分析和评价，最终制定有效的风险控制策略。

（1）风险识别与分析

风险评估首先依赖于前一阶段危害识别的结果，通过对这些潜在危害进行深入分析，确定其在特定工作环境中可能造成的具体伤害。这包括分析危害发生的条件、可能的伤害类型及其严重性。例如，机械危害可能导致割伤或夹伤，而化学危害可能引起中毒或烧伤。

图 8-5　生产过程中危害识别到风险控制的过程

（2）风险评价

在风险分析的基础上，进行风险评价，将各类危害按照发生的可能性与后果的严重性进行评级。这通常采用定性或定量的方法来执行，如创建风险矩阵，对不同的风险因素进行排序，确定需要优先控制的风险。风险评价的结果帮助决策者理解哪些危害需要立即处理，哪些可以采取长期控制策略。

（3）风险控制策略的制定

根据风险评价的结果，选择合适的风险控制措施是关键。这些措施应从源头消除或减少风险，优先采用工程控制措施，如改造设备以设计去掉危险部分，或改善工作环境的通风。当这些措施无法完全控制风险时，再考虑行政控制措施，如调整工作流程和提供安全培训。最后，作为最后一道防线，提供个人防护装备。

风险评估是一个动态的过程，需要随着工作环境、技术或法规的变化而定期更新。持续的风险评估使得企业可以确保其安全措施始终适应当前的操作条件，并有效地保护员工的健康和安全。

3. 风险控制策略的实施

风险控制是安全管理系统中关键的环节，其目的在于实施有效措施以减少风险的可能性和后果。组织通过工程改进、管理策略更新和应急准备能够防止或减轻事故的影响，从而保护员工安全和组织资产。

进行风险控制时，首先需要从工程和管理两个方面入手。工程控制涉及使用技术手段来直接消除或降低风险，如安装安全防护装置或改进设备设计，这类措施直接作用于风险源，是最直接有效的风险控制手段。同时，管理控制采用改变工作流程和提高工作标准的方式来间接控制风险，包括制定安全操作程序、加强培训和教育以及提高监督和责任制度。如果难以使用技术或管理手段来完全消除风险，那么必须为员工提供个人防护装备（PPE），通常包括眼镜、耳塞、防护手套等，以物理的方式保护员工的健康。此外，应急准备措施是风险控制的重要组成部分，组织需要制定详尽的应急响应计划，以便在事故发生时能迅速有效地处理，减少损失。

图 8-6 展示了一般的个人防护装备（PPE）。个人防护装备包括头部防护（安全帽、面罩）、眼部防护（防护眼镜）、听力防护（耳塞、耳罩）、呼吸防护（口罩、防毒面具）、手部防护（手套）、身体防护（防护服、防火服）、脚部防护（安全鞋）以及坠落防护（安全

带和绳索)。选择和使用 PPE 需要根据风险评估确定合适类型,并确保尺寸适合、佩戴舒适,对员工进行使用和维护培训,定期检查和更换。PPE 的重要性在于有效防止和减少职业伤害,符合安全法规,提高生产力,提供安全的工作环境。

图 8-6　个人防护装备(PPE)

8.2.4　预防措施和应急响应

危害识别和风险评估之后,实施有效的预防措施和准备应急响应计划是保障工作场所安全的关键步骤。这些措施和计划旨在最大限度地减少事故的发生和降低事故后果的严重性。

1. 实施预防措施

在制造行业,确保工作环境的安全对防止事故和保护员工健康具有重要意义。这一目标需要综合应用多层次的安全控制策略来实现,包括工程控制、行政控制和个人防护装备的使用。

(1)工程控制:源头减少风险

工程控制措施着眼于技术解决方案,直接在源头减少或消除风险,如对机械设备的改造和工作环境的优化可以显著降低员工面临的风险。此外,安装固定的防护装置或安全屏障可以有效防止员工在使用机器时接触到危险的移动部件。

(2)行政控制:改善工作方式

行政控制措施通过改变工作流程或提高工作环境的安全性来进一步减少事故的发生。这包括制定严格的工作指导和安全政策,确保所有操作都按照规定的安全标准进行。定期的安全培训和教育既提高员工对潜在危害的认识,还强化了他们在日常工作中实施这些安全措施的能力。

（3）个人防护装备：最后一道防线

在无法使用工程或行政措施完全控制风险的情况下，个人防护装备（PPE）提供了必要的个人保护，作为防护措施的最后一道防线。为员工配备合适的防护服、手套、眼镜和呼吸保护装备，是保护他们免受具体工作环境中风险的重要措施。

企业采用这样一个层次分明的措施体系，能够有效地管理和降低工作场所的安全风险，帮助企业符合安全法规，维护员工的健康和福祉，促进企业的持续发展和提高生产效率。

2. 应急响应计划

应急响应计划是确保在发生紧急情况时能迅速有效地应对的关键，包括事先准备的程序和资源配置，以最小化事故的影响，保护员工的生命安全和健康，以及保障财产的安全。

（1）紧急情况的识别和评估

首先，企业需要识别可能发生的紧急情况类型，这可能包括火灾、化学泄漏、机械故障、自然灾害等。每种紧急情况都需要一个特定的响应计划，要求企业对这些情况可能导致的具体危害进行彻底的评估。

（2）紧急疏散计划

有效的应急响应计划包括详细的疏散路线和程序。企业需要确保所有员工都熟悉疏散路线和集合点，并定期进行疏散演练，以确保在真正的紧急情况发生时每个人都能迅速且有序地撤离。此外，疏散指示和路线图应清晰标示在工作场所的显眼位置。

（3）紧急联系和沟通计划

紧急情况发生时，快速有效的沟通是必要的。应急响应计划应包括一个紧急联系人名单和沟通协议，确保可以迅速通知所有相关人员，包括内部员工、紧急服务机构（如消防、医疗和警察）以及关键的外部利益相关者。使用现代通信工具和技术可以加速信息的传递和反馈，提高响应效率。

（4）资源配置和人员培训

应急响应计划还应包括必要的资源配置，如消防设备、急救用品、安全设备等。确保这些资源处于良好状态，并可在需要时立即使用。同时，定期对员工进行应急响应培训和演练，提高他们对各种紧急情况的处理能力。

（5）持续的评估和改进

应急响应计划需要定期评估和更新，以适应新的工作环境变化或新的安全法规要求。反馈和事故后分析是改进应急响应计划的重要部分，帮助企业不断优化程序，提高其整体的安全管理能力。

8.3 安全管理标准

安全管理标准为制造企业提供了一套系统的方法来识别、评估和控制工作场所的风险，确保员工安全和健康。本节将详细探讨安全管理标准的内容概述、体系框架、国际和国家标准的应用，以及这些标准在制造业中的重要性和实施方式。

8.3.1 安全管理标准内容概述

安全管理标准在制造业中扮演着关键的角色，其提供了一套全面的指南和方法，帮助企业有效管理工作场所的风险，确保员工的安全和健康。这些标准是企业遵循法律法规的基础，也是实现安全操作和提升整体业务绩效的关键。安全管理标准的制定旨在帮助企业识别潜在的风险，制定相应的控制措施，并经过一系列有组织的活动来预防事故和伤害。其内容涵盖了从物理、化学到生物和人为因素的各种潜在危险，采用系统的风险管理流程来应对这些挑战。这包括了风险识别、评估、控制以及风险的持续监测和改进。安全标准为企业提供了明确的方向和框架，使其能够建立起符合国际和国内法规要求的安全管理系统。这种系统的建立提高了工作环境的安全性，增强了企业对外部安全挑战的应对能力。实施安全管理标准需要从多个层面进行：首先，企业需要确保有来自最高管理层的承诺，这是建立有效安全管理系统的前提；其次，通过组织结构和责任分配来支持这一承诺，确保每位员工都清楚自己在安全管理中的角色和责任。

在操作层面，安全标准的实施涉及具体的工作程序和操作指南的制定，这些都应当旨在减少工作场所的风险，并被适当地记录和定期审核。此外，企业还应该定期对员工进行安全培训，确保他们了解如何安全地执行工作，并能有效地响应可能发生的紧急情况。安全管理的持续改进是标准实施的重要部分。定期的安全性能评估使得企业可以了解现有措施的有效性，并根据评估结果进行必要的调整。这种基于反馈的改进机制确保了安全管理措施能够适应环境变化和新出现的风险。这样全面且系统的方法让安全管理标准能帮助企业满足法律要求，建立更高效安全的工作环境。这对于保护员工的安全、维护设备的完整性以及确保生产效率极其重要。因此，持续的关注和改进安全管理标准对任何注重可持续发展的企业都是必不可少的。

实施安全管理标准有助于形成一种积极的安全文化。在这种文化中，安全被视为企业成功的关键因素之一，每位员工都被赋予责任感，以积极参与到安全活动中来。安全文化的建立基于高层管理的明确承诺和对安全价值的不断强调，这种文化能够显著减少工作场所事故并提高员工的整体满意度和忠诚度。

通过设定具体、可测量的安全目标，企业能够更有效地监控和评估其安全措施的效果。这些目标提供了改进的方向和焦点，帮助企业识别潜在的弱点，从而制定更有效的风险管理策略。持续的监控和定期的安全审计确保了安全措施能够与企业的运营活动和外部环境的变化保持同步。此外，安全管理标准的实施也促进了技术和管理创新，为了满足这些标准，企业往往需要采用最新的技术和方法，改进工作流程和设备设计。可以看出，消费者、投资者和合作伙伴越来越多地将企业的安全表现作为选择合作伙伴的一个重要标准，因此，积极地实施和维护安全管理标准既能保护员工，还能提升企业的整体形象和市场份额。

8.3.2　安全管理标准的体系框架

1. 安全管理系统

安全管理标准的体系框架为企业提供了一个结构化的方法来建立、实施、运行、监控、评审、维护和改进其安全管理系统。该框架帮助企业系统地管理安全风险，确保了所有安全活动的协调和一致性。安全管理系统为组织提供了一种全面的框架来管理和降低工作场所的安全风险。一个有效的安全管理系统融合了策略制定、资源配置、风险管理以及持续改进等多个方面，形成了一个连贯、互动的系统，以确保员工安全和健康。以下是该系统的关键组件。

（1）安全政策和领导承诺

安全管理的成功始于领导层的坚定承诺，这种承诺需要明确的安全政策来实现，是组织对安全重视程度的体现。这份政策定义了安全的基本原则和目标，并且确保每个员工都理解自己在维持安全环境中的角色和责任。领导的示范行为和对安全文化的持续推动是激励员工遵守安全规程和参与安全活动的关键。

（2）综合性风险管理

在安全管理系统中，风险管理是一个持续的过程，包括识别、分析、评估和控制潜在的危害。这一过程要求企业需要靠前线员工的输入以及管理层的系统支持来确保风险评估的全面性和准确性。通过有效的风险管理，组织能够确定哪些安全措施最为关键，从而合理分配资源以实现这些措施。

（3）资源分配和系统支持

安全目标的实现依赖于足够的资源，包括人力、财力和技术资源。管理层必须确保这些资源的有效配置，并通过建立支持性的组织结构来促进安全措施的实施。此外，明确的角色和职责分配确保每位员工都能在其职责范围内采取行动，以维护和提升工作场所的安全性。

（4）培训、意识与持续改进

培训和提高安全意识是安全管理系统不可或缺的一部分。定期的培训帮助员工理解安全政策，掌握必要的安全技能并正确响应紧急情况。同时，安全系统需要定期进行评估和更新，以应对新的挑战和变化，确保系统的有效性和相关性。

安全管理系统使用该方法将策略、操作和改进措施整合在一起，形成一个相互支持、高效运转的安全管理网络。该网络在提高员工的安全和健康水平同时也促进了企业文化的正向发展，为企业带来了持续的业务益处。图 8-7 展示了工业制造安全管理系统架构。

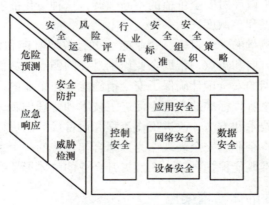

图 8-7　工业制造安全管理系统架构

2. 安全绩效的持续监控与改进

为了保证安全管理系统的有效性并确保企业能够应对工作环境中的变化，持续监控和改进安全绩效是关键。这个过程包含了从数据收集到安全实践的评估，以及从预防性改进到员工培训的多个方面，形成了一个综合性的持续改进机制。

企业凭借定期收集和分析各种安全相关数据来监控其安全绩效，这些数据包括但不限于事故率、近失事故的记录以及员工的安全培训参与度。这样的监控活动帮助企业能够评估现有安全措施的成效，及时发现潜在的风险和问题。为了确保数据收集的有效性和准确性，企业需要建立一个可靠的信息系统，该系统能够持续跟踪和存储相关的安全指标。

经过内部和外部的安全审核，企业可以进一步验证安全管理措施的合规性和有效性。基于审核的结果，企业应采取主动措施进行必要的调整，不断提升安全标准和操作实践。事故和差错的调查也是改进过程的一部分。通过对事故进行根本原因分析，企业能够深入理解导致安全事件的背后因素，进而制定有效的预防措施，避免同类事件的重复发生。持续改进安全绩效的另一个关键要素是员工的培训和赋能。定期的安全培训确保员工能了解最新的安全规程和技术，在日常工作中正确应用这些知识。此外，企业需要鼓励员工参与安全管理决策过程，以提高员工的安全意识和积极性，使员工成为安全改进的合作伙伴而非仅仅是政策的接受者。

这种整体的方法结合了技术、管理以及人力资源的方方面面，形成了一个动态的、自我完善的系统，不断提升企业的安全绩效，帮助企业防范和减少事故，增强企业的竞争力和市场声誉。

3. 员工的参与和沟通

员工的参与和有效沟通是构建和维护安全管理系统的核心。在一个安全文化成熟的组织中，每位员工需要了解自己在维持工作场所安全中的角色，积极参与到安全决策和改进活动中，这种参与能促进信息的自由流动，增强安全措施的透明度和效果。

员工在安全管理中的参与包括日常的安全任务执行并在安全改进的每个阶段都扮演着关键角色。通过参与安全委员会或担任安全代表，员工直接参与到安全政策的制定、风险评估和事故调查中，让员工感到自己的声音被听到和重视，还能从基层收集到宝贵的安全信息和反馈，这些信息可能在更高的管理层中被忽视。有效的沟通在安全管理系统中起到桥梁的作用，连接管理层和员工，确保安全知识和信息的双向流动。通过定期的安全会议、安全培训和日常的交流，安全信息被广泛传播，员工的安全意识不断提升。随着员工参与度的提高和沟通渠道的优化，一种积极的安全文化逐渐形成。在这种文化中，安全被视为所有人的共同责任，每个人都有动力保持警觉并致力于提升工作场所的安全标准。安全文化的强化减少了事故发生的概率，还增强了团队合作和员工的工作满意度，从而提升了整个组织的运营效率和声誉。

企业使用整合员工参与和沟通的方法，能够确保安全管理系统的有效实施，并实现持续的安全性能改进。这种方法既关注当前的安全需求，还为未来可能的挑战提供了应对策略，确保安全管理体系能随着企业的发展而演进。

8.3.3　制造业中的安全管理标准

1. 安全管理标准的作用

安全管理标准的实施是维护工作场所安全、保护员工健康、确保生产效率和维持企业声誉的关键。这些标准为企业提供了一套明确的指导原则和操作流程，帮助企业系统地识别、评估和控制各种职业安全风险。

制造业是一个高风险行业，其中机械事故、化学泄漏、长期噪声暴露等多种危害普遍存在。安全管理标准提供了一系列的风险识别和评估工具，帮助企业发现潜在的安全威胁，并制定有效的控制措施。通过实施这些控制措施，企业能够显著减少工伤事故和职业病的发生，从而减少因事故造成的直接和间接成本，如员工医疗费用、生产停滞损失和法律诉讼费用。

安全管理不仅仅关系到事故的发生，还直接影响到生产效率和产品质量。在安全的工作环境中，员工能够更加专注于其工作任务，减少因担忧安全问题而造成的分心或错误。此外，安全的工作流程更加规范和高效，有助于提高整体的操作效率和维护设备的性能，从而提升产品质量。实施安全管理标准有助于增强员工的安全意识和提高他们的参与度。当企业展示出对安全的重视时，员工更有可能遵守安全规程并积极参与安全改进活动。此外，定期的安全培训和教育活动可以增强员工的安全知识和技能，使他们更好地理解和认可企业的安全政策，从而在日常工作中自觉地采取安全行为。

对于制造企业来说，遵守国家和国际的安全法规是法定义务。实施安全管理标准，企业能满足这些法律要求，避免高额罚款和法律风险，同时在市场中展示其对高标准安全实践的承诺。这种承诺提升了企业的品牌形象和市场竞争力，吸引更多客户和合作伙伴，特别是在全球市场上。

安全管理标准的作用是多方面的，从降低安全风险到提高生产效率，再到增强企业的合规性和市场竞争力，每一个方面都对企业的长期发展有着重要影响。通过持续的努力和投入，企业可以建立一个安全、高效、竞争力强的生产环境，为所有利益相关方创造更大的价值。

214

2. 实施策略与挑战

实施安全管理标准涉及复杂的策略制定和多层面的挑战，成功的实施需要从组织的最高层开始，确保从顶层设计到员工的日常操作中，安全管理体系得到全面的支持和有效的执行。

安全管理的成功起始于企业高层的坚定承诺。这种承诺不仅体现在对安全政策的明确支持上，更关键的是在于资源的配置和在决策中优先考虑安全。领导层必须在安全文化的形成和维护中起到模范作用，强化安全管理的重要性，从而推动整个组织对安全标准的认可和遵守。

为了确保每一位员工都能理解并实施安全管理标准，全员培训和教育是不可或缺的。定期的安全培训能够让员工可以深入了解具体的安全操作规程、潜在的风险因素及如何有效预防事故的发生。这种教育包含新员工的入职培训和对所有层级员工的持续安全技能更新，确保他们能够应对新的安全挑战和技术变革。

一个全面的风险评估流程是安全管理体系的核心。组织需要定期进行全面的风险评估，从设备安全到工作环境的风险都要考虑在内。这些评估能够辅助识别当前的风险，还能预测未来可能出现的安全问题。基于这些评估，企业可以制定或调整风险控制策略，通过技术和管理措施来系统性地减少或消除这些风险。

安全管理的有效性需要持续的监控和评估来维护。企业应利用各种安全性能指标来追踪其安全管理措施的效果。这包括事故率的统计、安全巡查的记录以及员工安全意识的评估等。基于这些数据的反馈，企业需要不断调整和优化安全策略，确保安全管理系统既符合当前的操作需求，也能适应外部环境和法规的变化。实施安全管理标准面临的主要挑战包括资源的限制、员工参与度的不足以及外部环境的不断变化。资源的分配需要精心策划，确保足够的资金、时间和人力投入到安全管理中。同时，企业还需要创造一个鼓励员工参与和反馈的环境，创建持续的沟通和激励机制以提高员工的安全意识和参与度。

3. 案例分析

实现和维持安全管理标准通常会面临诸多挑战，但结合具体的案例研究和实践，企业可以学习如何有效地克服这些挑战。本节通过探讨成功的案例和总结相关的最佳实践，展示如何在实际操作中提升安全性能和工作效率。

例如，一个大型汽车制造企业引入了先进的自动化装配技术，显著改善了频繁发生的手部和手臂伤害问题，如图 8-8 所示。汽车自动化装配技术凭借机器人、自动化生产线和智能控制系统实现了车辆制造过程中的高效、精准和安全的装配作业。这些自动化技术的应用不仅减少了工人与危险机械直接接触，从而降低了职业伤害风险，还通过提高装配的精度和速度来提高生产效率。自动化装配系统能够进行复杂和重复的操作，确保每个零部件都能精确安装，提高产品一致性和质量。此外，自动化技术还能够实时监控和调整生产流程，减少生产误差和浪费，提升整体生产效益。

图 8-8　自动化装配设备

从案例中可以看出，成功的安全管理实践依赖于几个关键因素：首先是技术的应用，通过使用先进的技术和设备来直接降低工作场所的风险；其次是教育和培训，确保每位员工都能了解并执行安全规程，同时能够适应新技术和新规定；再次是持续的监控和评估，采用定期的安全检查和风险评估来持续识别和管理新的或未被充分控制的风险。此外，强化安全文化也是提高安全绩效的关键，这需要企业领导的积极参与和支持，建立开放的沟通渠道，鼓励员工报告潜在的安全隐患并参与安全改进的讨论。

8.3.4　安全监管和合规性

遵守安全监管准则和保持合规性是法律的要求，更是企业保护员工、保障生产效率及维护良好企业声誉的关键。有效的安全监管和合规策略可以帮助企业避免法律风险，同时提升整体的操作安全性。安全监管在制造行业需要设定一系列的标准和法规，确保企业采取必要的预防措施来避免工伤和职业病。这些规定能帮助企业识别和控制潜在的危险，减少事故发生，从而保护员工的健康和安全。同时，良好的安全记录也增强了企业的市场竞争力，为企业吸引投资和客户提供了支持。

实现合规的过程需要企业从顶层到基层的全面参与和承诺。这一过程首先从持续跟踪和评估新的安全法规开始，确保企业能及时响应法律要求的变化并相应调整内部政策。企业需要设立专门的团队或聘请专家来负责这一任务，确保所有的法规变更都能被准确地理解和应用。

为了增强员工的安全意识和参与度，定期的培训和教育是必不可少的。这包括对新员工的安全入职培训以及为现有员工提供的定期安全技能更新。经过教育，员工能更好地了解安全规程的重要性，并在日常工作中实施这些规程。技术和系统的整合也在安全合规中扮演了重要角色。利用现代技术，如安全管理软件和自动化监控系统，可以帮助企业更有效地管理安全数据，提高事故响应的速度和精确性。

8.4　安全管理系统

8.4.1　安全管理系统概述

建立一个高效的安全管理系统是保证系统运行的关键。智能制造带来了高度的自动化和复杂的工艺流程，同时也引入了新的安全风险和挑战。一个有效的安全管理系统可以帮助企业系统地识别、评估和控制这些风险，保证操作的安全性和符合法规的需求，促进持续的业务改进和创新。

安全管理系统的设计旨在通过一系列结构化的措施来减轻和管理工作场所的安全和健康风险。在智能制造环境中，这包括对新技术和自动化设备的风险进行评估，确保数据安全和物理安全同步增强。预防措施和事故响应策略被细化，以适应高技术设备和软件的具体需求。在智能制造中，安全管理系统涵盖从基本的安全政策到详细的操作程序。这一系统以明确的安全政策为起点，这是表达企业对安全承诺的正式声明。基于这一政策，企业会制定出一套全面的安全计划，其中包括风险识别和评估的方法，以及针对识别出的风险设计的预防和缓解措施。

智能制造中的安全执行尤其依赖于高级的监控系统和自动化控制技术，这些技术可以实时监控生产环境和设备状态，及时检测并响应潜在的安全威胁。安全管理系统的有效性需要持续的监控和定期的评估来维护。在智能制造中，利用数据分析和机器学习技术可以进一步优化安全监控和风险评估过程，实现预测性维护和风险预警。此外，定期的内部和外部审核使得企业可以验证安全措施的合规性，并根据发现的问题进行调整。

在所有这些技术和程序的基础上，培养一种积极的安全文化是任何安全管理系统成功的关键。在智能制造企业中，这意味着每个从管理层到前线操作员都需要认识到自己在维护安全中的作用。通过强化培训、积极的沟通和员工的直接参与，安全管理变成了企业文化的一部分，每个人都为创建安全的工作环境负责。

8.4.2　安全管理系统框架

1. 安全管理系统框架的概念与特点

　　安全管理系统框架是制造业中确保生产安全的基础，是一种组织结构和工作方法，旨在管理和控制生产过程中的各种安全风险。这一框架通常由政策、目标、程序、培训和监控等组成，以确保企业的生产活动在安全的环境中进行。安全管理系统框架的概念和特点为企业提供了一个全面的管理方法，帮助企业建立一个安全、健康和高效的生产环境。通过不断地改进和完善安全管理系统，企业能够降低生产过程中的安全风险，提高生产效率，保护员工的健康和安全。图 8-9 展示了安全生产智能管理系统框架。

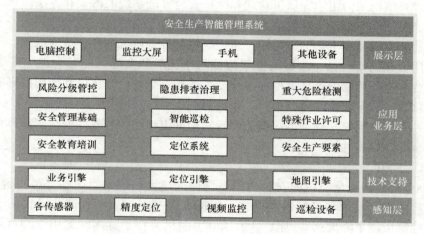

图 8-9　安全生产智能管理系统框架

　　安全管理系统框架的概念是指将企业的安全管理工作系统化、程序化、标准化的过程。这个过程包括确定和建立适合企业实际情况的安全管理体系，明确各级管理人员和员工的责任和义务，制定相应的安全管理制度和规章制度，建立完善的安全管理制度和流程，实施有效的安全管理措施，确保安全生产工作的顺利进行。安全管理系统框架的特点主要体现在以下几个方面。

　　（1）系统性

　　安全管理系统框架是一个完整的系统，包括安全管理的各个方面，如安全管理的目标、政策、程序、责任、培训等，各部分相互联系、相互作用，构成一个整体。

　　（2）综合性

　　安全管理系统框架考虑了安全管理的方方面面，包括了安全管理的各个环节和要素，如安全生产规划、安全生产组织、安全生产控制、安全生产监督等，确保了安全管理的全面性和综合性。

　　（3）灵活性

　　安全管理系统框架是灵活的，可以根据企业的实际情况和需要进行调整和改进，保证了安全管理的及时性和有效性。

　　（4）可操作性

　　安全管理系统框架提供了具体的操作方法和步骤，使安全管理工作更加具体、可操作，有利于安全管理工作的实施和推进。

（5）持续性

安全管理系统框架是一个持续改进的过程，通过不断地反思和总结经验教训，改进安全管理制度和措施，保证企业安全管理工作的持续进行和不断提高。

安全管理系统框架的建立和实施对于企业来说具有重要意义，可以帮助企业规范安全管理工作，提高安全管理水平，降低生产安全事故的发生率，保护员工的生命财产安全，维护企业的形象和声誉，促进企业的可持续发展。因此，企业应该高度重视安全管理系统框架的建立和实施，不断完善和提高安全管理水平，确保安全生产工作顺利进行。

2. 常见的安全管理系统框架

安全管理系统框架为组织提供了建立和维护安全管理系统的框架和方法。选择安全管理系统框架时，组织应考虑以下几个因素。首先，要考虑框架的适用范围和领域，不同的框架可能对特定行业或领域有更好的适用性，组织应根据自身情况选择合适的框架；其次，要考虑框架的实用性和操作性，一个好的框架应该易于理解和实施，能够为组织提供明确的指导；最后，要考虑框架的国际认可度和普及度，选择一个被广泛认可和使用的框架，有助于组织与国际接轨，提升在全球范围内的竞争力。

以下是一些常见的安全管理系统框架，旨在帮助组织建立有效的安全管理体系，提高工作场所的安全性和健康性。

（1）ISO 45001

ISO 45001 是一种全球通用的安全管理系统标准，旨在帮助组织确保员工健康和安全，并为制定适当的安全政策和目标提供框架。该标准要求组织识别和评估潜在的工作场所风险，并实施控制措施来降低这些风险。ISO 45001 的优势在于其国际通用性和可适用性，可以帮助组织在全球范围内建立一致的安全管理标准，提高员工的安全意识和参与度。然而，实施 ISO 45001 也面临一些挑战，如需要投入大量资源和时间，以及需要不断更新和改进安全管理系统。

（2）OHSAS 18001

OHSAS 18001 是一种安全管理系统规范，旨在帮助组织识别、评估和控制工作场所健康和安全风险。该规范要求组织建立和实施安全管理系统，包括制定安全政策、培训员工、进行风险评估和监测安全绩效等方面。OHSAS 18001 的优势在于其实用性和操作性强，能够帮助组织有效管理工作场所的安全和健康风险。

（3）ANSI/AIHA Z10

ANSI/AIHA Z10 是美国国家标准协会（ANSI）和美国工业卫生协会（AIHA）共同制定的安全管理系统标准。该标准旨在帮助组织建立全面的安全管理系统，包括领导承诺、员工参与、风险管理、绩效评估等方面。ANSI/AIHA Z10 的优势在于其综合性和实用性，能够帮助组织建立完善的安全管理体系，提高工作场所的安全性和健康性。

这些框架强调了组织对员工健康与安全的承诺，并提供了一套系统化的方法来管理风险、制定政策、设定目标和实施计划。通过实施这些框架，组织可以提高员工工作环境的安全性，降低工作场所事故和伤害的风险，提高组织整体的健康与安全表现。因此，选择适合自身组织的安全管理系统框架，并有效实施，对于维护员工健康与安全，提高组织竞争力具有重要意义。

3. 安全管理系统的实施与评估

安全管理系统的实施是一个复杂的过程，涉及从策略制定到具体操作措施的多个环节。成功的实施依赖于组织内部的全面参与，以及系统的持续评估和改进。下面将探讨实施过程中的关键步骤、面临的常见挑战以及评估方法。

实施安全管理系统首先需要高层管理的承诺和支持，这是建立有效安全文化的基础。管理层的支持不仅体现在资源分配上，更重要的是在策略和目标的确定上。随后，组织需要识别和评估所有相关的风险，这包括但不限于工作环境风险、操作错误风险以及潜在的安全事故风险。基于这些风险评估，制定相应的风险控制策略和应急预案。

有效的沟通机制是实施过程中的另一个关键要素。组织应确保所有员工都能理解安全政策和程序，且能积极参与安全管理活动。此外，定期的培训和教育是提高员工安全意识和操作技能的重要途径。

实施安全管理系统过程中可能会遇到多种挑战，包括资源限制、员工抵触和外部环境变化等。资源限制可能导致实施不到位，而员工抵触则可能因为缺乏足够的沟通和教育。此外，技术的快速发展和市场的不断变化也可能影响已实施的安全管理措施的有效性。持续的评估是确保安全管理系统有效性和适应性的关键。评估过程应包括定期的安全审核、事故调查以及风险评估更新。安全审核旨在检查安全管理系统的遵从性和效果，而事故调查则帮助理解事故的根本原因，从而改进策略和措施。组织凭借这些评估可以不断地识别改进领域，适时调整安全管理系统以应对新的挑战。

安全管理系统的实施与评估是一个需要组织持续关注和投入的过程。通过实施有效的安全管理措施和进行严格的评估，组织不但可以提高工作环境的安全性，还能在全球市场中提升其竞争力和声誉。

8.4.3　安全生产与智能感知系统案例分析

安全生产与智能感知系统的融合在现代工业生产中已成为提高生产效率和确保员工安全的关键手段。AI 技术的发展使得智能监控和分析成为可能，通过实时的数据采集和分析，可以及时发现并预防潜在的安全隐患。下面将详细介绍一套先进的安全生产与 AI 智能感知系统的工作原理和架构。图 8-10 展示了安全生产与 AI 智能感知系统架构。

这套安全生产与 AI 智能感知系统通过云端、终端和前端的协同工作，实现了对生产过程的全面监控和安全管理。云端智能服务集群负责提供智能算法的训练和更新平台。新的算法在云端生成后，经由智能算法更新机制下发到终端和前端设备，以确保系统的实时性和准确性，同时云端还负责接收和处理来自前端和终端设备上传的违规行为数据。终端（智能监控一体机）是系统的核心部分之一，主要负责对视频图像进行智能分析和传感监测。其能够识别烟火、离岗睡岗、动火作业、静电消除、受限空间、人数超员以及人车证等情况。当发现违规行为时，终端会将抓拍的图像上传至云端进行进一步处理。前端（智能视频前端）则负责实时采集视频图像，并对违规行为进行初步抓拍和上传。前端设备的主要作用是确保数据的实时性和现场监控的连续性。

系统还包括视频智能分析和传感监测两大功能模块。视频智能分析能够检测和识别各种安全风险。传感监测则覆盖温度、液位、压力、易燃易爆气体、有毒有害气体、危险品储量和泄漏识别等多个方面。该系统具备智能分析、实时报警、分级预警、风险评估和精准管控等功能。AI算法在对采集到的数据进行智能分析后，系统能够在检测到异常情况时实时报警，并根据风险等级进行预警，对潜在风险进行评估，最终实现对风险的精准管理和控制。

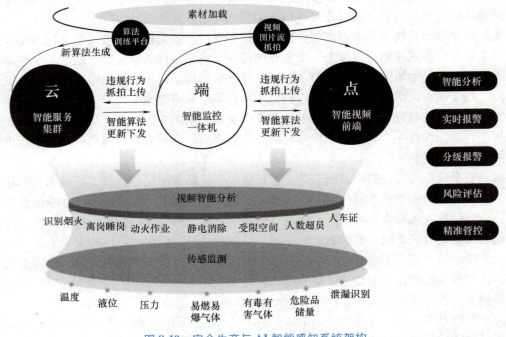

图 8-10 安全生产与 AI 智能感知系统架构

这套安全生产与 AI 智能感知系统通过整合云端、终端和前端的多层次协作，在工业生产中提供了高效、可靠的安全保障。在提高了生产效率同时减少了人力成本，并大幅提升了生产环境的安全性。其代表了未来工业安全管理的方向，为实现智慧工厂和安全生产提供了有力支持。

8.4.4 机器视觉在安全生产中的应用

1. 机器视觉概述

机器视觉逐渐渗入社会生活的方方面面，在人脸识别、图片识别、视频监控、3C 应用等各领域几乎都能看到机器视觉的身影。对于工业领域而言，机器视觉的应用更是大大降低了高危作业的危险系数，保障了工业生产的安全性和高效性。机器视觉是人工智能范畴最重要的前沿分支，也是智能制造装备的关键零部件，它在工业生产中应用广泛，包括视觉引导与定位、识别、测量等。随着工业数字化、智能化的逐渐深入，工业场景对机器视觉的需求不断增加，推动了机器视觉的蓬勃发展。机器视觉是指用于自动检测与分析的一种基于成像技术的方法，在工业自动化检测、安全系统控制和机器人引导等领域得到了广泛应用。

机器视觉就是利用机器系统代替人的眼睛以及大脑来做出各种测量和判断。采用成像技术获取被测目标的图像，再经过快速图像处理，与图形识别算法，从摄取图像中获得目标的尺寸、方位、光谱、结构、缺陷等信息，从而可以执行产品检验，分类与分组，装配线上的机械手运动引导，零部件的识别与定位，生产过程中质量监控与过程控制反馈等任务。

　　机器视觉涉及光学、机械、电子、计算机、图像处理、信号处理、模式识别、人工智能、运动控制、数据分析等多个领域的技术，是一门综合的学科。机器视觉系统是一个典型的光、机、电、算一体化的系统。一个典型的工业机器视觉应用系统，包含到的技术有数字图像处理技术、机械工程技术、控制技术、光源照明技术、光学成像技术、传感器技术、模拟与数字视频技术、计算机软硬件技术、人工接口技术等。工业机器视觉系统包括光源、镜头、相机、图像处理单元、图像处理软件、监视器、输入输出单元等。机器视觉系统的基本构造如图 8-11 所示。

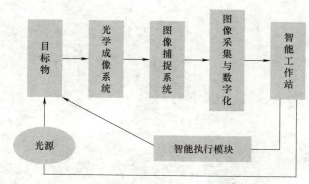

图 8-11　机器视觉系统的基本构造

2. 机器视觉在安全生产中的应用

　　传统的视频监控系统主要依赖于人工监控，这种方式存在许多不足之处。首先，人工监控的效率和准确性受限于人的注意力和疲劳程度，长时间的监控容易导致注意力不集中，从而漏掉关键的安全隐患。其次，传统监控系统缺乏智能分析能力，只能被动记录和回放视频，无法实时识别和响应异常情况。此外，大量的视频数据需要人工处理和分析，耗时耗力，难以迅速做出反应。

　　机器视觉技术的引入克服了传统视频监控系统的不足。机器视觉利用图像处理、模式识别和深度学习算法，能够自动识别和分析视频中的异常情况和安全隐患。与人工监控相比，机器视觉系统具有以下优势。

　　（1）实时监控与报警

　　机器视觉系统能够实时分析视频流，迅速检测出异常行为或状况，并即时发出警报，确保及时应对潜在的安全威胁。

　　（2）高精度和一致性

　　机器视觉系统不受疲劳和情绪影响，能够 24 小时不间断工作，提供高精度和一致的监控效果，避免了人工监控的疏漏。

　　（3）智能学习与适应

　　机器视觉系统可以凭借机器学习不断优化和提高识别能力，适应不同环境和场景的变化。在对大量视频数据的自动化处理和分析后，机器视觉系统可以提取有价值的信息和趋势，为安全管理决策提供科学依据。

　　图 8-12 中展示了机器视觉技术在安全生产中的多个具体应用场景。通过这些应用，系统可以实时识别和检测各种安全隐患，显著提升安全管理的效率和效果。例如，机器视觉技

术能够识别明火和烟雾，迅速发现火灾隐患并及时报警，防止火灾蔓延。它还可以检测员工是否佩戴安全帽和穿着工作服，确保人员符合安全标准，从而减少意外伤害。系统还可以监控敏感区域，检测未授权人员的闯入行为，保障区域安全，防止未经授权的操作或进入。此外，机器视觉技术能够检查员工是否正确佩戴劳动保护用品，如手套和安全鞋，确保工作场所的安全操作。

图 8-12　机器视觉在工业生产中的应用

在工作区域内，系统可以识别员工打电话的行为，防止因注意力分散导致的安全事故。对于检测离岗行为，系统能监控员工是否在工作岗位，防止擅自离岗，确保工作效率和安全。通过监控特定区域的入侵行为，机器视觉系统可以保护重要资产和设施，防止未授权人员或物体进入。对于危险化学品运输车辆，系统能识别其进入厂区，确保符合安全管理要求。此外，机器视觉系统可以识别员工在禁烟区域抽烟的行为，防止火灾和健康隐患，并监控人员聚集情况，防止拥挤踩踏等安全事故，特别是在应对突发事件时。最后，系统还能检测翻越围栏的行为，防止未经授权的进入和潜在的安全威胁。

8.5　本章小结

本章从安全管理的基本理论出发，详细介绍了建立和维护有效安全文化的策略，包括风险的识别、评估、控制，以及技术管理和事故应急预案的制定。这些内容不仅涵盖了从理论到实践的广泛方面，还强调了安全管理系统在现代智能制造业中的实际应用。本章叙述了多层次的安全管理措施，展示如何凭借系统化的方法有效地识别和控制潜在的安全风险，并使用实例说明了如 ISO 45001 等国际标准在实际工业环境中的应用，展示了其如何帮助组织实现全球安全管理的一致性。

安全文化的建设和维护特别强调其核心要素和实施策略，包括技术和规范，以及教育和培训员工的安全意识和行为。技术管理与事故应急预案章节深入分析了设备维护管理，并讨论了在设备发生故障时如何快速有效地应对，以最小化事故对生产和员工安全的影响。这部分突出了预防和准备的重要性，指导企业设计应急预案，以应对可能的安全事故。

随着智能制造技术的发展和应用，安全管理的策略和方法也将继续演化。新的技术如人工智能和大数据分析将在风险识别和评估中扮演更加重要的角色，使得安全管理更加精准和具有前瞻性。同时，全球化的生产与供应链将要求制造企业不断更新和升级其安全管理标准和实践，以确保跨国运营的安全性。本章为制造企业提供了一个关于如何建立和维护安全的生产环境的详尽指南，强调了持续改进和技术革新在未来安全管理中的重要性。通过这些综合性的策略和技术，制造企业可以更好地面对日益复杂的安全挑战，确保持续的生产安全和效率。

8.6　项目单元

本章的项目单元实践主题为"数据库构建"。数据库是实现数据感知分析决策及安全管理的信息源基础。Django 是一个用于构建 Web 应用程序的高级 Python Web 框架，其提供了一套强大的工具和约定，使得开发者能够快速构建功能齐全且易于维护的网站。本章介绍一种基于 MySQL 数据库的结合 Django 框架的数据库构建方法。

具体实践指导请扫描二维码查看。

第 8 章项目单元

223

本章习题

8-1　什么是安全管理？

8-2　安全文化建设的关键是什么？

8-3　安全政策的主要内容包括哪些？

8-4　安全管理标准的实施有哪些好处？

8-5　如何通过数据分析提高安全管理水平？

8-6　现代制造业的安全管理面临哪些新挑战？

8-7　应急响应计划的主要内容是什么？

8-8　安全管理系统的核心是什么？

8-9　企业如何评估安全政策的有效性？

第9章　制造系统适人性评估与验证

 导读

　　本章首先从人的基础感知觉特性出发，以人在生活中感知世界的基础能力为牵引，分析在与制造系统进行人机交互时需要考虑的多通道交互手段，通过对比语音、眼动、手势等不同交互通道的特点，明确各通道适用的场景。然后介绍人在实际制造现场工作时需要被感知到的基础作业能力与作业疲劳变化，制造系统只有在充分感知当前作业人员的交互特性与作业状态的基础上，才能实现以人为中心的自适应与调整。最后通过实际制造现场的需求分析，结合增强现实环境下多通道的交互手段实现制造系统快速的适人性评估与验证，为虚实融合人在环的技术集成提供了实际应用案例。

本章知识点

- 人的感知觉特性
- 多通道交互特性
- 作业能力与作业疲劳
- 人在环的虚实融合产线验证

9.1　人的感知觉特性

　　在生活中，人们无时无刻不在与环境互动，并通过感觉器官来感知世界。感觉和知觉是认知过程中的两个基本阶段，它们共同构成了人们对外界信息的初步理解和处理。以一个简单的例子来说明：当你走进一个果园，你会通过眼睛看到各种各样的水果（视觉），通过鼻子闻到果香（嗅觉），通过耳朵听到鸟鸣和微风的声音（听觉），甚至通过皮肤感受到阳光的温暖（触觉）。这些感觉信息单独存在时，只是对外界刺激的简单响应。但是，当你将这些信息综合起来，你就会形成一个关于果园的整体知觉：一个充满生机、色彩缤纷、香气扑鼻的果园。在这个例子中可以看到感觉和知觉之间的紧密联系。感觉是知觉的基础，为知觉提供了必要的原材料；而知觉则是对感觉的加工和升华，使人们能够更深入地理解和体验世界。下面将进一步探讨感觉和知觉的特性，包括它们如何受到生理、心理和环境因素的影响，以及如何通过科学的方法来提高人们的感知能力。通过学习和理解这些概念，能够更好地理解人类与环境的互动过程，为设计更人性化、更高效的人机系统提供理论基础。

9.1.1　人的感觉特性

感觉是指通过感觉器官（如眼睛、耳朵、鼻子、舌头和皮肤等）直接接收来自环境的物理刺激，并在大脑中转化为神经信号的过程。这些神经信号随后被大脑解读为具体的感知体验，如视觉、听觉、嗅觉、味觉和触觉等。感觉是人们获取外界信息的最基础方式，它为人们提供了关于世界的第一手资料。

1. 感觉的分类

感觉可以分为两类，分别是外部感觉和内部感觉。外部感觉包括视觉、味觉、嗅觉、听觉和触觉等，它们是对外部世界的感知。内部感觉包括如运动觉、平衡觉和机体觉（包括内脏觉和痛觉），它们提供关于身体内部状态和位置的信息。

2. 感觉器官及其信息接收能力

人通过感觉器官获得关于周围环境和自身状态的各种信息。感觉器官中的感受器是接收刺激的专门装置。感受器按其接受刺激的性质可分为视、听、触、味、肤觉等多种感受器。每一种感受器通常只对一种能量形式的刺激特别敏感，这种刺激就是该感受器的适宜刺激，人的感觉和各类感受器的适宜刺激见表 9-1。

225

表 9-1　人的感觉和各类感受器的适宜刺激

感觉	感受器	适宜刺激	刺激源
视觉	眼睛	一定频率范围的电磁波	外部
听觉	耳	一定频率范围的声波	外部
旋转	半规管肌肉感受器	内耳液压变化，肌肉伸张	内部
下落和直线运动	半规管	内耳小骨位置变化	内部
味觉	头和口腔的一些特殊细胞	溶于唾液中的一些化学物质	外部
嗅觉	鼻腔黏膜上的一些毛细胞	蒸发的化学物质	外部
触觉	主要是皮肤	皮肤表面的变形弯曲	接触
振动觉	无特定器官	机械压力的振幅及频率变化	接触
压力觉	皮肤及皮下组织	皮肤及皮下组织变形	接触
温度觉	皮肤及皮下组织	环境媒介的温度变化，或人体接触物的温度变化，机械运动，某些化学物质	外部或接触面
表层痛觉	一般认为是皮肤的自由神经末梢	强度很大的压力、热、冷、冲击及某些化学物质	外部或接触面
深层痛觉	一般认为是自由神经末梢	极强自压力和高热	外部或接触面
位觉和运动觉	肌肉、腱神经末梢	肌肉拉伸，收缩	内部
自身动觉	关节	尚不清楚	内部

3. 感觉阈限

（1）绝对感觉阈限

人的感官除了要求"适宜刺激"信号的载体外，感官对信息载体的能量要求也有一定的限度。感官的这种对信号刺激能量范围的要求称为该感官的绝对感觉阈限。信号的能量必须较大幅度地超过人的绝对感觉阈限下限值，也即引起感觉的最小刺激量，见表 9-2。能产生正常感觉的最大刺激量成为感觉阈上限，刺激强度不允许超过上限，否则不但无效，还会对人体造成损伤。

表 9-2　刺激阈限下限

感觉	刺激阈限下限
触觉	蜜蜂翅膀从 1cm 高处落到肩上的感觉
听觉	在寂静场所从 60m 远能听到的钟摆走动声（约 $2×10^{-5}$Pa）
视觉	在晴朗的夜晚距 48km 远能看到的烛光（约 10 个光量子）
嗅觉	在 $30m^2$ 的房间内开始嗅到的一滴香水散发的香味
味觉	一匙白糖溶于 9L 水中初次能尝到的甜味

（2）差别感觉阈限

当信号刺激的能量分布落在绝对感觉阈限的上下限之间时，人不仅可觉察到信号的存在，还能觉察到信号刺激的能量分布差异。引起差别感觉的刺激间的最小差别称为差别感觉阈限，对最小差别量的感受能力称为差别感受性。

4. 感觉的特性

（1）感觉的适应

在同一刺激物的持续作用下，人的感受性发生变化的过程称为感觉的适应。感觉器官经过连续刺激一段时间后，敏感性会降低，产生适应现象，如嗅觉器官经过持续刺激后将不再发生兴奋，通常说"久而不闻其臭"就是这个缘故。视觉适应中的暗适应约需 45min，明适应需 1~2min；听觉适应约需 15min；味觉适应约需 30s。

（2）感觉后象

当外界刺激停止后，感觉印象仍然留存一段时间的现象，称为感觉后象。例如，在暗室里急速转动一根燃烧着的火柴，可以看到一圈火花，这就是由许多火点留下的余觉组成的。

（3）感觉对比

感觉对比是指不同刺激作用于同一感觉器官，使感受性发生变化的现象。感觉的对比分为同时对比和继时对比。同时对比指的是几个刺激物同时作用于同一感受器产生的对比现象，如黑人的牙齿比较白；继时对比指的是刺激物先后作用于同一感受器产生的对比现象，也称为先后对比或相继对比，如先吃药再吃糖，会觉得糖很甜。

（4）联觉

某种刺激引起某种感觉，并且同时引起另一种感觉的现象称为联觉。如黑色看起来觉得沉闷、压抑。

5. 视觉特性

视觉，作为人类探索世界的关键感官，不仅使人们能够捕捉到来自四周环境的视觉信息，更帮助人们深入理解这些信息的内涵。视觉信息多以光线形式存在，当光线通过物体的反射或自身发出后被眼睛捕捉，经历一系列复杂的生理反应，最终由大脑解析为图像或视觉感知。这一视觉系统主要由眼睛和大脑两部分构成。眼睛作为光线的接收者，包含了角膜、晶状体、虹膜和视网膜等精细结构，它们协同工作，将光线精准地聚焦在视网膜上，形成人们眼中的视觉图像。随后，大脑则肩负起解析这些图像的重任，将其转化为人们能够理解并识别的信息。

（1）视野与视距

视野是指人的头部和眼球固定不动的情况下，眼睛观看正前方物体时所能看见的空间范围，常以角度来表示。视野的大小和形状与视网膜上感觉细胞的分布状况有关，可以用视野计来测定视野的范围。

视距是指人在操作系统中正常的观察距离。一般操作的视距范围为 38～76cm。视距过远或过近都会影响认读的速度和准确性，而且观察距离与工作的精确程度密切相关，因而应根据具体任务的要求来选择最佳的视距。

（2）暗适应与明适应

当光的亮度不同时，视觉器官的感受性也不同，亮度有较大变化时，感受性也随之变化。视觉器官的感受性对光刺激变化的相顺应性被称为适应。人眼的适应性分为暗适应和明适应两种。

当人从亮处进入暗处时，刚开始看不清物体，而需要经过一段适应的时间，才能看清物体，这种适应过程称为暗适应。在暗适应过程开始时，瞳孔逐渐放大，进入眼睛的光通量增加，同时对弱刺激敏感的视杆细胞也逐渐地转入工作状态。由于视杆细胞转入工作状态的过程较慢，因而整个暗适应过程大约需 30min 才能完成。与暗适应情况相反的过程称为明适应。在明适应过程开始时，瞳孔缩小使进入眼中的光通量减小，同时转入工作状态的视锥细胞数量迅速地增加。因为对较强刺激敏感的视锥细胞反应较快，因而明适应过程一开始，人眼感受性迅速降低，在 30s 后变化很缓慢，大约 1min 后明适应过程就趋于完成。

人眼虽具有适应性的特点，但当视野内明暗急剧变化时，眼睛却不能很好适应，从而会引起视力下降。另外，如果眼睛需要频繁地适应各种不同亮度时，不但容易产生视觉疲劳，影响工作效率，而且也容易引起事故。为了满足人眼适应性的特点，要求工作面的光亮度均匀而且不产生阴影。对于必须频繁改变亮度的工作场所，可采用缓和照明或一段时间佩戴有色眼镜，以避免眼睛频繁地适应亮度变化而引起视力下降和视觉过早疲劳。

（3）视觉特性

1）眼睛沿水平方向运动比沿垂直方向运动快而且不易疲劳。一般先看到水平方向的物体，后看到垂直方向的物体。因此，很多仪表外形都设计成横向长方形。

2）视线的变化习惯于从左到右、从上到下和顺时针方向运动。所以，仪表的刻度方向设计应遵循这一规律。

3）人眼对水平方向尺寸和比例的估计比对垂直方向尺寸和比例的估计要准确得多，因而水平式仪表的误读率（28%）比垂直式仪表的误读率（35%）低。

4）当眼睛偏离视中心时，在偏离距离相等的情况下，人眼对左上限的观察最优，依次为右上限、左下限，而右下限最差。视区内的仪表布置必须考虑这一特点。

5）两眼的运动总是协调的、同步的，在正常情况下不可能一只眼睛转动而另一只眼睛不动；在一般操作中，不可能一只眼睛视物，而另一只眼睛不视物。因而通常都以双眼视野为设计依据。

6. 听觉特性

听觉是仅次于视觉的重要感觉，其适宜的刺激是声音。振动的物体是声音的声源，振动在弹性介质（气体、液体、固体）中以波的形式进行传播，所产生的弹性波称为声波，一定频率范围的声波作用于人耳就产生了声音的感觉。对于人来说，只有频率为 20～20000Hz 的振动，才能产生声音的感觉。低于 20Hz 的声波称为次声，高于 20000Hz 的声波称为超声，次声和超声人耳都听不见。

（1）与听觉相关的物理量

1）声压：声波对媒体的作用，单位是 Pa，$1Pa = 1N/m^2$，是人耳主观感觉的音量强度，即人在听觉上感觉声音轻和响的程度。它取决于声音频率、声强和声波的波形。

2）基础声压：一般取为 $2×10^{-5}Pa$，是正常人耳对 1000Hz 声音刚刚能觉察其存在的声压值，也就是 1000Hz 声音的可听阈声压。

（2）听觉的绝对感受阈

声音的声压必须超过某一最小值，才能使人产生听觉。因此，能引起有声音感觉的最小声压级称为听阈。不同频率的声音听阈不同。在理想情况下，人对 1000Hz 纯音的绝对阈限为 $2×10^{-5}Pa$。

（3）听觉的空间定位

听觉对声源进行空间定位，即位于不同方向和距离的声源发出的声音到达左右耳的距离和时间有一定的差别。声源到达左右耳的距离相差 1cm 时间差异约为 0.029ms。人通过对一个声音在双耳发生的时间差和强度差的感觉，就可对声源的方位做出判断。对高频声信号主要根据强度差，对低频声信号则根据时间差来判断。

（4）掩蔽效应

一个声音被另一个声音所掩盖的现象，称为掩蔽。一个声音的刺激因另一个声音的掩蔽作用而提高的效应，被称为掩蔽效应。在设计听觉传递装置时，应当根据实际需要，有时要对掩蔽效应的影响加以利用，有时则要加以避免或克服。应当注意，由于人的听阈的复原需要经历一段时间，掩蔽声去掉以后，掩蔽效应并不立即消除，这个现象称为残余掩蔽或听觉残留。其量值可表示听觉疲劳，掩蔽声对人耳刺激的时间和强度直接影响人耳的疲劳持续时间和疲劳程度，刺激越长、越强，则疲劳越严重。

9.1.2　人的知觉特性

仅仅依靠感觉获得的信息是零散的、原始的。为了更深入地理解这些信息，需要将它们整合起来，形成一个整体的认识。这就是"知觉"的作用。知觉是对感觉的加工和解释，它不仅仅是对单一刺激的响应，而是将多个感觉信息综合起来，形成一个有意义的、连贯的感知体验。

感觉和知觉都是事物直接作用于感觉器官产生的。知觉是各种感觉的结合，它来自于感觉。离开了事物对感官的直接作用，既没有感觉也没有知觉。二者具有密不可分的关系，所以常常统称为"感知觉"。

1. 知觉的基本特性

（1）整体性：知觉对象是由许多部分组成的，各部分具有不同的特征，人们并不把对象感知为许多个别的孤立部分，而总是把它知觉为一个统一的整体。

（2）选择性：在每一时刻里作用于人的感觉器官的刺激是众多的。人能选择其中少数刺激加以反应。人的这种对外来信息有选择地进行加工的能力称为知觉的选择性。

（3）恒常性：由于知识和经验的参与，人就能够更全面地反映客观世界的事物。当知觉的条件在一定范围内发生改变时，知觉的映象仍然保持不变，这就是知觉的恒常性（如大小、亮度等）。

（4）理解性：人们在感知现实世界的对象和现象时，往往根据以前所获得的知识和经验来解释它们。知觉的理解性是通过人在知觉过程中的思维活动而实现的。

2. 知觉的信息加工

知觉的信息加工主要有两种：自下而上的加工和自上而下的加工。

（1）自下而上：知觉的产生依赖于感觉器官提供的信息，即客观事物的特性，对这些特性的加工叫自下而上的加工，或叫数据驱动加工。例如，对颜色和明度的知觉依赖于光的波长和强度。

（2）自上而下：知觉的产生还依赖于主体的知识经验和兴趣、爱好、心理准备状态，即还需要加工自己头脑中已经存储的信息，这种加工叫自上而下的加工，或叫概念驱动加工。例如，去火车站接一位不认识的客人，对来人的期待将影响人们对他的识别和确认。

两种加工方式往往并不独立存在，自下而上的加工需要建立在感觉信息输入的基础之上。自上而下的加工需要已有经验的介入，才能更好地整合各种零散信息。二者相辅相成，交互作用。

3. 错觉

错觉指的是对外界事物不正确的知觉。错觉是知觉恒常性的颠倒，如空间错觉，或大小、形状、方向、距离和运动错觉等。日常生活中有许多错觉的例子。例如，在法国海军旗上，蓝：白：红的比例为 30：33：37，但给人感觉这三种颜色面积相等。这是因为人们的眼睛相当于一个聚焦系统，晶状体充当了凸透镜。当蓝光和红光一样远、一样大时，经过眼球的晶状体折射后，蓝光折射得更厉害，所以在清晰度范围内，蓝光图像在视网膜上的图像范围略大。在历史上，法国海军旗的蓝、白、红三色条纹的宽度曾经制成一样宽，但人们观察飘扬在空中的旗帜时，总觉得蓝带比红带宽。于是经过精密的计算，蓝、白、红三色按 30：33：37 的比例制成了旗帜，看上去条纹就一样宽了。

增强现实技术（Augmented Reality，AR），这是一种把现实世界与虚拟世界两者的信息相互连接、无缝融合的新兴技术。一开始，在真实世界里那些如视觉、听觉、嗅觉、触觉等实际存在的信息在相对时间空间范围较小时很难体验到，但通过一些新兴的科技，如 PC、手机、AR 眼镜等，先模拟再仿真最后融合叠加，把原本虚拟的信息在现实世界中应用起来，让人们可以轻易感知到，以此得到与真实可以比拟的超级感官享受。AR 本身就是一种更真实的视错觉体验，在真实存在的世界里，运用计算机技术，创造了一个至多个虚拟的物体与之相融合，形成了一个崭新的视觉世界，如图 9-1 所示。

图 9-1　AR 中的视错觉

9.2　多通道交互特性

在当今数字化和智能化的时代背景下，人机交互已经渗透到了生活的方方面面。传统的键盘、鼠标等交互方式虽然有效，但在追求更高效、更自然交互体验的趋势下，多通道交互技术应运而生。多通道交互，简而言之，就是用户通过不同的输入通道（如语音、眼动、手势等）与智能系统进行交流，而系统则通过相应的输出通道（如语音回复、视觉反馈、触觉反馈等）进行响应。这种交互方式模仿了人类之间的自然交流，使得人与机器的互动更加直观、自然。

9.2.1　语音交互特性

听觉作为第二大人类感知信息的通道，随着人工智能的发展，与其相关的语音识别技术得到快速发展。语音交互技术是指通过语音识别、语音合成等技术手段，实现人与机器之间以自然语言为媒介的交互方式。与传统的键盘、鼠标等交互方式相比，语音交互更加自然、高效，为用户提供了更加便捷的操作体验。

人类的语言表达受到多种因素的影响，如口音、语法、词汇选择、语调以及语速等。在不同的场景和情绪下，人们的语气也会发生变化，从而影响语言意图的传达。随着技术的进步，如今市场上涌现出众多语音交互产品，如苹果 Siri、微软 Cortana、谷歌 Assistant 等智能助手，以及亚马逊 Echo、谷歌 Google Home、苹果 HomePod 等智能音响设备。这些产品不仅集成了手机中的语音助手功能，还作为独立的语音交互设备，展现了语音交互技术在贴近使用场景方面的快速发展。

1. 语音交互技术组成

语音交互技术主要由以下几个部分组成：

（1）语音识别（ASR）：语音识别技术是将人类的口头语言转化为可读的文字形式的关键技术。它涉及声学特征提取、声学模型构建以及语言模型解码等多个环节。随着深度学习技术的发展，语音识别技术的识别率得到了显著提升。

（2）语音合成（TTS）：语音合成技术是将文本信息转化为自然流畅的语音输出的技术。它能够将机器生成的文字信息以人类语音的形式呈现出来，使得机器能够与人类进行自然的语音交流。

（3）自然语言处理（NLP）：自然语言处理技术是语音交互技术中不可或缺的一部分。它负责对识别出的文本进行语法分析、语义理解等处理，使得机器能够理解人类的语言意图并做出相应的响应。

2. 语音交互的优势

语音交互具有快速、简单、自然等优势。相比传统的手动输入方式，语音交互能够释放双手，提高操作效率。同时，语音交流更符合人类的本能，无须额外学习成本，能够带来更自然、更便捷的交互体验。此外，语音交互还能够根据用户的语气、语调等非语言信息理解用户的意图和情感，实现更智能的交互。

3. 语音交互技术应用领域

语音交互技术在众多领域都有着广泛的应用。

（1）智能家居：通过语音指令控制家电设备，如开关灯、调节空调温度等。

（2）智能助手：如苹果 Siri、微软 Cortana 等，为用户提供信息查询、日程管理等服务。

（3）车载系统：通过语音交互实现导航、音乐播放等功能，提高驾驶安全性。

（4）医疗领域：在手术机器人、康复设备等场景中应用语音交互技术，提高医疗效率。

（5）教育娱乐：在语言学习、游戏等场景中应用语音交互技术，提升用户体验。

4. 技术挑战与未来发展趋势

尽管语音交互技术已经取得了显著的进步，但仍面临着一些挑战，如口音、噪声等环境下的识别准确率问题。未来，随着技术的不断发展，语音交互技术将在以下几个方面得到进一步突破。

（1）提高识别准确率：通过深度学习、迁移学习等技术手段，不断提高语音识别技术的识别准确率。

（2）增强交互自然性：通过自然语言处理技术，机器能够更好地理解人类的语言意图，实现更加自然的交互方式。

（3）跨语言交互：支持多种语言的语音交互技术，满足不同用户的需求。

（4）情感识别与表达：通过语音情感分析技术，机器能够识别并表达情感，提高交互的亲和力。

9.2.2　眼动交互特性

人眼运动不仅是视觉感知的重要表现，也反映了人的认知活动。凝视、眨眼等眼动行为都蕴含着丰富的信息。眼动交互技术作为智能人机交互领域的一项重要技术，通过捕捉和分析人眼的运动信息，实现用户与设备之间的自然交互。

1. 眼动交互技术原理

眼动交互技术主要依赖于眼睛跟踪技术，该技术通过测量眼球运动特征参数来提取人眼视点位置并判断视线方向。目前，眼睛跟踪主要通过自动检测瞳孔的相对位置或估计视线方向来实现，即瞳孔检测和注视估计。国际上已形成了较为成熟的眼动跟踪测量设备，如加拿大的 Eyelink、美国的 ASL、德国的 SMI 和瑞典的 Tobii 眼动仪，这些设备为眼动交互提供了

231

可靠的技术支持。

2. 眼动交互过程

眼动交互过程通常划分为识别、选择、触发和释放四个阶段，见表9-3。在交互过程中，每一步的具体呈现都应当给予用户明确的提示，以便用户得知并继续完成后续操作。这种明确的信息反馈应当是可视化的，使用户能够明确感知到系统当前的状态。

表9-3　眼动交互阶段对应的描述与反馈形式

眼控交互阶段	具体描述	反馈形式
识别	用户要准确了解自己注视点的位置	视标（圆形或十字标等）
选择	选择过程表示用户注视界面上的某个控件，表示选中	目标变色、弹出确认控件、向心或离心动态反馈
触发	触发过程表示经视线注视达到设定的时间阈值后即为触发该功能	动画（如进度条满格，完成动态反馈）
释放	释放过程表示已完成既定操作，从功能中退出	目标变色、输出文字提示、信号灯、弹窗信息（弹出任务成功或完成提示）、恢复初始状态

3. 眼动交互技术应用场景

眼动交互技术在众多领域都有广泛的应用。

（1）辅助驾驶：通过眼动信息监测驾驶员的注意力状态，提高驾驶安全性。

（2）医疗诊断：通过分析患者的眼动数据，辅助医生进行疾病诊断。

（3）虚拟现实与增强现实：如Microsoft HoloLens2，通过眼动追踪技术，实现更加自然、沉浸的交互体验。

4. 技术挑战与未来发展趋势

尽管眼动交互技术已取得了显著进展，但仍面临一些关键问题需要解决。

（1）视觉反馈机制：缺乏有效的眼动交互视觉反馈机制，导致用户无法准确获取当前眼动交互进程与状态，影响交互体验。

（2）意图识别：米达斯接触（Midas Touch）问题，即用户视线运动的随意性导致计算机难以准确识别用户意图。如何区分用户的真正意图与无意的眼动活动，成为眼动交互中的一大挑战。

（3）视疲劳问题：眼动交互过程中依赖眼睛作为交互通道，增加了眼部负担。因此，深入研究视疲劳的产生机理和避免策略是实现自然眼动交互的关键技术之一。

9.2.3　手势交互特性

手势作为人类肢体语言的重要组成部分，在交流中扮演着不可或缺的角色。它不仅能够表达语言难以直接描述的意图，还能通过细微的动作传递情感、性格和态度。在人机交互中，手势识别技术作为人机交互领域的重要分支，旨在通过捕捉和分析用户的肢体动作让计算机能够"读懂"并理解人类的肢体动作，为机器提供了理解用户意图的新途径。这种交互方式不仅更加自然、直观，还能提高用户的操作效率和体验。

1. 手势识别技术原理

手势识别技术的核心在于通过数学算法和计算机视觉技术，捕捉、分析和理解人类的手部动作，从而将其转化为计算机可理解的指令或信号。其技术原理主要包括以下几个步骤。

（1）数据采集：使用摄像头、传感器或其他图像采集设备捕捉用户的手部动作，获取包含手势信息的图像或视频数据。

（2）预处理：对采集到的图像或视频进行预处理，包括调整图像大小、滤波、边缘检测等，以提高后续处理的准确性和效率。

（3）特征提取：利用图像处理算法提取出手势的关键特征，如手的形状、运动轨迹、手指关节的位置等。这些特征将用于描述和识别不同的手势。

（4）特征选择和降维：从提取到的特征中选择最具代表性的几个特征，并进行降维处理。这一步可以减少特征维度，提高后续分类和识别的效果。

（5）分类和识别：利用机器学习算法，如支持向量机（SVM）、随机森林（Random Forest）或卷积神经网络（CNN）等，将提取到的特征与已有的手势模式进行比对和分类，从而识别出手势。

手势识别技术目前主要分为基于穿戴设备的手势识别和基于视觉方法的手势识别。基于穿戴设备的手势识别通过在用户手部佩戴含有传感器的手套等设备，获取大量传感器数据并进行分析以识别手势。这种方法精度高，但成本较高且可能影响用户的舒适度和情感表达。基于视觉方法的手势识别则利用摄像头（如 Kinect、HoloLens2）等视觉设备捕捉用户的手部动作，并通过图像处理技术进行手势识别。这种方法无须用户佩戴任何设备，更加自然、便捷。

2. 手势识别应用场景

手势识别技术因其直观、自然的特点，在多个领域都有广泛的应用。以下是几个典型的应用场景。

（1）智能手机与平板计算机：手势识别技术为智能手机和平板计算机提供了更丰富的交互方式。用户可以通过简单的手势进行滑动、缩放、旋转等操作，无须接触屏幕即可实现各种功能。例如，在相册中，用户可以通过双击放大照片；在浏览器中，向左滑动可返回上一页。

（2）游戏娱乐：手势识别技术为游戏玩家带来了更加沉浸式的体验。玩家可以通过手势控制游戏角色的移动、攻击等动作，使游戏更加自然、直观。例如，在跑酷游戏中，玩家可以通过向上滑动使角色跳跃。

（3）智能家居：手势识别技术让智能家居设备更加智能、便捷。用户可以通过手势控制家居设备的开关、调节灯光、音量等。例如，只需向下挥动手臂即可关闭所有灯光。

3. 技术挑战与未来发展趋势

（1）多样性和准确性的挑战与深度学习技术的应用：手势的多样性和复杂性使得识别算法需要处理大量的变化和可能性。为了应对这一挑战，深度学习技术被广泛应用于手势识别中。深度学习算法通过模拟人脑神经网络的工作方式，能够自动提取图像或视频中的关键特征，实现对手势的准确识别。随着深度学习技术的不断进步，手势识别的准确率将得到显著提升。

（2）环境干扰的挑战与多模态融合：光照条件、背景噪声、手部遮挡等环境干扰

233

因素会影响手势识别的效果。为了应对这一挑战，研究者们提出了多模态融合的方法。通过结合语音、触摸、视觉等多种交互方式，多模态融合的手势识别系统能够在复杂环境下保持稳健的性能。这种融合方式不仅可以提高手势识别的准确率，还可以增强用户体验。

（3）实时性与计算成本的挑战及硬件与软件的协同优化：手势识别系统需要同时满足实时性和准确性的要求。然而，复杂的识别算法往往需要消耗大量的计算资源，导致实时性难以保证。为了应对这一挑战，研究者们开始关注硬件与软件的协同优化。通过优化硬件设计和算法实现，可以降低计算成本，提高识别效率。同时，随着硬件技术的不断发展，手势识别系统的实时性也将得到显著提升。

9.3 作业能力与作业疲劳

9.3.1 体力劳动时的能量消耗

1. 人体能量的产生机理

（1）ATP-CP 系列

在要求能量释放速度很快的情况下，肌细胞中的 ATP 能量由磷酸肌酸（CP）与二磷酸腺苷合成予以补充，即

$$CP+AD \Longrightarrow Cr+ATP \tag{9-1}$$

上述过程简称为 ATP-CP 系列。ATP-CP 系列提供能量的速度极快，但由于 CP 在人体内的储量有限，其产能过程只能维持肌肉进行大强度活动几秒钟。

（2）需氧系列

在中等劳动强度下，ATP 以中等速度分解，又通过糖和脂肪的氧化磷酸化合成而得到补充，即

$$葡萄糖/脂肪+氧 \xrightarrow{\text{氧化磷酸化}} ATP \tag{9-2}$$

由于这一过程需要氧参与合成 ATP，故称为需氧系列。在合成的开始阶段，以糖的氧化磷酸化为主；随着持续活动时间的延长，脂肪的氧化磷酸化转变为主要过程。

（3）乳酸系列

在大强度劳动时，能量需求速度较快，相应 ATP 的分解也必须加快，但其受到供氧能力的限制。此时便靠无氧糖酵解产生乳酸的方式来提供能量，故称其为乳酸系列，即

$$葡萄糖（糖原）\xrightarrow{\text{糖酵解}} ATP+乳酸 \tag{9-3}$$

乳酸逐渐扩散到血液，一部分排出体外，一部分在肝、肾内部又合成为糖原。营养充足合理的条件下，经过休息，乳酸可以较快地合成为糖原。

虽然糖酵解时 1g 分子葡萄糖只能合成 2g 分子 ATP，但糖酵解的速度比氧化磷酸化的速度快 32 倍，所以是高速提供能量的重要途径。乳酸系列需耗用大量葡萄糖才能合成少量的 ATP，在体内糖原含量有限的条件下，这种产能方式不经济。此外，目前认为乳酸还是一种致疲劳性物质，所以乳酸系列提供能量的过程不可能持续较长时间。

三种产能过程可概括为图 9-2，其一般特性见表 9-4。

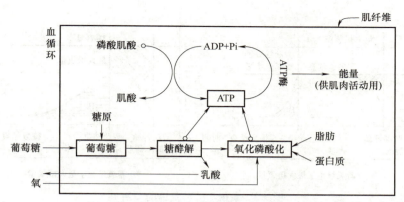

图 9-2　肌肉活动时能量的来源示意图

表 9-4　三种产能的一般特性

产能过程	ATP-CP 系列	乳酸系列	需氧系列
氧	无氧	无氧	需氧
速度	非常迅速	迅速	较慢
能源	CP，储量有限	糖原，产生的乳酸有致疲劳性	糖原、脂肪及蛋白质，不产生致疲劳性副产物
产生 ATP 量	很少	有限	几乎不受限制
劳动类型	任何劳动，包括短暂的极重劳动	短期较重及很重的劳动	长期较轻及中等劳动

肌肉活动的时间越长，强度越大，恢复原有储备所需的时间也越长。在食物营养充足合理的条件下，一般在 24h 内便可得到完全恢复。肌肉转换化学能做功的效率约为 40%，若包括恢复期所需的能量，其总效率大约为 10%~30%，其余 70%~90% 的能量以热的形式释放。

2. 作业时人体的耗氧动态

作业时人体所需氧量的大小，主要取决于劳动强度和作业时间。劳动强度越大，持续时间越长，需氧量也越多。人体在作业过程中，每分钟所需要的氧量即氧需能否得到满足，主要取决于循环系统的机能，其次取决于呼吸器官的功能。血液每分钟能供应的最大氧量称为最大摄氧量，正常成年人一般不超过 3L/min，常锻炼者可达 4L/min 以上，老年人只有 1~2L/min。

从事体力作业的过程中，需氧量随着劳动强度的加大而增加，但人的摄氧能力却有一定的限度。因此，当需氧量超过最大摄氧量时，人体能量的供应依赖于能源物质的无氧糖酵解，造成体内的氧亏负，这种状态称为氧债。氧债与劳动负荷的关系如图 9-3 所示。

当作业中需氧量小于最大摄氧量时，在作业开始的 2~3min 内，由于心肺功能的生理惰性，不能与肌肉的收缩活动同步进入工作状态，因此肌肉暂时在缺氧状态下工作，略有氧债产生，如图 9-3a 中的 A 区所示。此后，随着心肺功能惰性的逐渐克服，呼吸、循环系统的活动逐渐加强，氧的供应得到满足，机体处于摄氧量与需氧量保持动态平衡的稳定状态，在这种状态下，作业可以持续较长时间。稳定状态工作结束后，恢复期所需偿还的氧债，如图 9-3a 中的 B 区所示。在理论上，A 区应等于 B 区。

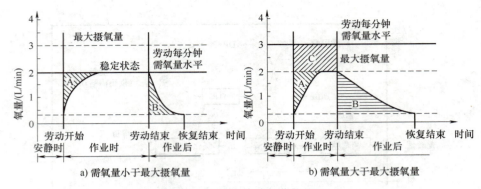

图 9-3 氧债与劳动负荷的关系

当作业中劳动强度过大，心肺功能的生理惰性通过调节机能逐渐克服后，需氧量仍超过最大摄氧量时，稳定状态即被破坏。此时，机体在缺氧状态下工作，可持续时间仅仅局限在人的氧债能力范围之内。一般人的氧债能力约为 10L。如果劳动强度使劳动者每分钟的供氧量平均为 4L，而劳动者的最大摄氧量仅为 3L/min，这样体内每分钟将以产生 7g 乳酸作为代价来透支 1L 氧，即劳动每坚持 1min，必然增加 1L 氧债，如图 9-3b 中的 A 区所示，直到氧债能力衰竭为止。在这种情况下，即使劳动初期心肺功能处于惰性状态时的氧债忽略不计，劳动者的作业时间最多也只能持续 10min 即达到氧债的衰竭状态。恢复期需要偿还的氧债，应为 A 区加 C 区之和。

体力作业若使劳动者氧债衰竭，可导致血液中的乳酸含量急剧上升，pH 值下降。这对肌肉、心脏、肾脏以及神经系统都将产生不良影响。因此，合理安排作业间的休息，对于重体力劳动是至关重要的。

3. 能量代谢

人体能量产生和消耗称为能量代谢。人体代谢所产生的能量，等于消耗于体外做功的能量和在体内直接、间接转化为热的能量的总和。在不对外做功的条件下，体内所产生的能量等于由身体散发出的热量，从而使体温维持在相对恒定的水平上。

能量代谢分为三种，即基础代谢、安静代谢和活动代谢。

（1）基础代谢

人体代谢的速率，随人所处的条件不同而异。生理学将人清醒、静卧、空腹（食后 10h 以上）、室温在 20℃ 左右这一条件定为基础条件。人体在基础条件下的能量代谢称为基础代谢（basal metabolism）。单位时间内的基础代谢量称为基础代谢率，用 B 表示，它反映单位时间内人体维持基本的生命活动所消耗的最低限度的能量，通常以每小时每平方米体表面积消耗的热量来表示。健康人的基础代谢率是比较稳定的，一般不超过正常平均值的 15%。

（2）安静代谢

安静代谢（repose fully expend energy）是作业或劳动开始之前，仅为了保持身体各部位的平衡及某种姿势对应的能量代谢。安静代谢量包括基础代谢量。测定安静代谢量一般是在作业前或作业后，被测者坐在椅子上并保持安静状态，通过呼气取样采用呼气分析法进行的。安静状态可通过呼吸次数或脉搏数判断。通常也可以将常温下基础代谢量的 120% 作为安静代谢量。安静代谢率用 R 表示。

（3）活动代谢

人体进行作业或运动时所消耗的总能量，称为活动代谢量。活动代谢率记为 M。对于确定的作业个体，活动代谢量的大小与劳动强度直接相关。活动代谢量是计算作业者一天的能量消耗和需要补给热量的依据，也是评价作业负荷的重要指标。

（4）相对能量代谢率

体力劳动强度不同，所消耗的能量也不同。由于劳动者性别、年龄、体力与体质存在差异，即使从事同等强度的体力劳动，消耗的能量亦不同。为了消除劳动者个体之间差异因素，常用活动代谢率与安静代谢率的差值相对于基础代谢率的比值作为相对能量代谢率（relative metabolic rate），来衡量劳动强度的大小。即相对能量代谢率 RMR 为

$$RMR = \frac{活动代谢率-安静代谢率}{基础代谢率} = \frac{M-1.2B}{B} \tag{9-4}$$

除利用实测方法之外，还可用简易方法近似计算人在体力劳动中的能量消耗，公式为

总能耗 $MZ = (1.2+RMR)$ 基础代谢率平均值 $B×$ 体表面积 $S×$ 活动时间 t (9-5)

9.3.2　作业能力的动态变化

1. 作业能力的概念

作业能力是指作业者完成某种作业所具备的生理、心理特征，这些特征综合体现了个体所蕴藏的内部潜力。在实际生产过程中，这种潜力可以从作业者单位作业时间内生产的产品产量和质量间接地体现出来。作业能力的高低不仅取决于个体的生理条件，还受到心理因素的影响，如专注度、动机、情绪等。

生产成果 $=f($ 作业能力 × 作业动机 $)$ (9-6)

2. 作业能力的动态变化规律

作业能力并非一成不变，而是随着作业时间和作业环境的变化而呈现动态变化。在实际生产过程中，当作业动机等其他因素保持相对稳定时，生产成果的波动主要反映了作业能力的变化。劳动生产率动态变化典型曲线如图 9-4 所示，这种变化一般可以分为以下三个阶段。

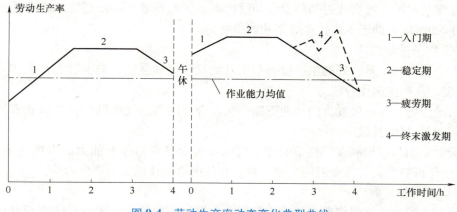

图 9-4　劳动生产率动态变化典型曲线

（1）入门期（Induction Period）

工作日开始时，作业者由于神经调节系统在作业中"一时性协调功能"尚未完全恢复和建立，导致呼吸循环器官及四肢的调节迟缓，工作效率通常较低。随着时间的推移，作业者逐渐适应作业环境，动作逐渐加快并趋于准确，效率开始增加。这一阶段作业者所做工作的动力定型得到巩固，劳动生产率逐渐提高，不良品率降低。入门期一般可持续1~2h。

（2）稳定期（Steady Period）

当作业能力达到最高水平时，即进入稳定期。在此阶段，作业者的生产效率和产品质量保持在一个相对稳定的水平，其他相关指标变动不大。稳定期一般可维持1h左右。

（3）疲劳期（Fatigue Period）

经过稳定期后，作业者开始感到劳累，作业速度和准确性开始降低，不良品率开始增加，即进入疲劳期。疲劳期的出现标志着作业者需要休息和恢复体力，以避免过度疲劳带来的健康问题和安全隐患。

3. 作业能力的波动与影响因素

作业能力的波动受多种因素影响，这些因素复杂且相互关联。除了作业者自身的个体差异外，环境条件、劳动强度、工作性质和锻炼与熟练效应等都对作业能力产生显著影响。其大致可归纳为生理因素、环境因素、工作条件和性质、锻炼与熟练效应四种。

（1）生理因素

1）年龄与性别：体力劳动的作业能力在25~30岁以后逐渐减弱，这与心血管功能和肺活量的下降有关。而脑力劳动的作业能力在20~30（或40）岁达到高峰，之后逐渐减退。此外，男性在体力劳动上的作业能力通常较女性强，但在脑力劳动上性别差异不大。

2）身材与健康状况：在同一年龄段内，身材大小对作业能力的影响比实际年龄更为显著。此外，作业者的健康状况，包括营养状况和疾病状况，也会直接影响其作业能力。

（2）环境因素

1）空气状况、噪声、照明、色彩和微气候：这些因素对体力劳动和脑力劳动的作业能力均有较大影响。长期污染的空气可导致呼吸系统障碍，进而降低体力劳动的作业能力。同时，恶劣的环境条件也会增加脑力劳动的负担，降低作业效率。

2）温度与湿度：过高或过低的温度和湿度都会影响作业者的舒适度和作业能力。适宜的环境温度和湿度有助于提高作业效率和减少疲劳。

（3）工作条件和性质

1）生产设备与工具：好的生产设备与工具能减轻劳动强度，减少静态作业成分和作业的紧张程度，从而提高作业能力。

2）劳动强度：劳动强度大的作业不能持久。合理的劳动强度既能发挥作业者的最高作业能力，又不致损害其健康。

3）劳动组织与劳动制度：科学的劳动组织和劳动制度对作业能力的发挥有很大影响。例如，作业轮班制度会对作业者的生物节律、身体健康和作业能力产生影响。

（4）锻炼与熟练效应

1）锻炼：锻炼能增强作业者的体质和耐力，提高作业能力。无论是体力劳动还是脑力劳动，适当的锻炼都能使机体形成巩固的动力定型，减轻疲劳感。

238

2）熟练效应：经常反复执行某一作业会使机体器官各个系统之间更为协调，不易产生疲劳，从而提高作业能力。这种熟练效应是通过反复练习和锻炼形成的，随着产品数量的增加，作业者的熟练程度越高，单位产品劳动时间也越少。

9.3.3　作业疲劳及其测定

1. 作业疲劳的概念与分类

作业疲劳是指劳动者在劳动过程中出现的劳动机能衰退、作业能力下降的现象，有时伴有疲倦感等自觉症状。高强度或长时间持续作业容易引发疲劳，表现为肌肉及关节酸疼、疲乏、头晕、头痛、注意力涣散、视觉模糊、工作效率降低等症状。作业疲劳不仅涉及生理反应，还包含大量的心理因素和环境因素。

体力疲劳根据身体使用部位可分为局部疲劳和全身疲劳；根据活动时间和强度的不同，可分为短时间剧烈活动后产生的疲劳和长时间中等强度作业后产生的疲劳。后者在人机系统中较为普遍。

2. 疲劳的产生与积累

体力疲劳是随工作过程的推进逐渐产生和发展的。按照疲劳的积累状况，工作过程一般分为以下四个阶段：

（1）工作适应期

工作开始时，由于神经调节系统在作业中"一时性协调功能"尚未完全恢复和建立，造成呼吸循环器官及四肢的调节迟缓，人的工作能力还没有被完全激发出来，处于克服人体惰性的状态。这时，人体的活动水平不高，不会产生疲劳。

（2）最佳工作期

经过短暂的第一阶段后，人体各机构逐渐适应工作环境的要求。这时，人体操作活动效率达到最佳状态并能持续较长的时间。只要活动强度不是太高，这一阶段不会产生疲劳。

（3）疲劳期

最佳工作期之后，作业者开始感到疲劳，工作动机下降和兴奋性降低等特征出现。作业速度和准确性开始降低，工作效率和质量下降。这一阶段中，疲劳将不断积累。进入疲劳期的时间与活动强度和环境条件有关。操作强度大、环境条件恶劣时，人体保持最佳工作效率的时间就短；反之，操作者维持最佳工作效率的时间就会大大延长。

（4）疲劳过度积累期

操作者产生疲劳后，应采取相应措施加以控制，或者进行适当的休息，或者调整活动强度；否则，操作者就会因疲劳的过度积累，暂时丧失活动能力，工作被迫停止。许多事故的发生，大都是由疲劳过度积累造成的，疲劳的积累还会逐渐演化为器质性病变。

3. 累积损伤与疲劳

累积损伤疾病是指由于不断重复使用身体某部位而导致的肌肉骨骼的疾病。其症状可表现为手指、手腕、前臂、大臂、肩部等部位的腱和神经的软组织损伤，也可表现为关节发炎或肌肉酸痛。

当前，各种职业病越来越引起人们的广泛关注，有些国家还成立了专业的组织研究探讨如何预防累积损伤疾病，并通过互联网分享各种经验及如何使工具设计更合理。虽然不同的作业会导致不同表现形式的累积损伤，但各种累积损伤都与下列因素密切相关。

（1）受力

人体某部位的受力是造成累积损伤的必要因素，外力的不断挤压会使软组织、肌肉或关节的运动无法保持在舒适的状态。一般，重负荷的工作使肌肉很快产生疲劳而且需要较长的时间来恢复。骨骼肌需要重新恢复弹力，缺乏足够的恢复休息时间会造成软组织的损伤。

（2）重复

人体某部位的重复受力是造成累积损伤的关键因素，任务重复得越多，则肌肉收缩得越快、越频繁。这是因为高速收缩的肌肉比低速收缩的肌肉产生的力量要小，因此重复率高的工作要求更多的肌肉施力，也就需要更多的休息恢复时间。在这种情况下，缺乏足够的休息时间就会引起组织的紧张。人体的累积损伤都是由于重复施力造成的。

（3）姿势

不正确的作业姿势也是造成累积损伤的重要因素，作业姿势决定了关节的位置是否舒适。使关节保持非正常位置的姿势会增加对相关组织的机械压力。作业姿势应满足人的用力原则：动作有节律，关节保持协调，可减轻疲劳；各关节的协同肌群与拮抗肌群的活动保持平衡，能使动作获得最大的准确性；瞬时用力要充分利用人体的质量做尽可能快的运动；大而稳定的力量取决于肌体的稳定性，而不是肌肉的收缩；任何动作必须符合解剖学、生理学和力学的原理。

（4）休息

没有足够的休息时间意味着肌肉缺乏充足的恢复时间，结果会引起乳酸的积聚和能量的过度消耗，从而使肌肉疲劳，力量变小，反应变慢。疲劳肌肉的持续工作增加了软组织损伤的可能性。充分的休息可以使肌肉恢复自然状态。

4. 疲劳测定方法

（1）疲劳的特征

疲劳测定方法应满足客观性、定量化、非干扰性和无负担等条件。许多研究者认为，疲劳可以从三种特征上表露出来。

1）身体的生理状态发生特殊变化。如心率、血压、呼吸及血液中的乳酸含量等发生变化。

2）进行特定作业时的作业能力下降。例如，对特定信号的反应速度、正确率、感受能力下降，工作绩效下降等。

3）疲劳的自我体验感知与评价。

（2）疲劳测定方法的要求

为了测定疲劳，必须有一系列能够表征疲劳的指标。疲劳测定方法应满足如下要求：①测定结果应当是客观的表达，而不依赖于研究者的主观解释；②测定结果应当能定量化表示疲劳的程度；③测定方法不能导致附加的疲劳，或使被测者分神；④测定疲劳时，不能导致被测者不愉快、造成心理负担或病态感觉。

（3）常见的测定方法

疲劳的测定方法包括五类，即生化法、工作绩效测定法、反应时间测定法、生理心理测试法和疲劳症状调查法。

1）生化法：通过检查体液成分变化判断疲劳，如血、尿、汗及唾液中的乳酸、蛋白质、血糖等。这种方法的不足之处是：测定时需要中止作业者的作业活动，并容易给被测者带来不适和反感。

2）工作绩效测定法：通过完成产品的数量、质量、错误率等评估疲劳对工作效率的影响。

3）反应时间测定法：利用反应时间装置测定简单或选择反应时间，反映中枢神经系统机能钝化和机体疲劳程度。

4）生理心理测试法：包括膝腱反射机能、触二点辨别阈值、皮肤划痕消退时间、皮肤电流反应、心率值、闪光融合值、心电图、肌电图等测定方法。

5）疲劳症状调查法：通过调查作业者的主观感受即自觉症状，判断疲劳程度。

（4）疲劳与安全生产的关系

人在疲劳时，其身体、生理机能会发生如下变化，致使作业中容易发生事故。

1）在主观方面，人会出现身体不适，头晕、头痛，控制意志能力降低，注意力涣散、信心不足、工作能力下降等，从而较易发生事故。

2）在身体与心理方面，疲劳导致感觉机能、运动代谢机能发生明显变化，脸色苍白，多虚汗，作业动作失调，语言含糊不清，无效动作增加，从而较易发生事故。

3）在工作方面，疲劳导致继续工作能力下降，工作效率降低，工作质量下降，工作速度减慢，动作不准确，反应迟钝，从而引起事故。

4）疲劳引起的困倦，导致作业时人为失误增加。根据事故致因理论，造成事故的原因是由于人的不安全行为和物的不安全状态两大因素时空交叉的结果。物的不安全状态具有一定的稳定性，而人的因素具有很大的随意性和偶然性，有资料统计表明，约70%以上的事故主要原因是由于人的不安全行为造成的。由此可见，消除疲劳以减少失误，消除人的不安全行为，可有效避免事故的发生。

5）疲劳导致一种省能心态，在省能心态的支配下，人做事嫌麻烦，图省事，总想以较少的能量消耗取得较大的成效，在生产操作中有不到位的现象，从而容易导致事故的发生。

9.3.4　提高作业能力与降低疲劳的措施

1. 疲劳的一般规律

疲劳的产生与消除是人体正常的生理过程。了解疲劳的一般规律对于合理安排工作和休息至关重要。疲劳的一般规律包括。

1）疲劳可以通过休息恢复，但恢复过程不完全，且精神疲劳的恢复较体力疲劳更为困难。

2）疲劳具有累积效应，未消除的疲劳可能延续到次日。

3）疲劳程度与生理周期有关，机能下降时疲劳较重。

4）人对疲劳有一定的适应能力，但长时间高强度作业会导致疲劳累积。

2. 降低疲劳的途径

（1）改善工作条件

1）合理设计工作环境：确保工作场所具有良好的照明、适当的色彩、低噪声水平、舒适的温度和湿度以及良好的空气质量。这些环境因素对降低疲劳和提高工作效率至关重要。

2）改进设备和工具：采用符合人体工程学的设备和工具，减少静态作业和重复性动

241

作，降低肌肉和关节的负荷。例如，使用符合手部尺寸的握把、可调节高度的座椅和工作台等。

3）使用辅助工具：对于需要长时间站立或坐着工作的员工，可以使用抗疲劳鞋垫、腰靠垫等辅助工具来减轻身体负荷。对于需要长时间使用电脑的员工，可以使用符合人体工程学的键盘、鼠标和显示器等设备来减少眼睛疲劳和手腕负担。

（2）改进工作方法

1）采用合适的工作姿势：工作姿势影响动作的圆滑度和稳定度。工作场地狭窄，往往妨碍身体自由、正常地活动，束缚身体平衡姿势，造成工作姿势不合理，使人容易疲劳。因此，需要设计合理的工作场地和工作位置，研究合理的工作姿势。目前还没有统一评价工作姿势的指标，通常以工作面高度、椅子高度、所使用的机器、工具、材料的形状和距离是否合适作为判断指标。

2）采用经济作业速度：体力作业时，不同的作业速度，人的能量消耗不同，这就存在经济作业速度。所谓经济作业速度，就是进行某项作业时消耗最小能量的作业速度。在这个速度下，作业者不易疲劳，持续工作时间最长。

（3）合理安排工作时间和休息

1）科学安排工作时间：避免长时间连续工作，合理安排工作和休息时间，保证有足够的休息和恢复时间。

2）多样化休息方式：除了常规的午休外，还可以在工作间隙进行短暂的休息，如闭眼放松、深呼吸、简单的伸展运动等。这些短暂的休息有助于缓解肌肉紧张和心理压力。

（4）提高身体素质

1）加强体育锻炼：适度的体育锻炼可以增强肌肉力量、柔韧性和心肺功能，提高身体素质和抵抗疲劳的能力。

2）合理饮食：保证营养均衡的饮食，摄入足够的蛋白质、碳水化合物、脂肪、维生素和矿物质等营养素，为身体提供足够的能量和营养支持。

3）建立健康的生活方式：保持充足的睡眠时间，确保每天有足够的睡眠来恢复体力和精力。避免过度饮酒和吸烟等不良生活习惯，这些习惯会加剧疲劳感和影响身体健康。保持规律的作息时间，避免熬夜和打乱生物钟的行为。

（5）心理调节

1）学会放松：通过深呼吸、冥想、瑜伽等方法学会放松身心，减轻心理压力和紧张感。

2）保持乐观心态：积极面对工作和生活中的挑战和困难，保持乐观的心态和情绪，有助于提高抵抗疲劳的能力。

（6）改进生产组织与劳动制度

1）合理安排轮班制度：对于需要轮班工作的员工，应合理安排轮班制度，避免频繁改变工作时间和班次，减少对生物钟的干扰。在轮班期间，应确保员工有足够的休息和恢复时间，以减少疲劳累积和健康问题。

2）疲劳测定与监测：利用生化法、工作绩效测定法、生理心理测试法和疲劳症状调查法等方法，定期对作业者的疲劳程度进行测定和监测，及时发现和解决疲劳问题。

9.4　人在环的虚实融合产线验证

9.4.1　制造业产线验证现状与需求

在中国"制造 2025"战略的推动下，制造业正迅速向智能制造转型。特别是在汽车行业，这种转型要求制造系统快速响应新的消费需求和设计迭代。在汽车制造中，主要有两个关键环节需要精确验证：白车身的生产和工业机器人的涂胶作业。这两个环节不仅对汽车的成本和质量有决定性影响，也是实现生产自动化和提升效率的关键。

白车身（BIW），即车身结构件及覆盖件的焊接总成，其制造成本可能占到汽车总成本的 30%~60%，而在设计阶段做出的决策则对整车总成本的影响高达 70%。白车身装配过程技术复杂，涉及众多尺寸和形状各异的部件。很多工序仍依赖手工操作，这对自动化水平的提升提出了挑战，并且高频率的重复性劳动容易导致工人体力和脑力疲劳，从而影响生产效率并增加工伤风险。白车身生产线如图 9-5 所示。

图 9-5　白车身生产线

目前白车身可制造性验证的方法大多基于物理原型和计算机辅助设计软件。B 企业受限于产线创建时间过久，没有准确数字化模型，一直采用物理样机的方式进行白车身与产线适配性验证，验证方式如图 9-6 所示，即在实体产线上验证白车身与产线干涉情况、安全距离等。传统的物理样机验证方法具有较高的精度以及可靠性，但存在如下缺陷：第一，物理样机方式需要预先生产出实体模型，验证周期太长；此外，原有产线因验证以及调试过程一般需要停产两周，而整车模型从设计、验证到最终确定需要经历多次迭代，因此传统产线无法对迭代设计进行快速响应，时间成本较大。第二，验证结果对设计阶段的反馈作用差。第三，物理样机验证方式的检测结果完全依赖于产线工人经验化判断，缺乏实时清楚的自动化碰撞检测结果及可视化反馈，验证过程直观性较差。此外，在实体验证过程中，测定实体车模型与产线设备间的距离时通常需要在测定位置黏贴测点，目前测点的黏贴与更改完全依赖产线工人手动完成，造成了人工成本的增加。

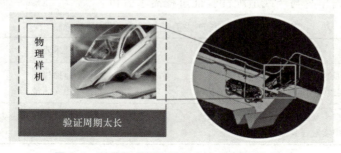

图 9-6　利用物理样机进行白车身通过性验证

9.4.2　虚实融合验证的特点及优势

白车身的生产流程复杂且多变，需要关注制造成本，特别是新车型的设计必须充分考虑到与现有生产线设备的兼容性。大多数车企配备的柔性生产线允许在同一生产线上生产多种车型，这就需要在白车身设计阶段验证其与现有产线的适配性。同时，机器人作为生产过程中不可或缺的设备，其设计的合理性直接影响到辅助装配、涂胶、喷漆等环节的路径规划。不合理的路径规划不仅可能导致车身或机械臂损伤，还会严重影响生产效率并增加生产成本，因此，在设计阶段对车身的可制造性验证至关重要。

目前，企业通常采用实体模型验证和虚拟仿真技术验证两种方法进行产线验证。虚拟仿真技术能在软件中模拟人、机器以及作业环境。该方法通过操作界面模拟虚拟模型与产线的交互过程，但该方法需要额外学习软件操作，且工人自己并未置身于真实环境中，临场感较低，并未考虑到人在验证过程中的亲身感受。此外机器与环境建模时间成本极大，而实际上仿真的机器与环境无法完全代替真实的机器与环境，后期仍需要进行真实模型的模拟验证。实体模型验证虽然能够在真实环境中复现整个验证流程，便于及时发现和解决流程中的问题，但验证周期较长，对产线或车模的快速调整反应不足，缺乏实时的自动化反馈。

增强现实技术作为一种先进的虚实融合技术，通过跟踪注册、可视化和多模态交互等手段，在研究和实际应用中获得了广泛应用。这种技术将计算机生成的虚拟信息与现实世界相结合，实现了两者的互补，有效地"增强"了对现实世界的感知。数字孪生模型作为典型的虚拟信息，在制造业中的应用是实现虚实融合的关键。通过实时获取现场数据并结合观察者的视角和位置等因素构建相应的空间坐标系，这些技术能够将三维模型、动画和文本注释等虚拟信息无缝叠加到真实环境中，显著提升了装配和运维过程的操作效率。

通过引入虚实融合技术，将实体车转化为虚拟模型，并与实体产线进行综合验证，可以更有效地解决白车身产线验证和工业机器人涂胶验证过程中存在的问题，优化验证流程，降低设计成本与人工成本，实现人、车、产线三者优势的最大化。在汽车制造业白车身生产的关键环节中，虚实融合技术具备其独特的优势。虚实融合通过集成增强现实（AR）和数字孪生模型，不仅提高了验证的准确性，还显著增强了操作的效率和安全性。

9.4.3　虚实融合产线验证案例

在白车身与产线适配性验证过程的解决方案中，考虑到在验证白车身的通过性时需要囊括多种因素，如白车身在生产线上的可通过性、白车身的安全范围以及周边设备。本例设计了如表9-5所示的白车身与产线适配性验证过程需求分析。

表9-5　白车身与产线适配性验证过程需求分析

	需求	技术要求
验证结果	产线跟白车身是否发生碰撞 周边设备的安全工作范围	碰撞检测 距离测量
验证过程	白车身随产线动态移动 虚实融合验证环境构建	白车身沿设定路径移动 产线的实时建模

在验证过程中，需要构建基于增强现实的虚实融合环境，实现对实体产线的建模；并

且为了确保白车身的动态移动过程，需要采用基于标记或视觉的跟踪注册技术来实现白车身沿产线的随动。为此，构建如图 9-7 所示的验证系统，输出最终的碰撞检测和距离测量结果。

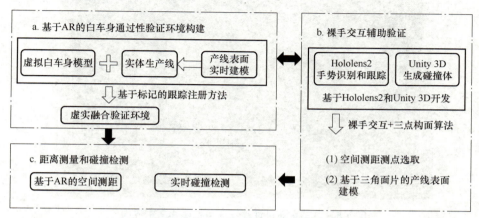

图 9-7　基于增强现实的白车身产线通过性验证系统

该系统的硬件平台基于微软公司发布的 AR 全息眼镜 Hololens2 开发。Hololens2 可以将现实中的图像与相关虚拟图像混合并共同显示在显示设备上，给用户带来强烈的即视感。此外，Hololens2 传感器还支持对手部关节位置和姿势的实时跟踪，可以自然地触摸、抓握和移动全息图像，实现人与虚拟环境的交互。

1. 基于 AR 的白车身通过性验证环境构建

该模块主要实现对产线的实时建模。在实际生产过程中，白车身通过吊具与生产线的滑轨固定连接，所以白车身与吊具在验证过程中是相对静止的。通过虚拟白车身模型和真实吊具的绑定从而实现虚拟白车身和真实生产线的虚实结合。使用基于标记的跟踪注册方法优化了 Hololens2 的运算能力，并确保了精确的跟踪。通过扫描一个静态的二维码图像来确定虚拟白车身模型的位置，从而允许白车身在生产线上动态移动。操作者可以通过 AR 设备直观地检查白车身的通过性，并进行距离测量和碰撞检测。程序主界面如图 9-8 所示。

2. 裸手交互辅助验证

裸手交互模块允许使用者通过裸手操作进行测距和取点，以及进行生产线建模。该模块基于 Hololens2 的手势识别功能和 Unity 3D 开发，用户可以通过手势来定义顶点，即时创建一个覆盖生产线表面的凸体多边形网格。然后，对这个凸体多边形网格进行三角化处理，生成三角形顶点索引集，并利用图形学算法组合生成三角形，以适应实际生产线表面。

3. 距离测量和碰撞检测

基于上述模块生成的生产线表面虚拟网格，本模块提供 AR 空间内的距离测量和实时碰撞检测功能，如图 9-9 所示。通过比对虚拟网格边界点与白车身模型上预定义的检测点，进行风险点间的距离测量，确保操作空间的安全。同时，利用 Unity 3D 引擎为网格模型和白车身模型添加统一的碰撞体，实现两者间的碰撞检测，并通过触发器来设置事件响应，记录碰撞的位置和深度。

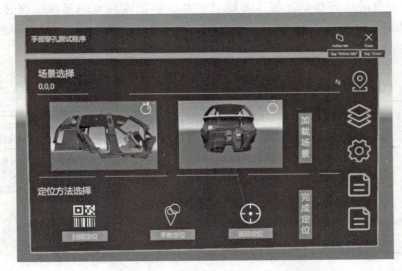

图 9-8 白车身通过性验证环境构建程序主界面

a) 产线与白车身检测点的定义

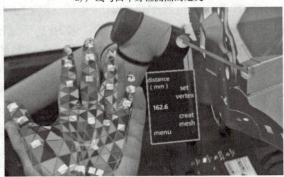

b) 测距UI

图 9-9 AR 空间内的距离测量和实时碰撞检测功能

4. 验证过程与效果

利用该方法进行产线适配性验证的过程如图 9-10 所示。基于碰撞检测与 AR 测距算法，利用裸手交互与空间可视化反馈实现自然直观的操作，确保白车身与产线的适配性。该改进方法在保证人与产线两要素优势不变的同时，应用虚拟车模型参与实体产线验证，避免了实车模型参与验证而引发的安全性问题与成本问题。同时设计了可视化 UI 从而能够快速获取验证结果。此外，该验证过程中不再需要工人在实体车模型与产线上对安全距离的测点位置进行手动黏贴更改。

白车身通过性 验证实例 (实验室环境)	距离测量过程		碰撞检测过程	
步骤	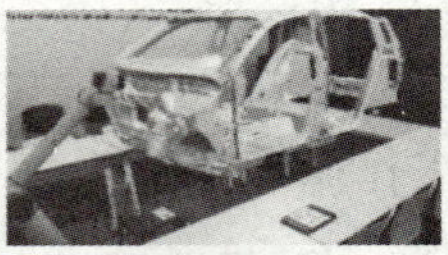	基于标记的跟踪注册过程		裸手交互选择建模点位
	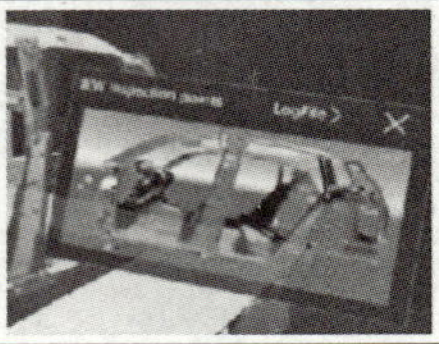	通过交互界面选择预先定义的白车身测点		构建整个产线的建模点位
	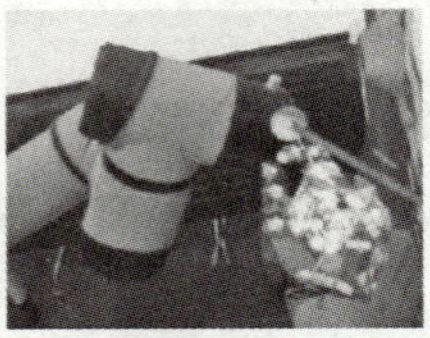	裸手交互选择生产线或周边设备测点		生成产线表面三维模型
		手势识别输出测距结果		白车身随动过程输出碰撞检测结果

图 9-10　白车身与产线适配性验证过程（实验室环境）

9.5　本章小结

制造系统是由人、设备、技术、物料、能源、信息构成，执行生产和运作的一系列活动，以实现产品生产和服务输出为目标的集成系统。制造现场考虑操作人员以及产线与其他关键要素的适配性是影响产品可制造性的重要因素之一。而随着技术的发展，智能制造场景下如何充分实现各要素的互联感知融合，也是当前智能制造系统亟待解决的关键问题。因此，本章节重点围绕人的基础特性和作业能力变化，通过相应指标的分析，体现智能制造系统在人员感知上需要强调的重点。基于增强现实在实际工业场景的应用，结合人的多通道交互特性和产线适人性验证的案例，明确了在虚实融合环境下，如何有效地感知人的手部交互意图，以及实现白车身的产线可通过性碰撞检测等目标，为人—信息—物理系统在智能制造中的技术集成提供了实际应用案例。

9.6　项目单元

本章项目单元开发实践内容为"增强现实多通道人机交互界面开发"，以解决增强现实环境下通过多通道交互和计算机视觉技术实现人与机器人远程实时交互的问题。任务目标可以分为三大模块，一是增强现实用户界面模块，二是协作机器人运动模块，三是 TCP/IP 通信模块。具体实践指导请扫描下方二维码查看。

本章习题

第 9 章项目单元

9-1　分析人员如何确定操作者何时执行"检查"动作？

9-2　怎么才能把"寻找"这个基本的动作从工作循环中消除？

9-3　在提重过程中，什么因素影响后背的压力？

9-4　可以采用什么方法估计出完成工作所需的能量？

9-5　什么因素会改变既定工作的能量消耗？

9-6　性别和年龄的不同如何引起作业能力的差异？

9-7　如何量化一个任务的信息含量？

9-8　听觉显示在什么情况下使用最佳？

9-9　在视觉显示中使用什么关键特色来增加关注？

9-10　从事托盘装运的工人经常抱怨身体疲劳和缺乏休息。测得他们的心率为 130 次/min，并且随着工作的进行缓慢地增加。当他们坐下休息 1min 后，心率降到 125 次/min，而 3min 后，心率则降到 120 次/min。根据以上这些情况，你可以得出什么结论？

［1］ LI B, HOU B, YU W, et al. Applications of artificial intelligence in intelligent manufacturing: a review ［J］. Frontiers of Information Technology & Electronic Engineering, 2017, 18（1）: 86-96.

［2］ CHEN B, WAN J, SHU L, et al. Smart factory of industry 4.0: Key technologies, application case, and challenges ［J］. IEEE Access, 2017, 6: 6505-6519.

［3］ ZHOU J, LI P, ZHOU Y, et al. Toward new-generation intelligent manufacturing ［J］. Engineering, 2018, 4（1）: 11-20.

［4］ 中国网. 以智能制造为主旋律, 推进中国新质生产力范式革命 ［EB/OL］（2024-03-20）［2024-05-20］. http://www.china.com.cn/opinion/theory/2024-03/20/content_117073955.shtml.

［5］ 周济, 周艳洪, 王柏村, 等. 面向新一代智能制造的人-信息-物理系统（HCPS） ［J］. Engineering, 2019, 5（4）: 71-97.

［6］ 卢其兵. 基于制造物联网的制造过程信息处理关键技术研究 ［D］. 武汉: 武汉理工大学, 2019.

［7］ 陈伟兴. 生产过程制造物联关键事件主动感知与处理技术研究 ［D］. 贵阳: 贵州大学, 2017.

［8］ 李佳璇. 面向智能工厂的设备数据采集与远程监控系统研究 ［D］. 南京: 南京航空航天大学, 2019.

［9］ 张蓉. 基于 RFID 的离散制造过程智能感知技术研究 ［D］. 南京: 南京航空航天大学, 2020.

［10］ 许湘敏. 云制造理念下基于本体及其环境感知的作业车间调度问题研究 ［D］. 广州: 华南理工大学, 2016.

［11］ 周彦臻. 环境感知智能微系统自检测自校正技术研究 ［D］. 哈尔滨: 哈尔滨工业大学, 2022.

［12］ 逢淑超. 深度学习在计算机视觉领域的若干关键技术研究 ［D］. 吉林: 吉林大学, 2018.

［13］ VRBA P, MACUREKA F, MARIK V. Using radio frequency identification in agent-based control systems for industrial applications ［J］. Engineering Applications of Artificial Intelligence, 2008, 12（3）: 331-342.

［14］ 卢宏涛, 张秦川. 深度卷积神经网络在计算机视觉中的应用研究综述 ［J］. 数据采集与处理, 2016, 31（1）: 1-17.

［15］ 姚锡凡, 于森, 陈勇, 等. 制造物联的内涵、体系结构和关键技术 ［J］. 计算机集成制造系统, 2014, 20（1）: 1-10.

［16］ WANG S L, XIA H, LIU F, et al. Agent-based Modeling and Mapping of Manufacturing System ［J］. Journal of Materials Processing Technology, 2002, 12（9）: 518-523.

［17］ 臧传真, 范玉顺. 无线传感器网络中信息获取关键问题的研究 ［J］. 传感器技术, 2005, 24（9）: 23-25.

［18］ LIU H, WANG L. Remote human-robot collaboration: A Cyber-Physical System Application for Hazard Manufacturing Environment ［J］. Journal of Manufacturing Systems, 2020, 54: 24-34.

［19］ MATHESON E, MINTO R, ZAMPIERI E G G, et al. Human-Robot Collaboration in Manufacturing Applications: A Review ［J］. Robotics, 2019, 8: 100.

249

[20] HASANAIN B. The Role of Ergonomic and Human Factors in Sustainable Manufacturing：A Review ［J］. Machines，2024，12（3）：159.

[21] RIJAYANTI R，HWANG M，JIN K. Detection of Anomalous Behavior of Manufacturing Workers Using Deep Learning-Based Recognition of Human-Object Interaction ［J］. Applied Sciences，2023，13（15）：8584.

[22] 刘海平. 工业大数据技术 ［M］. 北京：人民邮电出版社，2021.

[23] 张德海，张德刚，何俊. 大数据处理技术 ［M］. 北京：科学出版社，2020.

[24] 张洁，秦威，鲍劲松. 制造业大数据 ［M］. 上海：上海科学技术出版社，2016.

[25] 李少波. 制造大数据技术与应用 ［M］. 武汉：华中科技大学出版社，2018.

[26] 蒲天骄，陈盛，赵琦，等. 能源互联网数字孪生系统框架设计及应用展望 ［J］. 中国电机工程学报，2021，41：2012-2029.

[27] 刘宇佳. 基于数据驱动的建模方法仿真研究 ［D］. 沈阳：东北大学，2009.

[28] 田春华，李闯，刘家扬，等. 工业大数据分析实践 ［M］. 北京：电子工业出版社，2021.

[29] 刘燕. 大数据分析与数据挖掘技术研究 ［M］. 北京：中国原子能出版社，2021.

[30] 肖睿，段小手，刘世军，等. 机器学习基础 ［M］. 北京：人民邮电出版社，2021.

[31] 何伟，张良均，金应华，等. 机器学习原理与实战 ［M］. 北京：人民邮电出版社，2021.

[32] 王立柱. 时间序列模型及预测 ［M］. 北京：科学出版社，2018.

[33] 易丹辉，王燕. 应用时间序列分析 ［M］. 5 版. 北京：中国人民大学出版社，2019.

[34] 张映锋，陶飞，孙树栋，等. 智能物联制造系统与决策 ［M］. 北京：机械工业出版社，2018.

[35] 华中生. 柔性制造系统和柔性供应链：建模、决策与优化 ［M］. 北京：科学出版社，2007.

[36] 刘丽兰，高增桂，蔡红霞. 智能决策技术及应用 ［M］. 北京：机械工业出版社，2022.

[37] 陈明，张光新，向宏作. 智能制造导论 ［M］. 北京：机械工业出版社，2021.

[38] 镇璐. 制造业运营管理决策优化问题研究 ［M］. 北京：科学出版社，2018.

[39] 苏春. 制造系统建模与仿真 ［M］. 北京：机械工业出版社，2019.

[40] 陆剑峰. 智能工厂数字化规划方法与应用 ［M］. 北京：机械工业出版社，2020.

[41] 刘敏. 智能制造理念、系统与建模方法 ［M］. 北京：清华大学出版社，2023.

[42] 邱国斌. 生产系统建模与仿真 ［M］. 北京：北京邮电大学出版社，2021.

[43] 张泽群，朱海华，唐敦兵. 工业智能与工业大数据系列基于物联技术的多智能体制造系统 ［M］. 北京：电子工业出版社，2021.

[44] 顾新建，祁国宁，谭建荣. 现代制造系统工程导论 ［M］. 杭州：浙江大学出版社，2007.

[45] 刘继红，江平宇. 人工智能智能制造 ［M］. 北京：电子工业出版社，2020.

[46] 饶运清. 制造执业系统技术及应用 ［M］. 北京：清华大学出版社，2022.

[47] 梁迪. 柔性制造系统生产运作与管理策略 ［M］. 北京：中国水利水电出版社，2018.

[48] 张洁，秦威. 制造系统智能调度方法与云服务 ［M］. 武汉：华中科技大学出版社，2018.

[49] 赵良辉. 基于多 Agent 系统的制造业生产调度模型研究 ［M］. 广州：华南理工大学出版社，2019.

[50] 刘景森，李煜. 现代启发式优化方法及其应用 ［M］. 北京：中国经济出版社，2020.

[51] 张超勇，邵新宇. 作业车间调度理论与算法 ［M］. 武汉：华中科技大学出版社，2014.

[52] 刘民，吴澄. 制造过程智能优化调度算法及其应用 ［M］. 北京：国防工业出版社，2008.

[53] 崔建双. 25 个经典的元启发式算法从设计到 MATLAB 实现 ［M］. 北京：企业管理出版社，2021.

[54] 徐俊杰. 元启发式算法理论阐释与应用 ［M］. 合肥：中国科学技术大学出版社，2015.

[55] 叶强，闫维新，黎斌. 强化学习入门 ［M］. 北京：机械工业出版社，2020.

[56] 陈世勇. 深度强化学习核心算法与应用 ［M］. 北京：电子工业出版社，2021.

[57] 张伟楠，沈键，俞勇. 动手学强化学习 ［M］. 北京：人民邮电出版社，2022.

250

[58] 鲁平，程丽，阎长罡. 基于遗传算法的 Job-shop 车间调度问题求解 [J]. 现代商业，2016（22）：124-126.

[59] 陈伟嘉，刘建军，钟宏扬，等. 基于约束规划的资源受限并行机调度研究 [J]. 机电工程技术，2023, 52（11）：71-75, 164.

[60] 王昱钦. 基于粒子群和蚁群混合算法的柔性车间调度算法 [J]. 电子设计工程，2023, 31（17）：65-69.

[61] 郭坤. 基于 PPO 算法的机械臂控制研究 [D]. 青岛：青岛理工大学，2022.

[62] 王维祺，叶春明，谭晓军. 基于 Q 学习算法的作业车间动态调度 [J]. 计算机系统应用，2020, 29（11）：218-226.

[63] 周盛世，单梁，常路，等. 基于改进 DDPG 算法的机器人路径规划算法研究 [J]. 南京理工大学学报，2021, 45（3）：7.

[64] 张凯. 基于强化学习算法的柔性作业车间调度问题研究 [D]. 银川：宁夏大学，2023.

[65] 赵天睿. 基于深度强化学习的柔性作业车间动态调度问题研究 [D]. 沈阳：沈阳工业大学，2023.

[66] 尹华一，尤雅丽，黄新栋，等. 基于 MADDPG 的多 AGVs 路径规划算法 [J]. 厦门理工学院学报，2024, 32（1）：37-46.

[67] 冯宪章. 先进制造技术基础 [M]. 北京：北京大学出版社，2009.

[68] 葛英飞. 智能制造技术基础 [M]. 北京：机械工业出版社，2019.

[69] 钟雨洋. 工业过程参数与故障相关性分析的量化关联规则挖掘研究 [D]. 重庆：重庆大学，2019.

[70] 王晋，刘祖伦，鲁洪建. 智能制造基础及应用研究 [M]. 北京：文化发展出版社，2020.

[71] 王杰曾. 计算机辅助工艺优化设计全解析 [M]. 北京：机械工业出版社，2015.

[72] 刘广第. 质量管理学 [M]. 北京：清华大学出版社，2018.

[73] 朱贺斌. 基于 BIM 及大数据技术的列控中心智能运维系统研究 [D]. 北京：中国铁道科学研究院，2021.

[74] 曾声奎，PECHT M G，吴际. 故障预测与健康管理（PHM）技术的现状与发展 [J]. 航空学报，2005, 26（5）：626-632.

[75] HU C, YOUN B D, WANG P, et al. Ensemble of data-driven prognostic algorithms for robust prediction of remaining useful life [J]. Reliability Engineering & System Safety, 2012, 103：120-135.

[76] DRAGOMIRETSKIY K, ZOSSO D. Variational mode decomposition [J]. IEEE Transactions on Signal Processing, 2013, 62（3），531-544.

[77] 张映锋. 面向物联制造的主动感知与动态调度方法 [M]. 北京：科学出版社，2015.

[78] 丁情. 柔性车间生产排产系统设计与实现 [D]. 浙江：浙江工业大学，2017.

[79] 赵宇. 多目标柔性车间生产调度系统设计与实现 [D]. 成都：电子科技大学，2020.

[80] 玉海龙. 柔性生产线排产算法研究与系统实现 [D]. 成都：电子科技大学，2021.

[81] 苏璇. 离散车间制造资源动态瓶颈分析与优化配置方法研究 [D]. 无锡：江南大学，2022.

[82] 刘生承，马超，陈京宇. 工业 4.0 背景下物料搬运系统的设计与优化策略 [J]. 起重运输机械，2023,（16）：71-76.

[83] 蔡敏. 柔性作业车间模糊调度模型及算法 [D]. 无锡：江南大学，2022.

[84] 颜伟，孙佳旭，崔若梁. 仓库拣选路径问题研究综述 [J]. 科学技术与工程，2022, 22（32）：14081-14089.

[85] 丛培强. APS 排产系统应用于规模机械制造领域的研究与设计 [D]. 重庆：重庆理工大学，2019.

[86] 冯伟. 机械制造领域 APS 系统的设计与实现 [D]. 大连：大连交通大学，2022.

[87] 郭顺生. 数字制造资源智能管控 [M]. 武汉：武汉理工大学出版社，2016.

[88] 赵梓焱，李思怡，刘士新，等. 钢铁生产过程动态调度综述 [J]. 冶金自动化，2022, 46（2）：

65-79.

[89]　黄才弘. 离散制造车间动态调度方法研究 [D]. 大连：大连理工大学，2017.

[90]　秦坤，张昕. 制造资源建模与流程优化方法的研究与实现 [J]. 航空精密制造技术，2018，54（4）：33-36+39.

[91]　王有远，刘瑞. 基于多目标优化的制造资源分配研究 [J]. 制造技术与机床，2021（2）：115-119.

[92]　KLETZ T A. HAZOP & HAZAN：identifying and assessing process industry hazards [M]. Boca Raton：CRC Press，2018.

[93]　DUNJÓ J，FTHENAKIS V，VÍLCHEZ J A，et al. Hazard and operability（HAZOP）analysis. A literature review [J]. Journal of Hazardous Materials，2010，173（1-3）：19-32.

[94]　CHAKRABARTI U K，PARIKH J K. Applying HAZAN methodology to hazmat transportation risk assessment [J]. Process Safety and Environmental Protection，2012，90（5）：368-375.

[95]　FAN J，HAN F，LIU H. Challenges of big data analysis [J]. National science review，2014，1（2）：293-314.

[96]　LEE J，DAVARI H，SINGH J，et al. Industrial Artificial Intelligence for industry 4.0-based manufacturing systems [J]. Manufacturing Letters，2018，18：20-23.

[97]　HAO M，NIE Y. Hazard identification，risk assessment and management of industrial system：Process safety in mining industry [J]. Safety Science，2022，154：105863.

[98]　LANDOLL D. The security risk assessment handbook：A complete guide for performing security risk assessments [M]. Boca Roton：CRC press，2021.

[99]　WAHLSTRÖM B，ROLLENHAGEN C. Safety management-a multi-level control problem [J]. Safety Science，2014，69：3-17.

[100]　宋景弘. 基于智能 PPE 穿戴设备的施工安全系统设计与实现 [J]. 集成电路应用，2024，41（2）：274-276.

[101]　LIU X，HUANG G，HUANG H，et al. Safety climate，safety behavior，and worker injuries in the Chinese manufacturing industry [J]. Safety science，2015，78：173-178.

[102]　WANG F，GE B，ZHANG L，et al. A system framework of security management in enterprise systems [J]. Systems Research and Behavioral Science，2013，30（3）：287-299.

[103]　ABAD J，LAFUENTE E，VILAJOSANA J. An assessment of the OHSAS 18001 certification process：Objective drivers and consequences on safety performance and labour productivity [J]. Safety science，2013，60：47-56.

[104]　MANUELE F A. ANSI/AIHA Z10-2005：The new benchmark for safety management systems [J]. Professional Safety，2006，51（2）：25.

[105]　GOLNABI H，ASADPOUR A. Design and application of industrial machine vision systems [J]. Robotics and Computer-Integrated Manufacturing，2007，23（6）：630-637.

[106]　王秋莲. 人因工程 [M]. 北京：科学出版社，2022.

[107]　陈默. AR 虚拟现实中的视错觉应用研究 [D]. 大连：大连工业大学，2019.

[108]　丁玉兰. 人因工程学 [M]. 上海：上海交通大学出版社，2004.

[109]　马如宏. 人因工程 [M]. 北京：北京大学出版社，2019.